电子技术实验与课程设计教程

主　编　涂丽平
副主编　于　翔　沈振乾　徐国伟
主　审　万振凯

西安电子科技大学出版社

内 容 简 介

本书主要介绍模拟电子技术与数字电子技术实验的原理及操作方法。模拟电子技术与数字电子技术是电类专业学生极为重要的专业基础课，而实验是该课程中不可缺少的重要环节。本书几乎包括了模拟电子技术与数字电子技术中所有的基础性实验，并且选取了当前主流的多个综合性实验项目，具有良好的实践指导意义。本书最大的特点就是以应用为导向，以解决实际工程问题为目标，理论结合实践，将抽象的理论变成电子设计的实际工具。

本书可以作为电子、自动化等专业在校学生的实验教材，也可以作为电子实验教师、科研人员的参考手册。

图书在版编目(CIP)数据

电子技术实验与课程设计教程/涂丽平主编.
—西安：西安电子科技大学出版社，2020.8(2024.10 重印)
ISBN 978-7-5606-5728-8

Ⅰ. ① 电… Ⅱ. ① 涂… Ⅲ. ① 电子技术—实验—高等学校—教材
② 电子技术—课程设计—高等学校—教材Ⅳ. ① TN

中国版本图书馆 CIP 数据核字(2020)第 140113 号

策　　划　王斌
责任编辑　买永莲　王斌
出版发行　西安电子科技大学出版社(西安市太白南路 2 号)
电　　话　(029)88202421　88201467　　邮　　编　710071
网　　址　www.xduph.com　　电子邮箱　xdupfxb001@163.com
经　　销　新华书店
印刷单位　陕西天意印务有限责任公司
版　　次　2020 年 8 月第 1 版　2024 年 10 月第 4 次印刷
开　　本　787 毫米×1092 毫米　1/16　印张 15.5
字　　数　364 千字
定　　价　34.00 元
ISBN 978-7-5606-5728-8

XDUP 6030001-4

前 言

随着教学改革的不断深入，对实验课的实验内容、实验方式和实验教学手段等都提出了新的要求。为了适应“模拟电子技术实验”“数字电子技术实验”“电子课程设计”的实验要求，充分发挥学生的创造性和主动性，我们根据多年来开设电子线路实验课的经验和碰到的问题，从目前实验仪器设备等实际条件出发，对原有实验内容做了较大改动和增补。在每个实验中，都简要介绍了实验目的和实验原理等，并在实验原理中加入实验的仿真过程，加强对理论知识的理解和掌握。

本实验教程包括验证性实验和综合设计性实验，每个专业可根据专业方向的不同和实际课时的多少选择不同的实验内容。本书的具体内容安排如下：

第1章简要说明了电子技术中几种常用仪器的技术指标和使用方法，方便读者在实验前阅读，以充分了解仪器设备的性能。

第2章详细讲解了Multisim仿真软件的使用方法及电路的仿真分析过程。

第3章简要介绍了Vivado软件设计平台及FPGA的设计流程。

第4章介绍了模拟电子技术中的10个基础性实验项目，详细说明了实验目的、实验原理及实验内容。

第5章介绍了数字电子技术中的10个基础性实验项目，详细说明了实验目的、实验原理及实验内容。

第6章主要介绍了9个电子技术综合设计性实验项目，并通过提出的实验要求给出了相应的实验指导方案。

本书在编写的过程中，参考了有关的著作和文献以及一些网络资源，在此对相关作者一并表示感谢。同时，感谢于翔、沈振乾、徐国伟以及实验室同仁给予的鼓励和帮助。特别感谢孙红、赵可萍老师，他们为本书的编写提供了大量的素材，付出了巨大的精力。此外，感谢西安电子科技大学出版社王斌编辑为本书所付出的辛勤劳动。

由于作者水平有限，书中难免存在不足之处，恳请广大读者批评指正。

编　者

2020年1月

目　录

第 1 章　常用电子仪器的原理及使用

1.1　直流稳压电源

电子设备对电源电路的要求就是能够提供持续稳定、满足负载要求的电能，而且通常情况下都要求提供稳定的直流电能，能提供这种稳定的直流电能的电源就是直流稳压电源。直流稳压电源在电源技术中占有十分重要的地位。直流稳压电源的技术指标很多，主要包括稳压系数、输出阻抗等。其输出电压的稳定度直接影响被测电路的工作状态和测量误差的大小。

直流稳压电源按调整管的工作状态分为线性稳压电源和开关稳压电源。线性稳压电源与开关稳压电源相比，前者的稳压效果较好，后者效率较高。模拟电路实验中使用线性稳压电源较多。下面以福建利利普光电科技有限公司的 ODP 3032 型直流稳压电源为例，对其工作原理和使用方法作一简要介绍。

1.1.1　主要技术指标与工作原理

1. 技术指标

(1) 交流输入电压：(220±10%)V。

(2) 直流输出电压：两路独立使用时，(0～30) V 可调；两路串联使用时，(0～60) V 可调；两路并联使用时，(0～30) V 可调；两路正负使用时，(－30～＋30) V 可调。

(3) 直流输出电流：两路独立使用时，为(0.02～3)A；两路串联使用时，为(0.02～3)A；两路并联使用时，为(0.1～6)A；两路正负使用时，为(0.02～3)A。

(4) 电压调整率：≤3(1＋0.01%)mV(电压)，≤3(1＋0.1%)mA(电流)。

(5) 负载调整率：≤3(1＋0.01%)mV(电压)，≤3(1＋0.2%)mA(电流)。

(6) 输出纹波电压和噪声：≤300 μV(有效值)/2 mV(峰峰值)。

(7) 设置分辨率：1 mV/1 mA。

(8) 设置精度：≤3(1＋0.05%)mV，≤3(1＋0.1%)mA。

(9) 工作时间：连续工作。

(10) 使用环境温度：(0～＋40)℃。

(11) 使用环境湿度：(20%～90%)RH。

2. 工作原理

图 1.1.1 所示为线性稳压电源的工作原理框图。

电压调整电路是串联线性调整器，由比较放大电路来控制，使输出电压(电流)保持稳定。

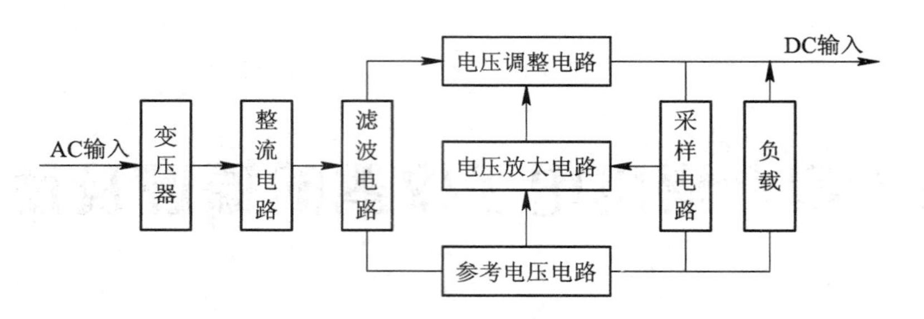

图 1.1.1 线性稳压电源的工作原理框图

1.1.2 面板说明和使用方法

1. 前面板说明

图 1.1.2 所示为 ODP 3032 型直流稳压电源的前面板示意图。

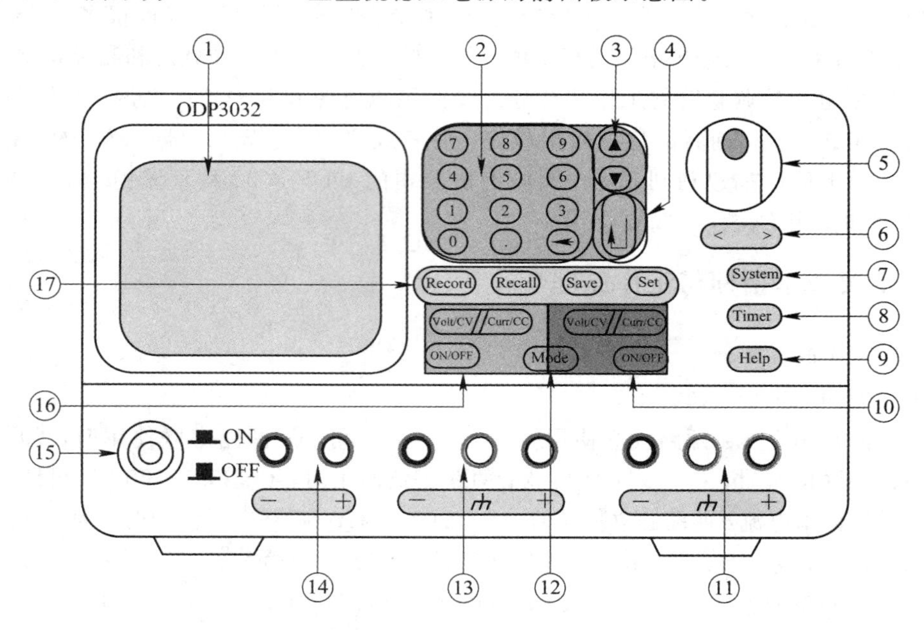

图 1.1.2 前面板示意图

图中各部分的说明如下：

①——显示屏：显示用户界面。

②——数字键盘：用于参数输入，包括数字键、小数点和退格键。

③——上、下方向键：选择菜单或改变参数。

④——确认键：进入菜单或确认输入的参数。

⑤——旋钮：选择菜单或改变参数，按下相当于确认键。

⑥——左、右方向键：选择菜单或移动光标。

⑦——System 键：进入系统选项菜单。

⑧——Timer 键：进入/退出定时输出状态。

⑨——Help 键：查看系统内置帮助。

⑩——通道 2 控制区：蓝色 Volt/CV 键，进行通道 2 输出电压设置；蓝色 Curr/CC 键，进行通道 2 输出电流设置；蓝色 ON/OFF 键，打开/关闭通道 2 的输出。

⑪——通道 2 输出端子：进行通道 2 的输出连接。

⑫——Mode 键：可在独立、并联、串联和正负四种工作模式间循环切换。

⑬——通道 1 输出端子：进行通道 1 的输出连接。

⑭——5 V 输出端子：固定输出电压 5 V，最大输出电流 3 A(ODP 3052 为 5 A)。

⑮——电源键：打开/关闭仪器。

⑯——通道 1 控制区：橙色 Volt/CV 键，进行通道 1 输出电压设置；橙色 Curr/CC 键，进行通道 1 输出电流设置；橙色 ON/OFF 键，打开/关闭通道 1 的输出。

⑰——功能按键：Record 键，将当前通道数据记录为 txt 文件，存入 U 盘；Recall 键，调用存储的设置参数文件；Save 键，存储当前设置参数；Set 键，进入/退出定时设置界面。

2. 后面板说明

图 1.1.3 所示为 ODP 3032 型直流稳压电源的后面板示意图。

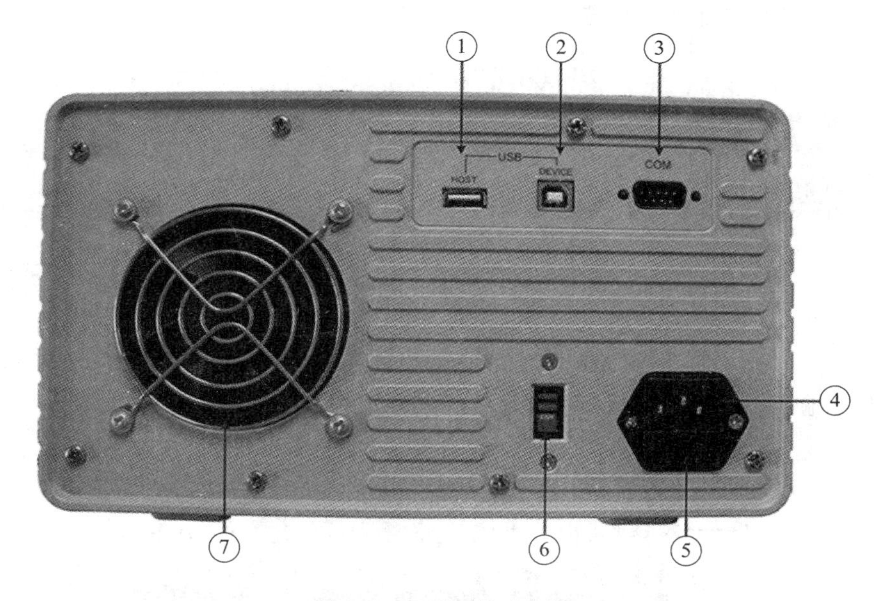

图 1.1.3　后面板示意图

图中各部分的说明如下：

①——USB HOST 接口：仪器作为“主设备”与外部 USB 设备的连接口，如插入 U 盘。

②——USB DEVICE 接口：仪器作为“从设备”与外部 USB 设备的连接口，如将仪器与计算机连接。

③——COM 接口：连接仪器与外部设备的串口。

④——电源输入插座：交流电源输入接口。

⑤——保险丝：根据电源挡位选择相应规格的保险丝。

⑥——电源转换开关：可在 110 V 和 220 V 两个挡位切换。

⑦——风扇口：风扇进风口。

3. 使用方法

1）独立输出模式

CH1 和 CH2 电源供应器在额定电流时，分别可供给“0～额定值”的输出电压。当设定在独立模式时，CH1 和 CH2 为完全独立的两组电源，可单独或两组同时使用。其操作程序如下：

（1）打开电源。

（2）按下 Mode 键，确保工作在独立输出模式下，状态图标为。

（3）打开橙色和蓝色的 ON/OFF，分别按下 CH1 和 CH2 的电压和电流设置键，出现相应的输入框，将需要的电压及电流值输入。合理设定过压、过流保护的状态及值。

（4）将红色测试导线插入输出端的正极。

（5）将黑色测试导线插入输出端的负极。

（6）连接负载后，进行测量。

（7）接线可参照图 1.1.4 所示。

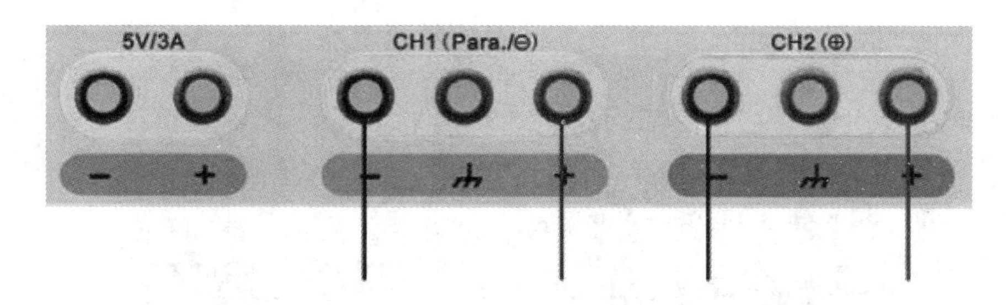

图 1.1.4　独立输出模式接线图

（8）独立输出模式下的面板图如图 1.1.5 所示。

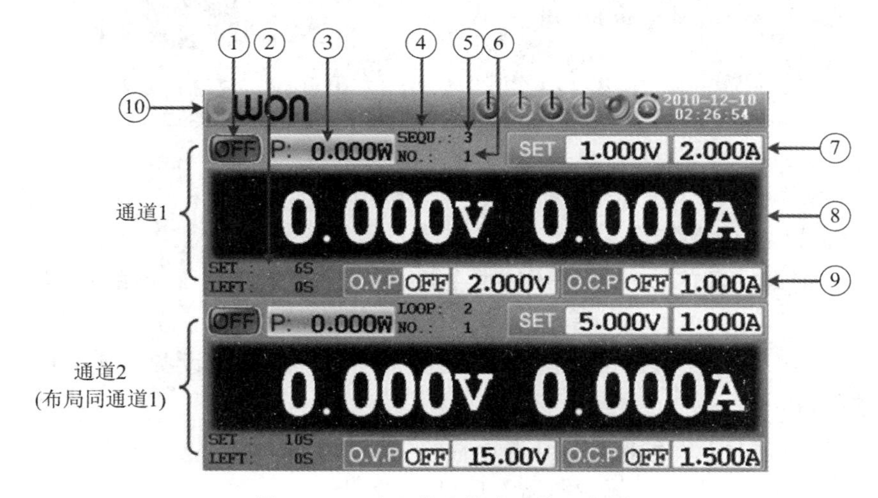

图 1.1.5　独立输出模式下的面板图

图中各部分说明如下：

①——通道 1 的输出状态。

②——通道 1 打开定时输出时显示当前输出值的设定时间及剩余时间。

③——通道 1 的实际输出功率。

④——通道 1 定时输出的输出模式(顺序/循环)。

⑤——通道 1 定时输出的定时范围。

⑥——通道 1 当前定时输出的参数序号。

⑦——通道 1 输出电压、电流的设定值。

⑧——通道 1 的电压、电流的实际输出值。

⑨——通道 1 当前状态下过压、过流保护的状态及设定值。

⑩——状态栏，可查看“状态图标”。

2) 串联输出模式

当选择串联输出模式时，CH1 输出端正极将自动与 CH2 输出端的负极相连接。而其最大输出电压(串联电压)即由两组(CH1 和 CH2)输出电压串联成一组连续可调的直流电压。其操作程序如下：

(1) 打开电源。

(2) 按下 Mode 键，确保工作在串联输出模式下，状态图标为。

(3) 打开橙色 ON/OFF，设定相应的电压和电流值。合理设定过压、过流保护的状态及值。

(4) 将测试导线的其中一条接到 CH2 的正端，另一条接 CH1 的负端，而此两端可提供两倍于主控输出电压显示值的电压，如图 1.1.6 所示。

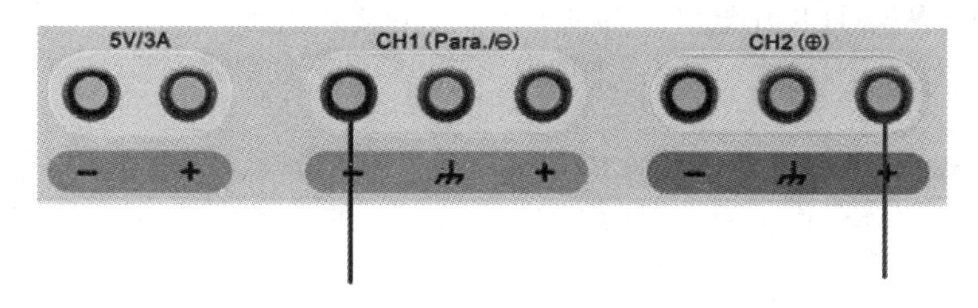

图 1.1.6　串联输出模式接线图

(5) 连接负载后即可正常工作。

(6) 串联输出模式下的面板图如图 1.1.7 所示。

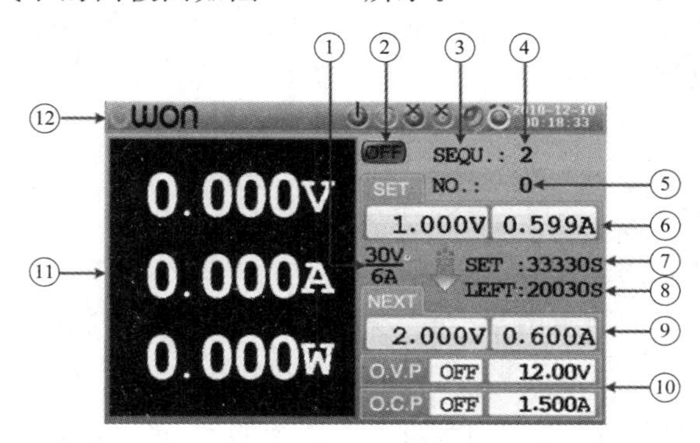

图 1.1.7　串联输出模式下的面板图

图中各部分的说明如下：

①——电压、电流的最大额定值。

②——通道的输出状态。

③——定时输出的输出模式(顺序/循环)。

④——定时范围。

⑤——当前定时输出的参数序号。

⑥——当前电压、电流的设定输出值。

⑦——定时输出时，显示当前输出值的设定时间。

⑧——定时输出时，显示当前输出值的剩余时间。

⑨——定时输出时，下一个时间段输出的电压、电流设定值。

⑩——当前状态下过压、过流保护的状态及设定值。

⑪——电压、电流、功率的实际输出值。

⑫——状态栏，可查看“状态图标”。

3）并联输出模式

在并联输出模式下，CH2 输出端正极和负极会自动和 CH1 输出端正极和负极两两相互连接在一起。其操作程序如下：

（1）打开电源。

（2）按下 Mode 键，确保工作在并联输出模式下，状态图标为。

（3）在并联模式下，CH2 的输出电压完全由 CH1 的电压旋钮控制，并且与 CH1 输出电压一致，因此从 CH1 电压表或 CH2 电压表可读出输出电压值。

（4）打开橙色 ON/OFF，设定相应的电压和电流值。合理设定过压、过流保护的状态及值。

（5）将负载的正极连接到电源的 CH1 输出端子的正极(红色端子)。

（6）将负载的负极连接到电源的 CH1 输出端子的负极(黑色端子)，参照图 1.1.8 所示。

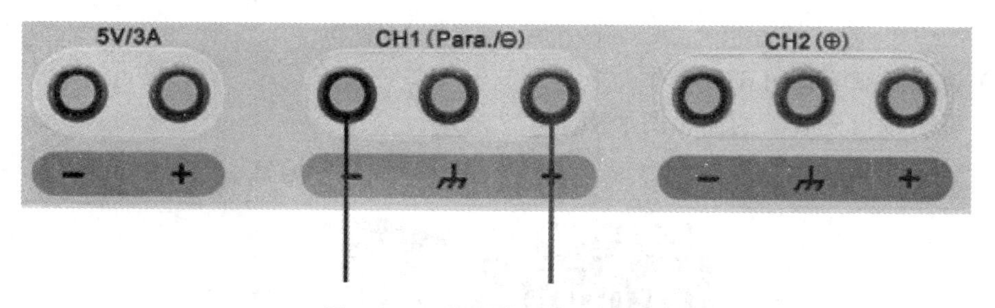

图 1.1.8　并联输出模式接线图

（7）连接负载后即开始工作。

（8）并联输出模式下的面板图与串联模式下的相似，可参考图 1.1.7 所示。

4）正负输出模式

在正负输出模式下，CH2 输出端正极和负极会自动和 CH1 输出端正极和负极两两相互连接在一起。其操作程序如下：

(1) 打开电源。

(2) 按下 Mode 键，确保工作在正负输出模式下，状态图标为 。

(3) 在正负电源输出模式下，将 CH2 输出负端(黑色端子)当作共地点，则 CH1 输出端负极相对共地点可得到负电压(CH1 表头显示值)及负电流(CH1 表头显示值)，而 CH2 输出正极相对共地点可得到与 CH1 输出电压值相同的正电压，如图 1.1.9 所示。

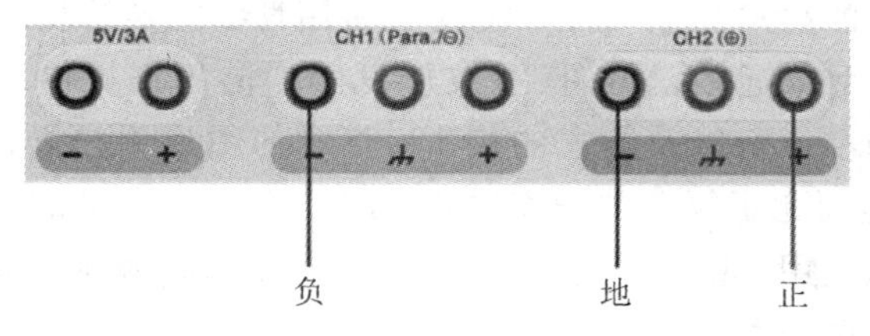

图 1.1.9　正负输出模式接线图

(4) 打开橙色 ON/OFF，设定负电源的电压和电流，打开橙色 ON/OFF 和蓝色 ON/OFF，设定正电源的电压和电流值。合理设定过压、过流保护的状态及值。

(5) 将负载的正极连接到电源的 CH2 输出端子的正极(红色端子)。

(6) 将负载的负极连接到电源的 CH1 输出端子的负极(黑色端子)。

(7) 连接负载后即开始工作。

(8) 正负输出模式下的面板图如图 1.1.10 所示。

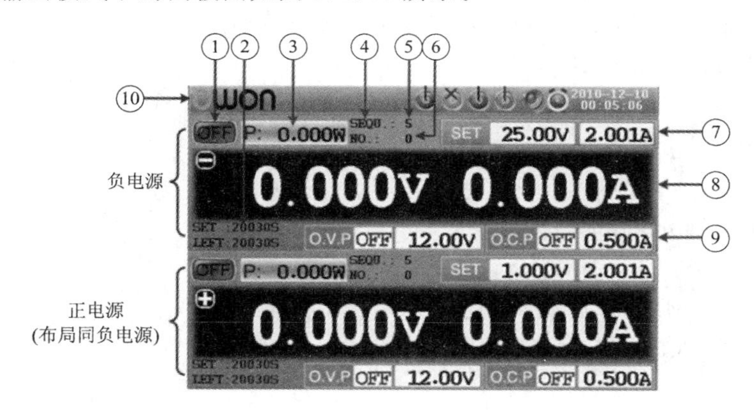

图 1.1.10　正负输出模式下的面板图

图中各部分的说明如下：

①——负电源输出状态(与正电源保持一致)。

②——打开定时输出时，负电源当前输出值的设定时间及剩余时间。

③——负电源的实际输出功率。

④——负电源定时输出的输出模式(顺序或者循环，与正电源一致)。

⑤——负电源定时输出的定时范围(与正电源一致)。

⑥——负电源当前定时输出的参数序号(与正电源保持一致)。

⑦——负电源输出电压、电流的设定值。

⑧——负电源的输出电压、电流实际输出值。

⑨——负电源当前状态下过压、过流保护的状态及设定值。

⑩——状态栏，可查看“状态图标”。

1.2 函数信号发生器

DG1022型双通道函数/任意波形发生器使用直接数字合成(DDS)技术，可生成稳定、精确、纯净和低失真的正弦信号，还能提供5 MHz具有快速上升沿和下降沿的方波，另外还具有高精度、宽频带的频率测量功能，实现了易用性、优异的技术指标及众多功能特性的完美结合。DG1022型双通道函数/任意波形发生器向用户提供简单而功能明晰的前面板、人性化的键盘布局和指示以及丰富的接口、直观的图形用户操作界面，内置的提示和上下文帮助系统极大地简化了复杂的操作过程，用户不必花大量的时间学习和熟悉信号发生器的操作，即可熟练使用。其内部的AM、FM、PM、FSK调制功能使仪器能够方便地调制波形，而无需单独的调制源。

1.2.1 主要技术指标与性能特点

DG1022型双通道函数/任意波形发生器的主要技术指标如下：

(1) DDS直接数字合成技术，可得到精确、稳定、低失真的输出信号。

(2) 双通道输出，可实现通道耦合，通道复制。

(3) 输出5种基本波形，内置48种任意波形。

(4) 可编辑输出14 bit、4 k点的用户自定义任意波形。

(5) 具有100 MSa/s采样率。

(6) 频率特性：

正弦波：(1 μ～20 M)Hz

方波：(1 μ～5 M)Hz

锯齿波：(1 μ～150 k)Hz

脉冲波：(500 μ～3 M)Hz

白噪声：5 MHz带宽(－3 dB)

任意波形：(1 μ～5 M)Hz

(7) 幅度范围：

(2 m～10)V(峰峰值)(50 Ω)

(4 m～20)V(峰峰值)(高阻)

(8) 具有丰富的调制功能，可输出各种调制波形，包括调幅(AM)、调频(FM)、调相(PM)、二进制频移键控(FSK)、线性和对数扫描(Sweep)及脉冲串(Burst)模式。

(9) 具有丰富的输入/输出接口，外接调制源，外接基准10 MHz时钟源，外触发输入，波形输出，数字同步信号输出。

(10) 高精度、宽频带频率计：

测量功能：频率、周期、占空比、正/负脉冲宽度。

频率范围：(100～200) MHz(单通道)。

(11) 支持即插即用USB存储设备，并可通过USB存储设备存储、读取波形配置参数及用户自定义任意波形，以及进行软件升级。

(12) 具有标准的配置接口(USB Host&Device)。

(13) 可与 DS1000 系列示波器无缝对接，直接获取示波器中存储的波形并无损地重现。

(14) 图形化界面可以对信号设置进行可视化验证。

(15) 具有中英文嵌入式帮助系统。

1.2.2　面板及键盘使用说明

图 1.2.1 和图 1.2.2 分别为 DG1022 型函数信号发生器的前、后面板图。

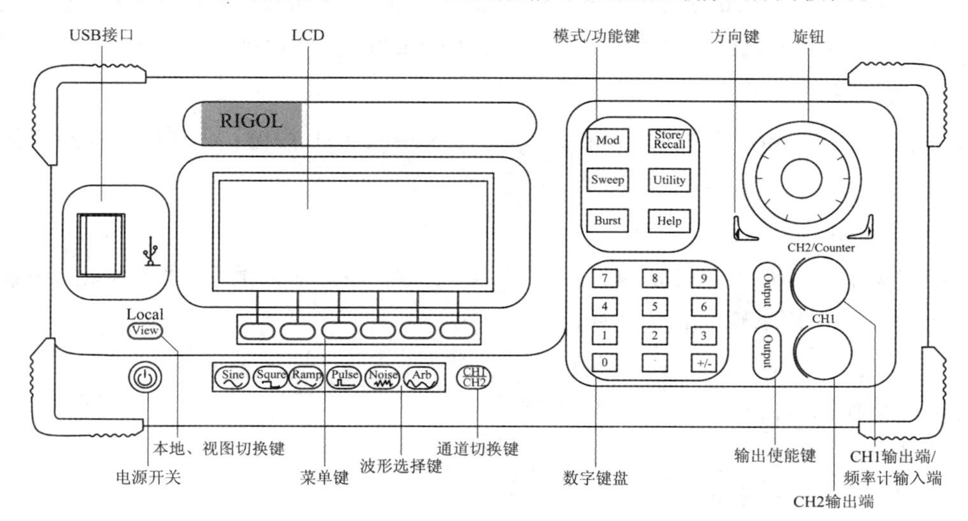

图 1.2.1　DG1022 型函数信号发生器前面板图

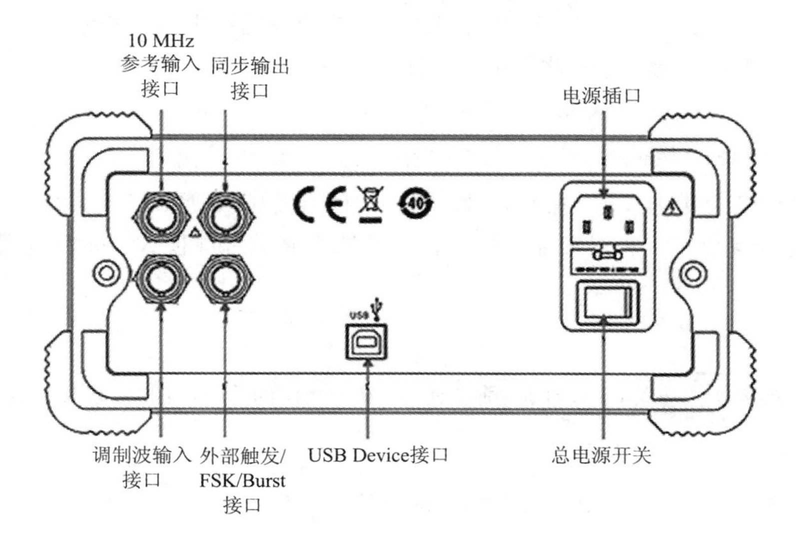

图 1.2.2　DG1022 型函数信号发生器后面板图

DG1022 型函数信号发生器的前面板上共有 38 个按键，可以分为以下几类。

1) 模式功能键

模式功能键包括以下几种：

(1) Mod、Sweep、Burst 按键，用来设置调制、扫描及脉冲串波形。

(2) Store/Recall 按键，用来存储或调出波形数据和配置信息。

(3) Utility 按键，可以设置同步输出开/关、输出参数、通道耦合、通道复制、频率计测量，查看接口设置、系统设置信息，执行仪器自检和校准等操作。

(4) Help 按键，可查看帮助信息列表。

2）菜单键

屏幕下边有 6 个空白按键，可用于不同的菜单选项，包括频率、幅值、偏移、相位及同相位的选择，也可以作为数据单位的选择键，当按下按键后，表示数据输入结束并开始生效。

3）波形选择键

波形选择键有 Sine、Square、Ramp、Pulse、Noise、Arb 按键，分别用来选择不同的信号波形。

4）数字键盘

数字键盘中包括 0、1、2、3、4、5、6、7、8、9 键，用来输入数字；“.”键，用来输入小数点；“+/-”键，用来输入正、负号。

5）方向键

方向键包括如下两个键：

“＜”键：光标位左移键。

“＞”键：光标位右移键。

6）输出使能键

输出使能键为 Output 按键，用来启用或禁用前面板的输出连接器输出信号，当启用相应通道的时候，对应的键点亮；此外在频率计模式下，CH2 对应的 Output 连接器作为频率计的信号输入端，CH2 自动关闭，禁用输出。

7）本地、视图切换键

本地、视图切换键为 View 按键，用来切换 3 种界面显示模式。DG1022 型双通道函数/任意波形发生器提供了 3 种界面显示模式，分别是单通道常规模式、单通道图形模式及双通道常规模式。

8）通道切换键

通道切换键为 CH1 CH2 按键，用来切换活动通道，以便于设定每通道的参数及观察、比较波形。

9）输出端

该函数信号发生器具有双输出通道，其中 CH2 输出端也是频率计输入端。

10）USB 接口及 LCD

该函数信号发生器支持即插即用 USB 存储设备，并可通过 USB 存储设备存储、读取波形配置参数及用户自定义任意波形，以及进行软件升级。LCD 为函数信号发生器界面显示屏，可显示当前信号的波形、频率、幅值等参数。

仪器后面板上主要为电源插口、总电源开关、USB Device 接口、调制波输入及同步输出接口等。

1.2.3　基本操作方法

信号发生器的基本操作方法如下：

（1）显示界面的选择。通过 View 按键选择不同的界面显示，具体如图 1.2.3～图 1.2.5 所示。

图 1.2.3　单通道常规显示模式

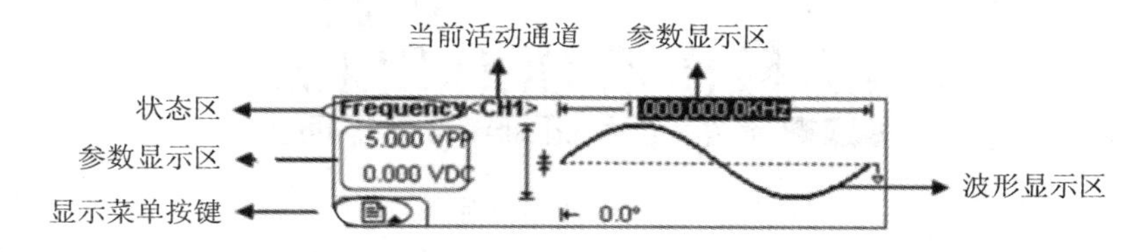

图 1.2.4　单通道图形显示模式

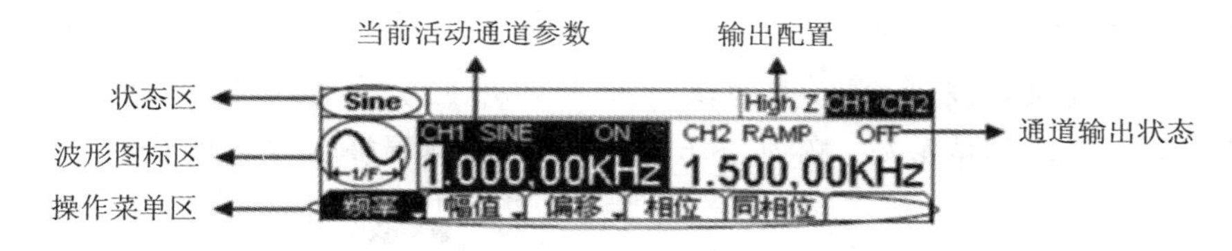

图 1.2.5　双通道常规显示模式

（2）波形选择。波形按键如图 1.2.6 所示。

波形选择

图 1.2.6　波形按键

使用 Sine 按键，波形图标变为正弦信号，并在状态区左侧出现“Sine”字样，如图 1.2.7 所示，系统默认参数：频率为 1 kHz，幅值为 5.0 V(峰峰值)，偏移量为 0 V(DC)，初始相位为 0°。

图 1.2.7　正弦波常规显示界面

使用 Square 按键，波形图标变为方波信号，并在状态区左侧出现“Square”字样，如图 1.2.8 所示，系统默认参数：频率为 1 kHz，幅值为 5.0 V(峰峰值)，偏移量为 0 V(DC)，占空比为 50%，初始相位为 0°。

图 1.2.8　方波常规显示界面

使用 Ramp 按键，波形图标变为锯齿波信号，并在状态区左侧出现“Ramp”字样，如图 1.2.9 所示，系统默认参数：频率为 1 kHz，幅值为 5.0 V(峰峰值)，偏移量为 0 V(DC)，对称性为 50%，初始相位为 0°。

图 1.2.9　锯齿波常规显示界面

使用 Pulse 按键，波形图标变为脉冲波信号，并在状态区左侧出现“Pulse”字样，系统默认参数：频率为 1 kHz，幅值为 5.0 V(峰峰值)，偏移量为 0 V(DC)，脉宽为 500 μs，占空比为 50%，延时为 0 s。

使用 Noise 按键，波形图标变为噪声信号，并在状态区左侧出现“Noise”字样，图 1.2.10 所示。系统默认参数：幅值为 5.0 V(峰峰值)，偏移量为 0 V(DC)。

图 1.2.10　噪声信号常规显示界面

使用 Arb 按键，波形图标变为任意波信号，并在状态区左侧出现“Arb”字样。DG1022 型双通道函数/任意波形发生器可输出最多 4 k 个点和最高 5 MHz 重复频率的任意波形。通过设置频率/周期、幅值/高电平、偏移/低电平、相位，可以得到不同参数值的任意波信号。图 1.2.11 所示 NegRamp 倒三角波形使用系统默认参数：频率为 1 kHz，幅值为 5.0 V(峰峰值)，偏移量为 0 V(DC)，相位为 0°。

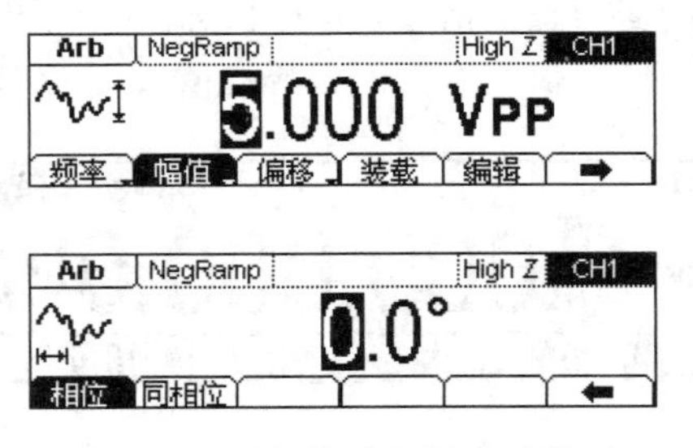

图 1.2.11　任意波常规显示界面

（3）菜单选择。屏幕下边的 6 个选项按键，其中第一个按键进行信号频率与周期的切换操作，第二个按键进行信号幅值与高低电平的切换操作，第三个按键进行偏移的设置，后面三个按键包括相位与同相位的设置，此外还有不同波形下的菜单选项，比如方波情况下有占空比的菜单选项，锯齿波情况下有对称性的菜单选项。

（4）数据输入。如果某一项菜单参数被选中，则相应的参数值会变为黑色，表示该项参数值可以被修改。10 个数字键用于输入数据，输入方式为自左至右移位写入。数据中可以带有小数点，如果一次输入数据中有多个小数点，则只有第一个小数点有效。在使用“偏移”功能时，可以输入负号。使用数字键只是把数字写入显示区，这时数据并没有生效，如果数据输入错误，在确定单位之前，可以按“＜”键退格删除，也可以重新选择该项目，然后输入正确的数据。数据输入完成以后，必须按菜单键选择单位作为结束，输入的数据才开始生效。

（5）旋钮调节。在实际应用中，有时需要对信号进行连续调节，这时可以使用数字调节旋钮。当一项参数被选中后，除了参数值会变为黑色外，还有一个数字会变为白色，这是光标指示位，按移位键“＜”或“＞”，可以使光标指示位左移或右移。面板上的旋钮为数字调节旋钮，向右转动旋钮，可使光标指示位的数字连续加 1，并能向高位进位；向左转动旋钮，可使光标指示位的数字连续减 1，并能向高位借位。使用旋钮输入数据时，数字改变后即刻生效，不用再按菜单键选择单位。光标指示位向左移动，可以对数据进行粗调，向右移动则可以进行细调。

（6）参数显示。屏幕图中间为参数显示区，参数以黑色显示，被选中参数以白色显示，数据输入之后按菜单键选择单位，数据开始生效。

1.3　交流毫伏表

本节以南京盛普仪器科技有限公司的 SP1931 型数字交流毫伏表为例，对其技术参数、面板功能及使用方法进行介绍。

1.3.1　主要技术指标

SP1931 型数字交流毫伏表的主要技术参数如下：

（1）测量电压范围：100 μV～400 V(有效值)，－80 dB～＋52.04 dB，－77 dB～＋54.25 dB。

（2）电压测量具有自动量程和手动量程两种，手动量程可提高电压读数分辨率。

（3）基准条件下电压的固有误差(以 1 kHz 为准)：

100 Hz～100 kHz　±2％±8 个字

50 Hz～500 kHz　±3％±10 个字

10 Hz～2 MHz　±4％±10 个字

50 Hz～500 kHz　±3％±10 个字

（4）测量电压的频率范围：5 Hz～3 MHz。

（5）输入阻抗：输入电阻≥10 MΩ，输入电容≤30 pF。

（6）工作电压：交流 220 V±10％，50 Hz±2 Hz。

（7）工作温度：0℃～40℃。

（8）湿度：小于 90％RH。

(9) 噪声：输入短路为 0 个字。

1.3.2 面板及键盘使用说明

图 1.3.1 和图 1.3.2 分别为 SP1931 型数字交流毫伏表的前、后面板图。

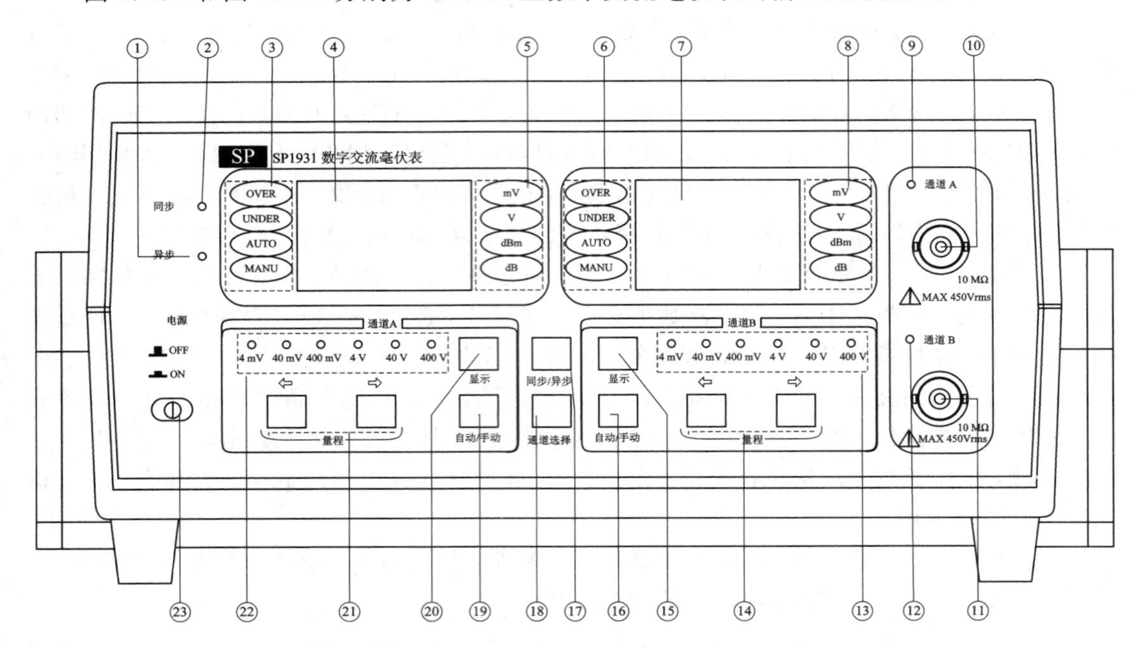

图 1.3.1 SP1931 型数字交流毫伏表前面板图

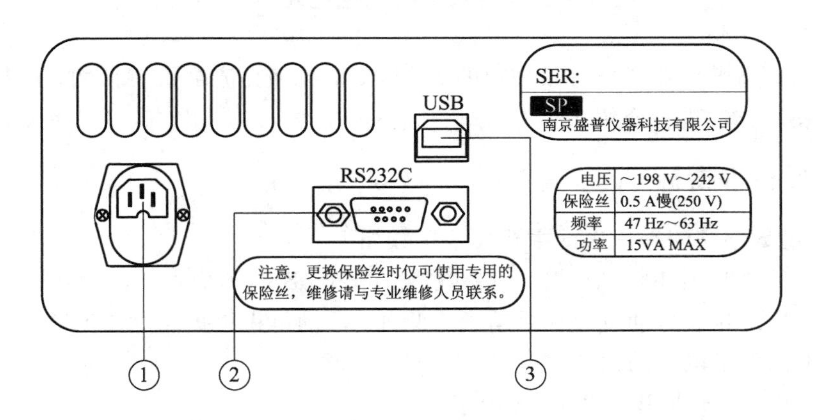

图 1.3.2 SP1931 型数字交流毫伏表后面板图

1) 前面板键盘功能说明

①——"异步"指示灯；

②——"同步"指示灯；

③——A 通道的状态指示灯；

④——A 通道的数码管显示器；

⑤——A 通道的显示单位；

⑥——B 通道状态指示灯；

⑦——B 通道的数码管显示器；

⑧——B 通道的显示单位；

⑨——A 通道指示灯；

⑩——A 通道测量输入口；

⑪——B 通道测量输入口；

⑫——B 通道指示灯；

⑬——B 通道量程指示灯；
⑭——B 通道量程切换键；
⑮——B 通道“显示”功能键；
⑯——B 通道“自动/手动”功能键；
⑰——同步/异步键；
⑱——通道选择键；
⑲——A 通道“自动/手动”键；
⑳——A 通道“显示”功能键；
㉑——A 通道量程切换键；
㉒——A 通道量程指示灯；
㉓——POWER 键，电源开关。

2）后面板键盘功能说明

①——交流电源输入插座，用于 220 V 电源的输入。
②——RS232 串行通信口，作为 RS232 通信时的连接端。
③——USB 通用接口，作为 USB 通信时的连接端。

1.3.3　基本操作

1. 开机

按下 SP1931 型数字交流毫伏表面板上的电源开关按钮，电源即接通。仪器进入初始状态，初始化后即进入测量状态，默认测量状态为双通道异步电压测量。

2. 测量模式设置

首先使用“通道选择”键进行循环切换 A 通道独立测量模式、B 通道独立测量模式以及 A+B 双通道测量模式；然后在 A+B 双通道测量模式下选择“同步/异步”键切换模式。当仪器处于 A 通道测量模式和 A+B 双通道测量模式时，默认为自动测量方式，此时“AUTO”灯亮，仪器能根据被测信号的大小自动选择合适的测量量程。如果要进行手动测量，在自动测量状态下再按一次“自动/手动”键即可，此时“MANU”灯亮。

当处于手动测量状态时，按下“量程”键即可，允许用户自由设置测量量程。

3. 测量结果显示

SP1931 型数字交流毫伏表有 3 种显示单位：有效值(V 或者 mV)、dBm 值和 dB 值；默认显示单位为有效值，要显示 dBm 值或 dB 值，只需按下“显示”键就可以进行切换，每一种单位都有相应的指示灯来指示。

4. 过量程和欠量程

当将 SP1931 型数字交流毫伏表设置为手动测量方式时，可根据仪器的提示设置量程，如果被测电压大于当前量程的最大测量电压的 115%，则“OVER”灯闪烁，表示过量程，此时电压显示区域显示 HHHHH，表示电压过高，应手动切换到更高的量程。

当 SP1931 型数字交流毫伏表处于手动量程方式的某一量程时，如果被测电压小于当前量程的最小测量电压的 25%，则“UNDER”灯闪烁，表示欠量程，此时显示区域按实际测量值显示，但测量误差增大。

1.4　数字万用表

数字万用表是最常用的一种测量仪器，它可以测量交流电压、直流电压、交流电流、直流电流、电阻、电容、三极管的 h_{FE} 值、测量二极管及三极管的PN结及作为测量短路用的蜂鸣器等。根据测量目的的不同，可调节转换开关和将表笔换接不同的插口。本节以VC51系列数字万用表为例，对其面板功能和使用方法作一简要介绍。

1.4.1 面板说明

图1.4.1所示为VC51系列数字万用表的面板图。

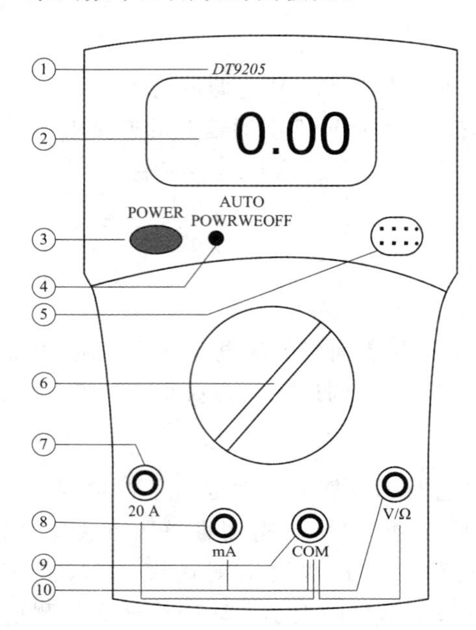

图1.4.1 VC51系列数字万用表面板图

图中各部分的说明如下：

①——型号栏。

②——液晶显示屏，显示仪表测量的数据。

③——电源开关。

④——发光二极管，通断时报警用。

⑤——三极管测试座，测试三极管输入口。

⑥——旋钮开关，用于改变测量功能、量程。

⑦——20 A电流测试插座。

⑧——电容、温度及mA电流测试插座正极。

⑨——电容、温度、"－"极插座及公共地。

⑩——电压、电阻、二极管、频率及火线识别"＋"极插座。

1.4.2 基本操作

1. 电池检查

按下电源开关，检查9 V电池，如果电池电压不足，则显示屏左上方会显示"[－ ＋]"符号，这时则需更换电池。如果显示器不显示[－ ＋]，则按后面的步骤操作。

2. 过压过流保护

测试表笔插孔旁边的符号⚠表示输入电压或电流不应超过指示值，这是为了保护内部线路免受损伤。

3. 测试前准备

功能开关应置于所需要的量程，如果不知道被测值的范围，可将功能开关置于最大量程并逐步下降。

4. 直流电压测量

首先将黑表笔插入 COM 插孔，红表笔插入 V/Ω 插孔；然后将功能开关置于直流电压挡 V₋ 量程范围内，并将测试表笔并联接到待测电源或负载上。

5. 交流电压测量

首先将黑表笔插入 COM 插孔，红表笔插入 V/Ω 插孔；然后将功能开关置于交流电压挡 V~ 量程范围内，并将测试表笔并联接到待测电源或负载上。测量交流电压时，没有极性显示。

6. 直流电流测量

首先将黑表笔插入 COM 插孔，当测量最大值为 200 mA 的电流时，红表笔插入 mA 插孔，当测量最大值为 20 A 的电流时，红表笔插入 20 A 插孔；然后将功能开关置于直流电流挡 A₋ 量程，并将测试表笔串联接到待测负载上，电流值显示的同时，将显示红表笔的极性。

7. 交流电流测量

首先将黑表笔插入 COM 插孔，当测量最大值为 200 mA 的电流时，红表笔插入 mA 插孔，当测量最大值为 20 A 的电流时，红表笔插入 20 A 插孔；然后将功能开关置于直流电流挡 A~ 量程，并将测试表笔串联接到待测负载上。

8. 电阻测量

首先将黑表笔插入 COM 插孔，红表笔插入 V/Ω 插孔；然后将功能开关置于 Ω 量程，将测试表笔连接到待测电阻上。

9. 电容测量

首先将黑色表笔插入 COM 插座，红表笔插入 mA ⊣⊢ 插座。在连接待测电容之前，注意每次转换量程时，复零需要时间，漂移读数的存在不会影响测试。最后将测试表笔连接到待测电容上。

10. 二极管测试

首先将黑表笔插入 COM 插孔，红表笔插入 V/Ω 插孔(红表笔极性为“+”)，将功能开关置于“→|⊢o))”挡，并将表笔连接到待测二极管，读数为二极管正向压降的近似值。将表笔连接到待测线路的两端，如果两端之间电阻值低于 70 Ω，则内置蜂鸣器发声。

1.5　数字示波器

数字示波器是运用数据采集、A/D 转换、软件编程等技术制造出来的信号测量仪器。

DS1052E 型数字示波器各通道的标度和位置旋钮提供了直观的操作，为加速调整、便于测量，使用时可直接按 AUTO 键，可立即获得适合的波形和挡位设置。除易于使用之外，示波器还具有更快完成测量任务的强大功能，该示波器带宽为 50 MHz，通过 1 GSa/s 的实时采样和 25 GSa/s 的等效采样，可在示波器上观察更快的信号。强大的触发和分析能力使其易于捕获和分析波形。清晰的液晶显示和数学运算功能，便于使用者更快、更清晰地观察和分析信号问题。

1.5.1 面板控制说明

DS1052E 型数字示波器前面板图如图 1.5.1 所示，其面板功能介绍如表 1.5.1 所示。

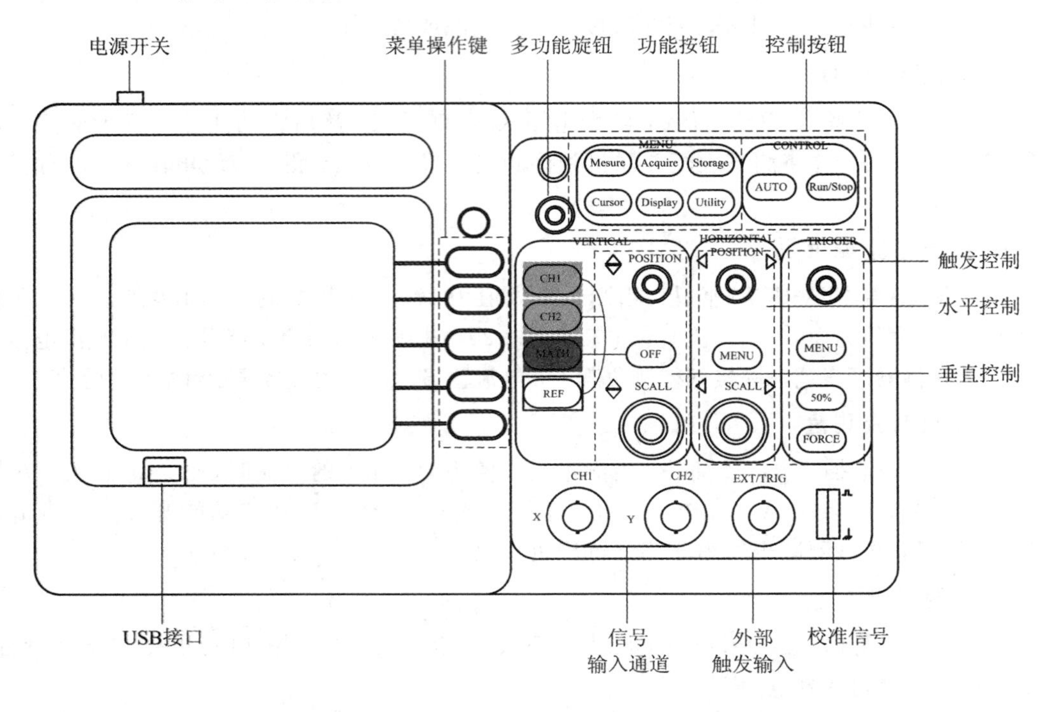

图 1.5.1　DS1052E 型数字示波器前面板图

表 1.5.1　DS1052E 型数字示波器面板按钮功能介绍

	名　称	功 能 介 绍
1	电源开关	按一次打开电源，再按一次关闭电源
2	USB 接口	用于将 USB 海量存储设备或打印机连接到示波器的端口
3	菜单操作键	包括通道设置菜单、数学运算菜单、水平菜单及触发模式菜单等的设置
4	多功能旋钮	用于从菜单中选择菜单项或更改值。多功能旋钮的功能随着当前菜单和软键选择而变化
5	功能按钮	包括测量系统、光标系统、显示系统、存储系统、采样系统、帮助系统等的设置

续表

	名　称	功 能 介 绍
6	控制按钮	当按下 AUTO 键时，根据信号可自动调整电压倍率、时基以及触发方式至最好形态显示。 当 Run/Stop 键显示为绿色时，表示示波器正在运行。 当 Run/Stop 键显示为红色时，表示数据采集已停止
7	触发控制	触发控制区包括： 触发水平旋钮：可调整触发的电平值。 MENU 按键：可调出触发操作菜单，改变触发的设置。 50%按键：设定触发电平在触发信号幅值的垂直中点。 FORCE 按键：强制产生一触发信号，主要应用于触发方式中的“普通”和“单次”模式
8	水平控制	水平控制区包括： 水平定标旋钮：可调整时间/格(扫描速度)设置。 水平位置旋钮：可水平平移波形数据。 MENU 水平键：打开水平设置菜单，包括时基设置、启用或禁用延迟扫描、显示系统采样率，以及调整触发位置到中心零点
9	垂直控制	垂直控制区包括： 垂直定标旋钮：更改每个模拟通道的垂直灵敏度。 垂直位置旋钮：更改显示屏上通道的垂直位置。 OFF 按键：关闭当前选择的通道
10	信号输入通道	连接示波器探头或 BNC 电缆。模拟通道输入的阻抗为 1 MΩ
11	外部触发输入	外部触发信号输入端口
12	校准信号	可进行示波器探头的校准

1.5.2　波形的自动显示与停止

按 AUTO(自动设置)键，可快速设置和测量信号。按 AUTO 键后，菜单显示如图 1.5.2 所示，自动设置菜单的说明见表 1.5.2。

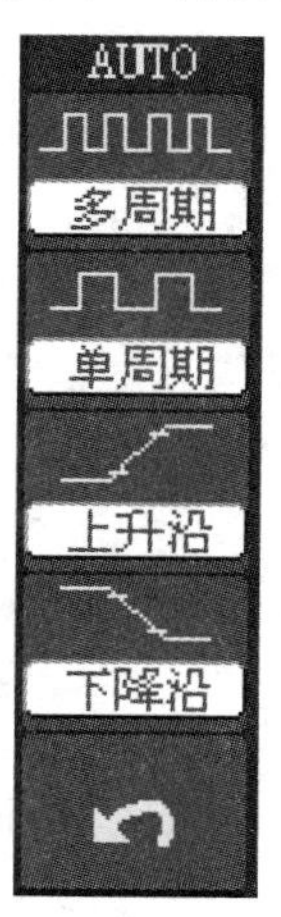

图 1.5.2　自动设置菜单

表 1.5.2　自动设置菜单说明

功能菜单	设　定	说　明
多周期	/	设置屏幕自动显示多个周期信号
单周期	/	设置屏幕自动显示单个周期信号
上升沿	/	自动设置并显示上升时间
下降沿	/	自动设置并显示下降时间
(撤销)	/	撤销自动设置，返回前一状态

自动设定功能项目见表1.5.3。

表1.5.3 自动设定功能项目

功 能	设 定
显示方式	Y/T
获取方式	普通
垂直耦合	根据信号调整到交流或直流
垂直“V/Div”	调节至适当挡位
垂直挡位调节	粗调
带宽限制	关闭(即满带宽)
信号反相	关闭
水平位置	居中
水平“S/Div”	调节至适当挡位
触发类型	边沿
触发信源	自动检测到有信号输入的通道
触发耦合	直流
触发电平	中点设定
触发方式	自动
POSITION旋钮	触发位移

Run/Stop(运行/停止)键运行或停止波形采样。在停止的状态下，对于波形垂直挡位和水平时基可以在一定的范围内调整，相当于对信号进行水平或垂直方向上的扩展。

1.5.3 垂直系统

1. 通道设置

每个通道都有独立的垂直菜单，每个项目都按不同的通道单独设置。按CH1或CH2功能按键，系统显示CH1或CH2通道的操作菜单，见图1.5.3。

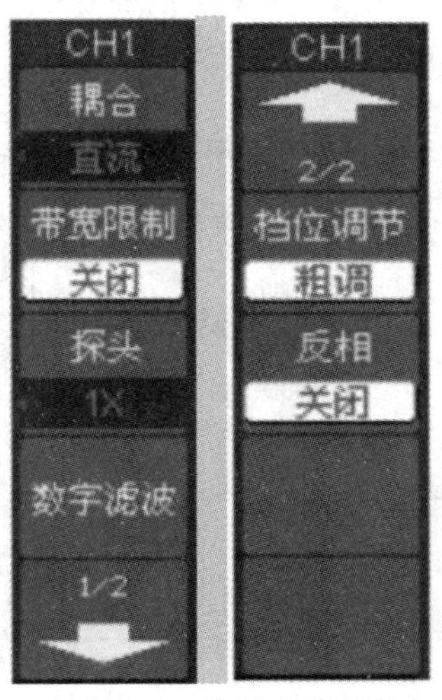

图1.5.3 通道设置菜单

1）设置通道耦合

示波器耦合方式分为三种，即交流、直流与接地，其中，交流耦合阻挡输入信号的直流成分；直流耦合通过输入信号的交流和直流成分；接地断开输入信号。

2）设置通道带宽限制

如果通道带宽限制为关闭，被测信号含有的高频分量可以通过；如果通道带宽限制为打开，被测信号含有的大于 20 MHz 的高频分量被阻隔。

3）调节探头比例

为了配合探头的衰减系数，需要在通道操作菜单中相应调整探头衰减比例系数。如探头衰减系数为 10∶1，示波器输入通道的比例也应设置成 10×，以避免显示的挡位信息和测量的数据发生错误。

4）挡位调节设置

垂直挡位调节分为粗调和微调两种模式。垂直灵敏度的范围是 2 mV/Div～10 V/Div（探头比例设置为 1×）。粗调是以 1—2—5 步进方式调整垂直挡位，即以 2 mV/Div、5 mV/Div、10 mV/Div、20 mV/Div、…、10 V/Div 方式步进。微调指在当前垂直挡位范围内进一步调整。如果输入的波形幅度在当前挡位略大于满刻度，而应用下一挡位波形则显示幅度稍低，可以应用微调改善波形显示幅度，以利于观察信号细节。切换粗调/微调不但可以通过此菜单操作，也可以通过按下作为设置输入通道的粗调/微调状态的快捷键的垂直定标旋钮来操作。

5）波形反相的设置

波形反相指的是显示的信号相对电位翻转 180°。

6）数字滤波

该项可设置数字滤波的开启与关闭、滤波的类型、滤波频率的上下限等。

2. 数学运算

数学运算(MATH)功能是显示 CH1、CH2 通道波形相加、相减、相乘以及 FFT 运算的结果。数学运算的结果同样可以通过栅格或游标进行测量，数学运算界面见图 1.5.4。

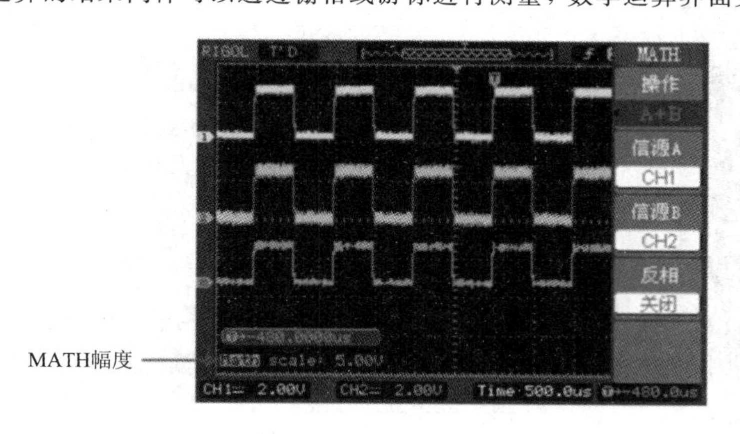

图 1.5.4　数学运算界面

其中FFT(快速傅里叶变换)数学运算可将时域(YT)信号转换成频域信号，使用FFT可以方便地测量系统中谐波含量和失真，表现直流电源中的噪声特性及分析振动。

3. 垂直位置和垂直定标旋钮的使用

(1) 垂直位置旋钮调整所有选中通道(包括数学运算和REF)波形的垂直位置。

(2) 垂直定标旋钮调整所有选中通道(包括数学运算和REF)波形的垂直分辨率。粗调是以1—2—5步进方式确定垂直挡位灵敏度。顺时针增大、逆时针减小垂直灵敏度。微调是在当前挡位进一步调节波形显示幅度。同样，顺时针增大、逆时针减小显示幅度。粗调、微调可通过按下垂直定标旋钮进行切换。

1.5.4 水平系统

使用水平控制旋钮可改变水平刻度(时基)、触发在内存中的水平位置(触发位移)。屏幕水平方向上的中点是波形的时间参考点。改变水平刻度会导致波形相对屏幕中心扩张或收缩。水平位置改变波形相对于触发点的位置。

1) 水平位置旋钮

该旋钮调整通道波形(包括数学运算)的水平位置。这个控制旋钮的解析度根据时基而变化，按下此旋钮可使触发位置立即回到屏幕中心。

2) 水平定标旋钮

该旋钮调整主时基或延迟扫描(Delayed)时基，即秒/格(s/Div)。当延迟扫描被打开时，将通过改变水平定标旋钮改变延迟扫描时基而改变窗口宽度。

3) 水平控制按键MENU

该按钮显示水平菜单。水平设置菜单及说明见图1.5.5和表1.5.4。

图1.5.5 水平设置菜单

表1.5.4 水平设置菜单说明

功能菜单	设　定	说　明
延迟扫描	打开 关闭	进入Delayed波形延迟扫描。 关闭延迟扫描
时基	Y-T X-Y ROLL	Y-T方式显示垂直电压与水平时间的相对关系。 X-Y方式在水平轴上显示通道1幅值，在垂直轴上显示通道2幅值。 ROLL方式下示波器从屏幕右侧到左侧滚动更新波形采样点
采样率	/	显示系统采样率
触发位移复位	/	调整触发位置到中心零点

水平设置标志如图 1.5.6 所示，其标志说明如下：

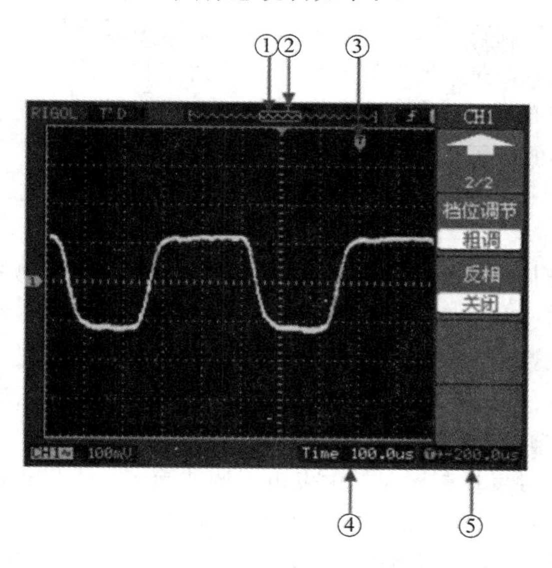

图 1.5.6　水平设置标志

①——表示当前的波形视窗在内存中的位置。

②——触发点在内存中的位置。

③——触发点在当前波形视窗中的位置。

④——水平时基(主时基)显示，即“秒/格”(s/Div)。

⑤——触发位置相对于视窗中点的水平距离。

4）延迟扫描

延迟扫描用来放大一段波形，以便查看图像细节。延迟扫描时基设定不能慢于主时基的设定。

在延迟扫描下，分两个显示区域，如图 1.5.7 所示。上半部分显示的是原波形，未被半

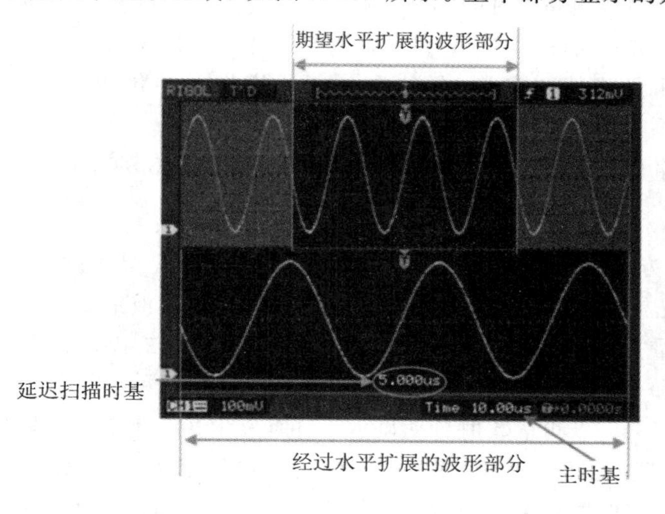

图 1.5.7　延迟扫描示意图

透明阴影覆盖的区域是期望被水平扩展的波形部分。此区域可以通过转动水平位置旋钮左右移动，或转动水平定标旋钮扩大和减小选择区域。下半部分是选定的原波形区域经过水平扩展的波形。值得注意的是，延迟时基相对于主时基提高了分辨率。由于整个下半部分显示的波形对应于上半部分选定的区域，因此转动水平定标旋钮减小选择区域可以提高延迟时基，即提高了波形的水平扩展倍数。

1.5.5 触发系统

触发决定了示波器何时开始采集数据和显示波形。一旦触发被正确设定，它可以将不稳定的显示转换成有意义的波形。

示波器在开始采集数据时，先收集足够的数据用来在触发点的左方画出波形。示波器在等待触发条件发生的同时连续地采集数据。当检测到触发后，示波器连续地采集足够的数据以在触发点的右方画出波形。

示波器操作面板的触发控制区包括触发电平调节旋钮、触发菜单按键 MENU、设定触发电平在信号垂直中点的 50%按键、强制触发按键 FORCE 。其中触发菜单按键 MENU 可设置不同的触发方式，包括边沿触发、脉宽触发、斜率触发、视频触发、交替触发 5 种。

边沿触发方式是在输入信号边沿的触发阈值上触发。在选取“边沿触发”时，即在输入信号的上升沿、下降沿或上升和下降沿触发。脉宽触发根据脉冲的宽度来确定触发时刻。可以通过设定脉宽条件捕捉异常脉冲。视频触发是对标准视频信号进行场或行视频触发。斜率触发根据信号的上升或下降速率进行触发。交替触发时，触发信号来自于两个垂直通道，此方式可用于同时观察两路不相关信号。

1.5.6 测量系统

1. 光标测量

光标是水平和垂直的标记，表示所选波形源上的 X 轴值和 Y 轴值。可以使用光标在示波器信号上自定义电压测量、时间测量、相位测量或比例测量。X 光标是水平调整的垂直虚线，可以用于测量时间(s)、频率(1/s)、相位(°)和比例(%)。Y 光标是垂直调整的水平虚线，可以用于测量伏特或安培(具体取决于通道探头单位设置)，也可以用于测量比例(%)。

实现光标测量依靠按下 Cursor 键。光标测量分为如下 3 种模式。

1) 手动方式

光标 X 或 Y 方式成对出现，并可手动调整光标的间距。显示的读数即为测量的电压或时间值。当使用光标时，需首先将信号源设定为所要测量的波形。

手动光标测量方式是测量一对 X 光标或 Y 的坐标值及二者间的增量。手动测量菜单及说明见图 1.5.8 和表 1.5.5。

当光标功能打开时，测量数值自动显示于屏幕右上角。获得的测量数值包括：

① 光标 A 位置(时间以触发偏移位置为基准，电压以通道接地点为基准)。

② 光标 B 位置(时间以触发偏移位置为基准，电压以通道接地点为基准)。

③ 光标 A、B 的水平间距(ΔX)，即光标间的时间值。

图 1.5.8　手动测量菜单

表 1.5.5　手动测量菜单说明

功能菜单	设　定	说　明
光标模式	手动	手动调整光标间距以测量 X 或 Y 参数
光标类型	X Y	光标显示为垂直线，用来测量水平方向上的参数。 光标显示为水平线，用来测量垂直方向上的参数
信源选择	CH1 CH2 MATH/ FFT	选择被测信号的输入通道
CurA （光标 A）	X Y	旋动多功能旋钮使光标 A 左右移动 旋动多功能旋钮使光标 A 上下移动
CurB （光标 B）	X Y	旋动多功能旋钮使光标 B 左右移动 旋动多功能旋钮使光标 B 上下移动

④ 光标 A、B 水平间距的倒数（$1/\Delta X$）。

⑤ 光标 A、B 的垂直间距（ΔY），即光标间的电压值。

2）追踪方式

水平与垂直光标交叉构成十字光标。十字光标自动定位在波形上，通过旋动多功能旋钮可以调整十字光标在波形上的水平位置。示波器同时显示光标点的坐标。追踪测量菜单及说明见图 1.5.9 和表 1.5.6。

图 1.5.9　追踪测量菜单

表 1.5.6　追踪测量菜单说明

功能菜单	设　定	说　明
光标模式	追踪	设定追踪方式，定位和调整十字光标在被测波形上的位置
光标 A	CH1 CH2 无光标	设定追踪测量通道 1 的信号，设定追踪测量通道 2 的信号，不显示光标 A
光标 B	CH1 CH2 无光标	设定追踪测量通道 1 的信号，设定追踪测量通道 2 的信号，不显示光标 B
CurA （光标 A）		设定旋动多功能旋钮调整光标 A 的水平坐标
CurB （光标 B）		设定旋动多功能旋钮调整光标 B 的水平坐标

光标追踪测量方式是在被测波形上显示十字光标，通过移动光标的水平位置，光标自动在波形上定位，并显示当前定位点的水平、垂直坐标和两光标间水平、垂直的增量。其中，水平坐标以时间值显示，垂直坐标以电压值显示。

测量数值自动显示于屏幕右上角。获得的测量数值包括：

① 光标 A 位置(时间以触发偏移位置为基准，电压以通道接地点为基准)。

② 光标 B 位置(时间以触发偏移位置为基准，电压以通道接地点为基准)。

③ 光标 A、B 的水平间距(ΔX)，即光标间的时间值(以"秒"为单位)。

④ 光标 A、B 水平间距的倒数(1/ΔX)(以"赫兹"为单位)。

⑤ 光标 A、B 的垂直间距(ΔY)，即光标间的电压值(以"伏"为单位)。

3) 自动测量方式

在自动测量方式下，系统会显示对应的电压或时间光标，以揭示测量的物理意义。系统根据信号的变化，自动调整光标位置，并计算相应的参数值。此种方式在未选择任何自动测量参数时无效。光标自动测量方式显示当前自动测量参数所应用的光标。若没有在 Measure 菜单下选择任何的自动测量参数，将没有光标显示。本示波器可以自动移动光标测量 Measure 菜单下的所有 20 种参数。频率自动测量光标示意图见图 1.5.10。

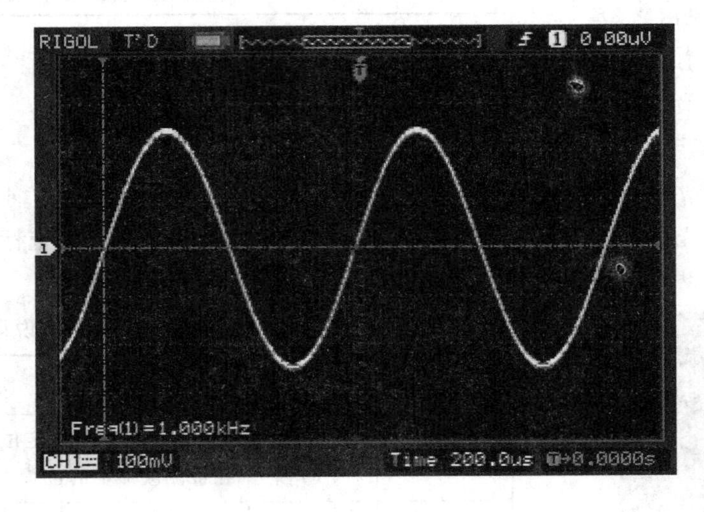

图 1.5.10 频率自动测量光标示意图

2. 自动测量

按 Measure 自动测量功能键，系统显示自动测量操作菜单。本示波器具有 20 种自动测量功能，包括峰峰值、最大值、最小值、顶端值、底端值、幅值、平均值、均方根值、过冲、预冲、频率、周期、上升时间、下降时间、正占空比、负占空比、延迟 1→2 ⎍、延迟 1→2 ⎍、正脉宽、负脉宽的测量，共 10 种电压测量和 10 种时间测量，测量功能菜单及说明见图 1.5.11 和表 1.5.7。

图 1.5.11　测量功能菜单

表 1.5.7　测量功能菜单说明

功能菜单	显　示	说　明
信源选择	CH1 CH2	设置被测信号的输入通道
电压测量	/	选择测量电压参数
时间测量	/	选择测量时间参数
清除测量	/	清除测量结果
全部测量	关闭 打开	关闭全部测量显示 打开全部测量显示

1）电压测量

电压测量菜单及测量项目说明见图 1.5.12 和表 1.5.8。

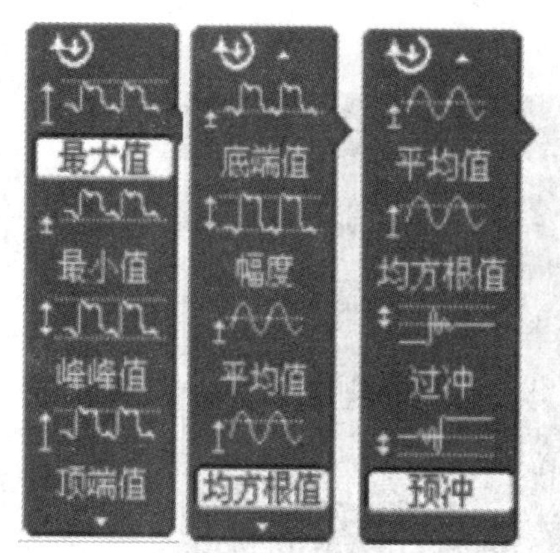

图 1.5.12　电压测量菜单

表 1.5.8　电压测量项目说明

功能菜单	显　示	说　明
最大值	/	测量信号最大值
最小值	/	测量信号最小值
峰峰值	/	测量信号峰峰值
顶端值	/	测量方波信号顶端值
底端值	/	测量方波信号底端值
幅度	/	测量信号幅度值
平均值	/	测量信号平均值
均方根值	/	测量信号均方根值
过冲	/	测量沿信号过冲值
预冲	/	测量沿信号预冲值

2）时间测量

时间测量菜单及说明见图 1.5.13 和表 1.5.9。

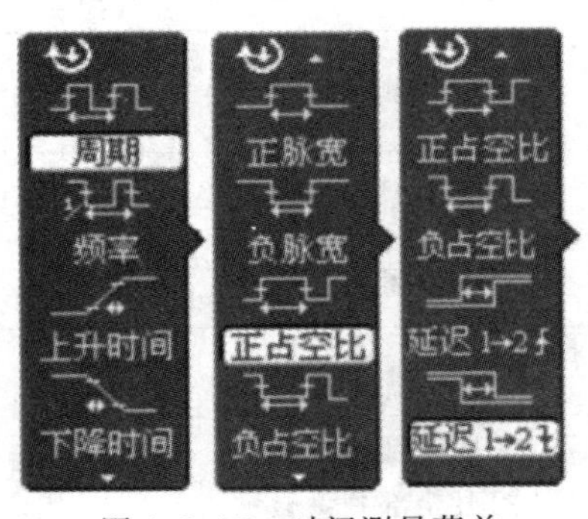

图 1.5.13　时间测量菜单

表 1.5.9　时间测量项目说明

功能菜单	显　示	说　明
周期	/	测量信号的周期
频率	/	测量信号的频率
上升时间	/	测量上升沿信号上升的时间
下降时间	/	测量下降沿信号下降的时间
正脉宽	/	测量脉冲信号的正脉宽
负脉宽	/	测量脉冲信号的负脉宽
正占空比	/	测量脉冲信号的正占空比
负占空比	/	测量脉冲信号的负占空比
延迟 1→2 上升沿	/	测量 CH1、CH2 信号在上升沿处的延迟时间
延迟 1→2 下降沿	/	测量 CH1、CH2 信号在下降沿处的延迟时间

自动测量的结果显示在屏幕下方，最多可同时显示 3 个。当显示已满时，新的测量结果会导致原结果左移，从而将原屏幕最左端的结果挤出到屏幕之外。除此之外，还可获得全部测量数值，设置“全部测量”项状态为打开，此时 18 种测量参数值显示于屏幕下方，如图 1.5.14 所示。

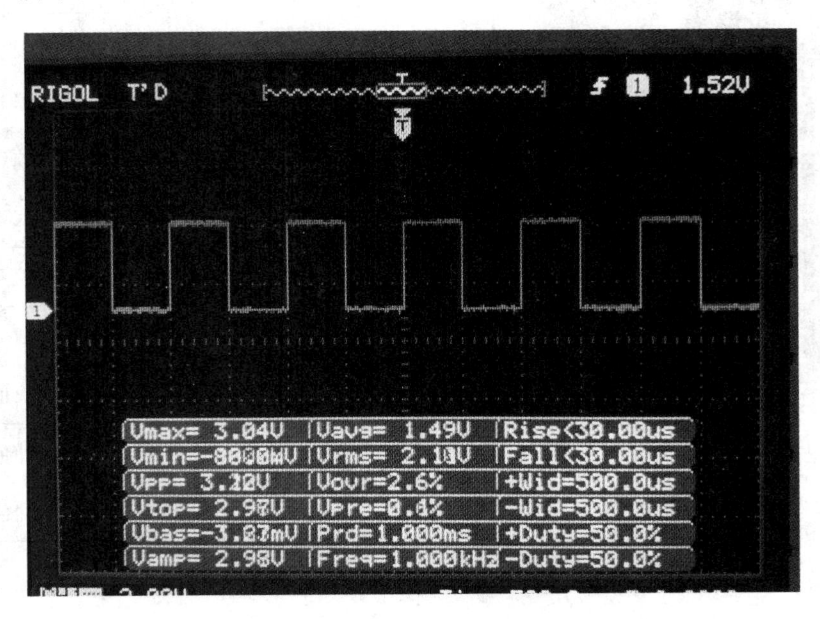

图 1.5.14　示波器“全部测量”状态

第 2 章　Multisim 电路仿真软件

Multisim 的前身 Electronics WorkBench(简称 EWB)是加拿大 IIT(Interactive Image Technologies)公司于 20 世纪 80 年代末推出的电子线路仿真软件，它可以对模拟、数字和模拟/数字混合电路进行仿真。20 世纪 90 年代初，EWB 软件进入我国。从 EWB 5.0 版本以后，IIT 公司对 EWB 进行了较大的改动，将专门用于电子电路仿真的模块改名为 Multisim；2005 年以后，加拿大 IIT 公司隶属于美国 NI 公司，并于 2005 年 12 月推出 Multisim 9。Multisim 9 在仿真界面、元件调用方式、搭建电路、虚拟仿真、电路分析等方面沿袭了 EWB 的优良特色，但软件的内容和功能有了很大不同，它将 NI 公司的最具特色的 LabVIEW 仪表融入 Multisim 9，可以将实际 I/O 设备接入 Multisim 9，克服了原 Multisim 软件不能采集实际数据的缺陷。2012 年它又推出了 Multisim 12。Multisim 12 电路仿真环境通过使用直观的图形化方法，简化了复杂的传统电路仿真并且提供了用于电路设计和电子教学的量身定制版本。Multisim 电路仿真软件克服了传统电子产品的设计受实验室客观条件限制的局限性，用虚拟的元件搭建各种电路，用虚拟的仪表进行各种参数和性能指标的测试。因此，在电子工程设计和高校电子类教学领域中得到了广泛应用。

本章主要以 Multisim 12 为基础来介绍 Multisim 软件的相关功能和使用。版本 NI Multisim 12 主要有以下特点：

(1) 直观的图形界面。NI Multisim 12 保持了原 EWB 图形界面直观的特点，其电路仿真工作区就像一个电子实验工作台，元件和测试仪表均可直接拖放到屏幕上，通过单击鼠标可用导线将它们连接起来；虚拟仪器操作面板与实物相似，甚至完全相同；可方便选择仪表测试电路波形或特性；可以对电路进行 20 多种分析，以帮助设计人员分析电路的性能。

(2) 丰富的元件。自带元件库中的元件数量更多，基本可以满足工科院校电子技术课程的要求。NI Multisim 12 的元件库不但含有大量的虚拟分离元件、集成电路，还含有大量的实物元件模型，包括一些著名制造商，如 Analog Device、Linear Technologies、Microchip、National Semiconductor 以及 Texas Instruments 等。用户可以编辑这些元件参数，并利用模型生成器及代码模式创建自己的元件。

(3) 众多的虚拟仪表。从最早的 EWB 5.0 含有 7 个虚拟仪表到 NI Multisim 12 提供 22 种虚拟仪器仪表，这些仪器仪表的设置和使用与真实的仪器仪表一样，能动态交互显示。用户还可以创建 LabVIEW 的自定义仪器，既能在 LabVIEW 图形环境中灵活升级，又可调入 NI Multisim 12 中方便使用。

(4) 完备的仿真分析。以 SPICE 3F5 和 XSPICE 的内核作为仿真的引擎，能够进行 SPICE 仿真、RF 仿真、MCU 仿真和 VHDL 仿真。通过 NI Multisim 12 自带的增强的设计功能优化数字和混合模式的仿真性能，利用集成 LabVIEW 和 Signalexpress 可快速进行原型开发和测试设计，具有符合行业标准的交互式测量和分析功能。

(5) 独特的虚实结合功能。在 NI Multisim 12 电路仿真的基础上，NI 公司推出教学实验室虚拟仪表套件(ELVIS)，用户可以在 NI ELVIS 平台上搭建实际电路，利用 NI ELVIS 仪表完成实际电路的波形测试和性能指标分析。用户可以在 NI Multisim 12 电路仿真环境中模拟 NI ELVIS 的各种操作，为实际 NI ELVIS 平台上搭建、测试实际电路打下良好的基础。NI ELVIS 仪表允许用户自定制并进行灵活的测量，还可以在 NI Multisim 12 虚拟仿真环境中调用，以此完成虚拟仿真数据和实际测试数据的比较。

(6) 远程教育功能。用户可以使用 NI ELVIS 和 LabVIEW 来创建远程教育平台。利用 LabVIEW 中的远程面板，将本地的 VI(视觉识别)在网络上发布，通过网络传输到其他地方，从而给异地的用户进行教学或演示相关实验。

(7) 强大的 MCU 模块。它可以完成 8051、PIC 单片机及其外部设备(如 RAM、ROM、键盘和 LCD 等)的仿真，支持 C 代码、汇编代码以及十六进制代码，并兼容第三方工具源代码；具有设置断点、单步运行、查看和编辑内部 RAM、特殊功能寄存器等高级调试功能。

(8) 简化了 FPGA 应用。在 NI Multisim 12 电路仿真环境中搭建数字电路，通过测试，功能正确后，执行菜单命令将之生成原始 VHDL，有助于初学 VHDL 的用户对照学习 VHDL 语句。用户可以将这个 VHDL 文件应用到现场可编程门阵列(FPGA)硬件中，从而简化 FPGA 的开发过程。

2.1 绘制电路图

自“开始”菜单启动 Multisim 12.0 主程序，此时出现在屏幕上的主程序界面如图 2.1.1 所示。

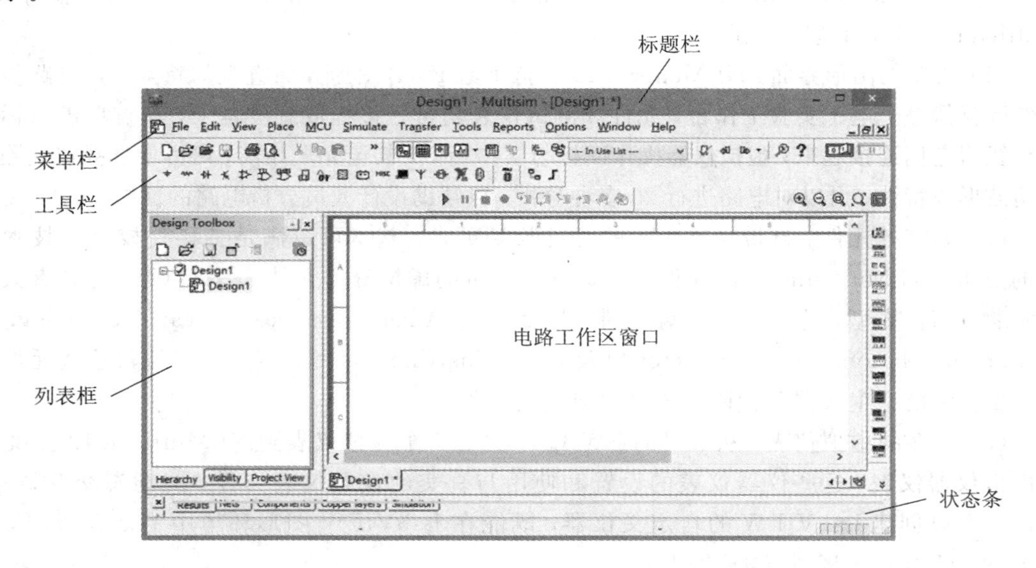

图 2.1.1 Multisim 12 的主程序界面

由图 2.1.1 可以看出，Multisim 12 的主程序界面包含有多个区域：标题栏、菜单栏、工具栏、电路工作区窗口、状态条、列表框等。通过对各部分的操作可以实现电路图的输入、编辑，并可根据需要对电路进行相应的观测和分析。用户可以通过菜单或工具栏改变主窗口的视图内容。

其中标题栏和菜单栏与其他的 Windows 应用程序相似，Multisim 12 提供了多种工具栏，并以层次化的模式加以管理，用户可以通过视图(View)菜单中的选项方便地将顶层的工具栏打开或关闭，再通过顶层工具栏中的按钮来管理和控制下层的工具栏。通过工具栏，用户可以方便直接地使用软件的各项功能。常用的工具栏有标准(Standard)工具栏、主(Main)工具栏、视图查看(View)工具栏、仿真(Simulation)工具栏、仪表(Instruments)工具栏。标准工具栏包含了常见的文件操作和编辑操作；主工具栏控制文件、数据、元件等的显示操作；仿真工具栏可以控制电路仿真的开始、结束和暂停；通过视图查看工具栏，用户可以方便地调整所编辑电路的视图大小；仪表工具栏提供了类型丰富的 20 种虚拟仪器。

Multisim 12 为用户提供了丰富的元器件，并以开放的形式管理元器件，使得用户能够自己添加所需要的元器件。Multisim 12 以库的形式管理元器件，通过菜单栏下的工具(Tools)\数据库\数据库管理器，打开数据库管理器窗口，如图 2.1.2 所示。由图 2.1.2 中看出，Multisim 12 的元件包含三个数据库，分别为主数据库(Master Database)、企业数据库(Corporate Database)和用户数据库(User Database)。

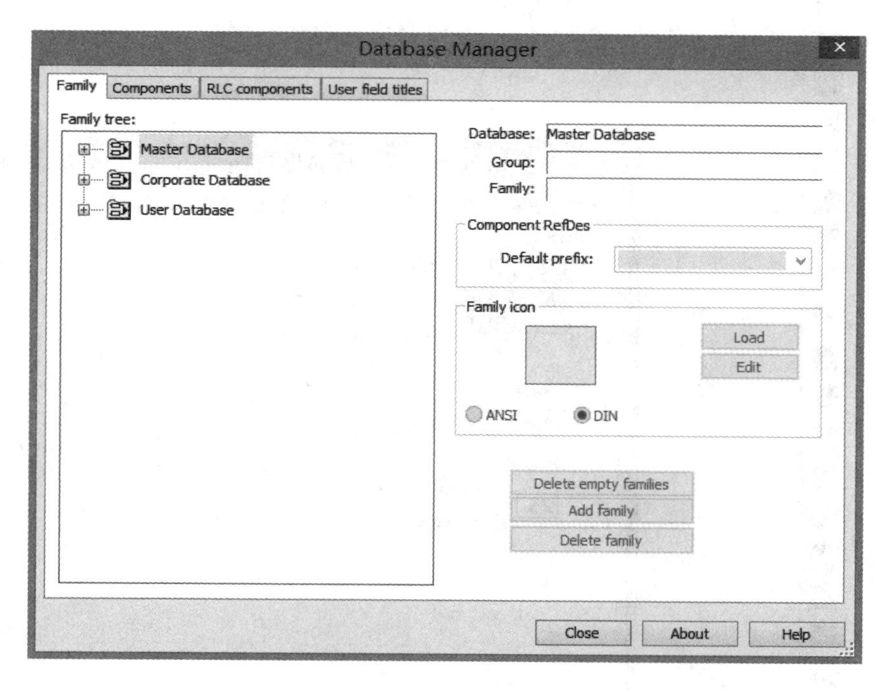

图 2.1.2　数据库管理器窗口

主数据库中包含 20 个元件库，分别是信号源库、基本元件库、二极管元件库、晶体管元件库、模拟元件库、TTL 元件库、CMOS 元件库、MCU 模块元件库、高级外围元件库、杂合类数字元件库、混合元件库、显示器件库、功率器件库、杂合类器件库、射频元件库、机电类元件库、梯形图设计元件库、PLD 逻辑器件库、连接器元件库、NI 元件库。各元件库下还包含子库。具体选用时可打开主工具栏中的元器件库进行选择。企业数据库用于存放便于企业团队设计的一些特定元件，该库仅在专业版中存在。用户数据库是为用户自建元器件准备的数据库。

Multisim 为用户提供了类型丰富的 20 种虚拟仪器仪表，可以通过视图\仪表菜单打开仪表工具栏，如图 2.1.3 所示。

这 20 种仪器仪表在电子线路的分析中经常会用到。它们分别是数字万用表、函数发生器、瓦特表、双通道示波器、4 通道示波器、波特测试仪、频率计、数字信号发生器、逻辑变换器、逻辑分析仪、伏安特性分析仪、失真分析仪、频谱分析仪、网络分析仪、安捷伦函数发生器、安捷伦万用表、安捷伦示波器、Tektronix 示波器、探针和 LabVIEW 仪器。这些虚拟仪器仪表的参数设置、使用方法和外观设计与实验室中的真实仪器仪表基本一致。在选用后，各种虚拟仪器仪表都以面板的方式显示在电路中。

在绘制电路图之前，可以先对电路界面进行设置，目的是方便电路图的创建、分析和观察。这些设置主要是通过 Sheet Properties 对话框完成的。

从选项(Options)菜单里选择电路图属性(Sheet Properties)，打开电路图属性对话框，如图 2.1.4 所示。通过该窗口的 7 个标签选项，用户可以就编辑界面颜色、电路尺寸、缩放比例、自动存储时间等内容进行相应的设置。

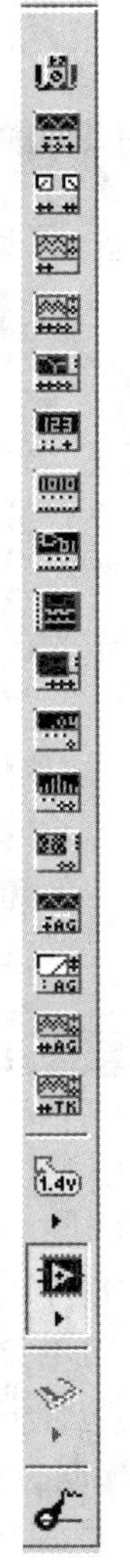

图 2.1.3　仪表工具栏

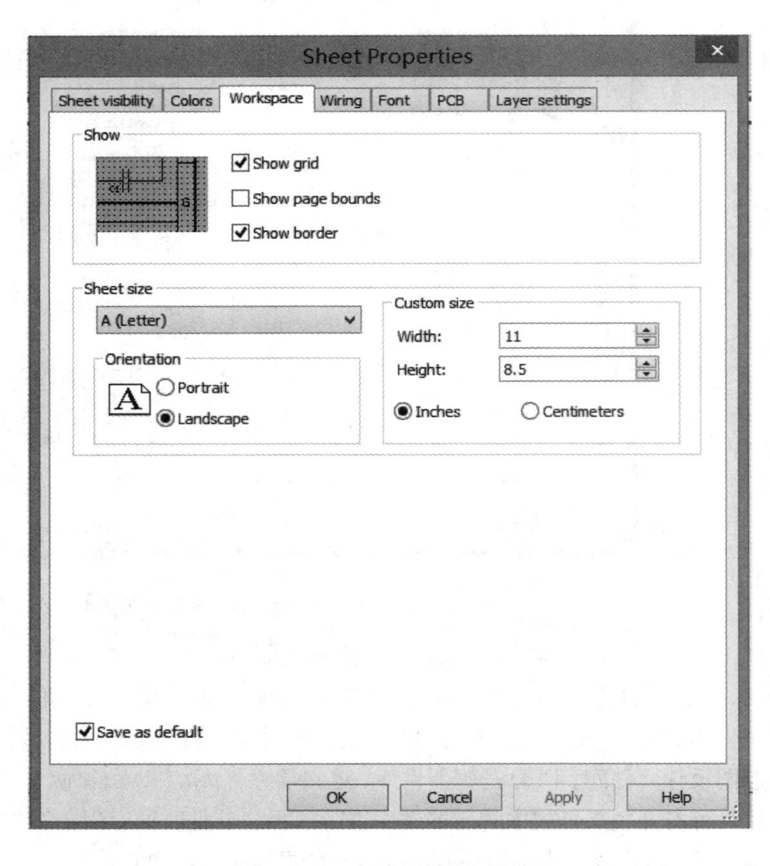

图 2.1.4　电路图属性对话框

2.1.1　元器件的放置

1. 放置元器件

选取元器件最简单的方式是从工具栏选取，首先要确定该元器件属于元件工具栏中的哪一个类型库，然后从相应的库中选出具体型号的元器件。下面以 NPN 型三极管 2N2218 为例来说明具体的操作步骤。

（1）三极管属于晶体管库(Transistors)，因此单击元件工具栏上的 Place Transistor 按钮，弹出如图 2.1.5 所示的 Select a Component 对话框。

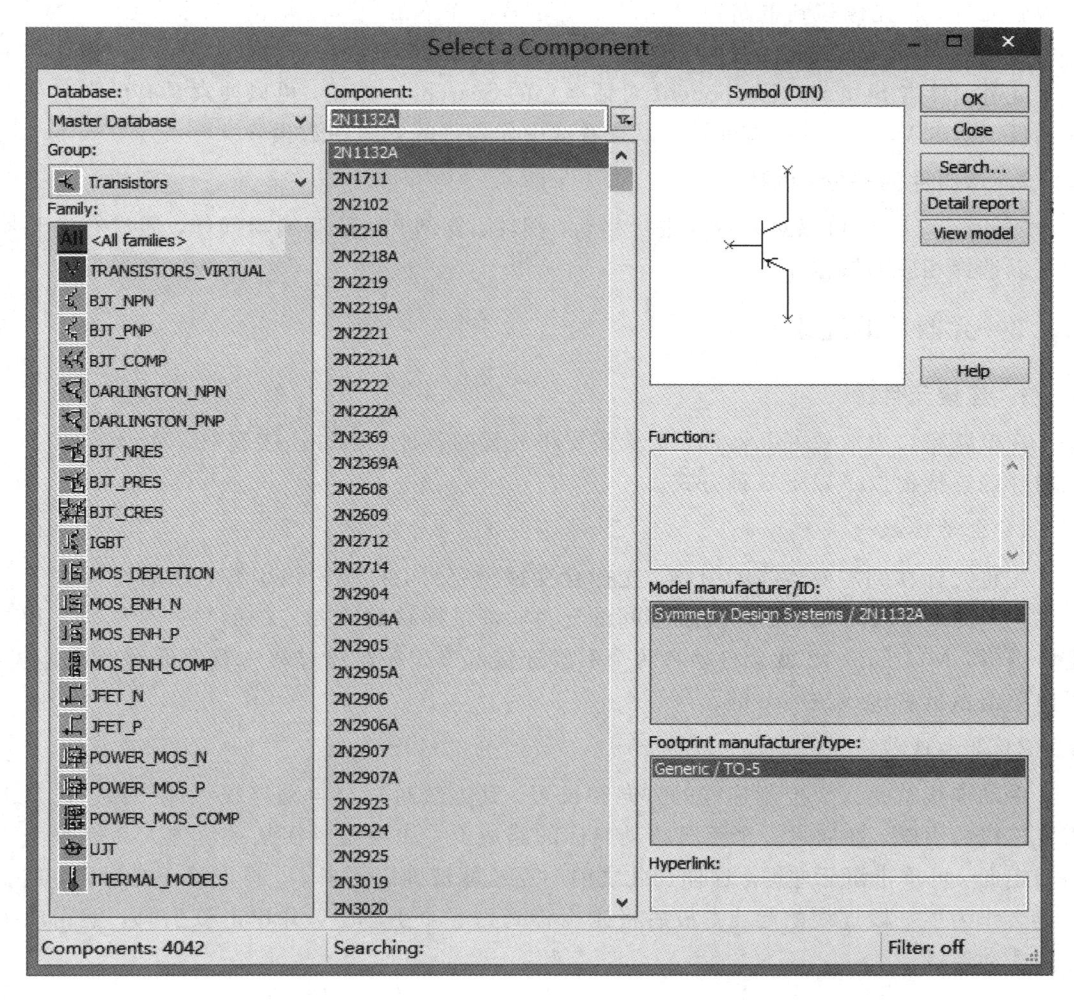

图 2.1.5　Select a Component 对话框

（2）在 Database 下拉菜单中，选择元件所在的数据库。Multisim 12 提供了 3 个数据库，分别是 Multisim Master 库、Corporate Library 库和 User 库。默认数据库为 Multisim Master 库，也是最常用的数据库，仿真中所用到的大部分元件都在这个数据库中。

（3）在 Group 下拉菜单中，选择元件所在的类型库。由于单击了元件工具栏上的 Place Transistor 按钮，所以在 Group 栏中直接显示 Transistors。利用此下拉菜单，还可以选择其他类型库。

(4) 在 Family 显示窗口中，显示了 Transistors 类型库中不同的元件系列。在此，选择"BJT_NPN"，即双极结型 NPN 晶体管。选定后，Component 滚动窗口中会显示出 BJT_NPN 系列的各种晶体管，在其中找到并选中 2N2218。

(5) 在图 2.1.5 对话框右侧的 Symbol 窗口中会显示选中元器件的电路符号。Function 窗口中会显示该器件的功能。Model manufacture/ID 窗口中会显示该器件的生产厂家。Footprint manufacture/type 窗口中会显示该器件的封装形式。

(6) 选定元件 2N2218 后，单击对话框的 OK 按钮，此时光标处出现一个随光标移动的三极管元件，将光标移到电路窗口中的合适位置，并单击鼠标左键就完成了元件的放置。也可以通过在 Component 窗口双击所选元件来放置元件。

此外，单击 Select a Component 对话框上的 Search... 按钮，可以搜索具有已知名称的元器件。单击 View model 按钮，可以查看选中元器件的模型参数报告。

2. 元器件的移动和翻转

Multisim 12 中可以对元器件进行移动、翻转、复制、粘贴等编辑操作，通过右击元器件可以选择相应的操作命令。

2.1.2 元器件的连线

1. 连接元件

在电路窗口中放置好元器件后，就需要将放置的各种元器件连接起来。Multisim 12 为元器件的连接提供了以下 3 种方式。

1) 自动连线

先将光标移到需要连线的引脚，光标会变成十字形，再单击该引脚，移动光标时就会产生一条路线，该路线会自动绕过中间的元件；将鼠标移到需要连线的另一个引脚，并单击该引脚，Multisim 12 就会自动将两个引脚连接起来。在连线过程中若要取消此次连线，可以单击鼠标右键或按 Esc 键。

2) 手动连线

手动连线就是人工控制连线的方向和长短，其连线过程与自动连线大体一致。先单击需要连线的引脚，在向另一个引脚移动光标的路线上，如果需要在某一位置人为地改变线路的走向，可单击鼠标左键，这样在此之前的连线就被确定下来了。再次移动光标时，这一点也会作为下一段连线的起点。最后将光标移到另一个引脚上，并单击该引脚，就完成了此次手动连线。

3) 混合连线

当连接比较复杂的连线时，可将自动连线和手动连线结合起来，即混合连线。具体操作时，首先采用自动连线进行，感觉连线比较满意时，则继续按自动连线方式进行；若对自动连线结果不满意，则穿插手动连线，以获得满意的连线。

2. 放置节点

若想在已存在的连线上创建一条新的连线，而此处既不是引脚也不是连接点，就必须添加节点。

首先要进入放置节点的状态，方法有三种：一是从菜单中选择 Place\Place Junction 命令；二是在电路窗口中单击鼠标右键，在右键菜单中选择 Place Junction 命令；三是使用快捷键“Ctrl+J”。此时光标箭头处会出现一个黑点(即节点)，将光标移到连线上需要添加节点的位置，单击鼠标左键，一个节点就放在该位置上了。

3. 调整连线

如果对已经连好的连线不满意，可以调整连线的位置。具体方法是：首先将光标指向需要调整的连线并单击鼠标左键选中此连线，被选中连线的两端和中间拐弯处变成方形黑点，将光标移到连线上，光标变成一个双向箭头，此时按住鼠标左键移动就可以改变连线的位置。

4. 删除连线

删除连线有两种方法：一是将光标移到将被删除的连线上，单击鼠标右键，弹出快捷菜单，选择其中的 Delete 命令就可以删除此连线；二是将光标移到将被删除的连线上，单击鼠标左键选中此连线，直接按 Delete 键，删除连线。

2.1.3　应用示例

本节主要运用前两节介绍的内容绘制如图 2.1.6 所示的差分放大电路。

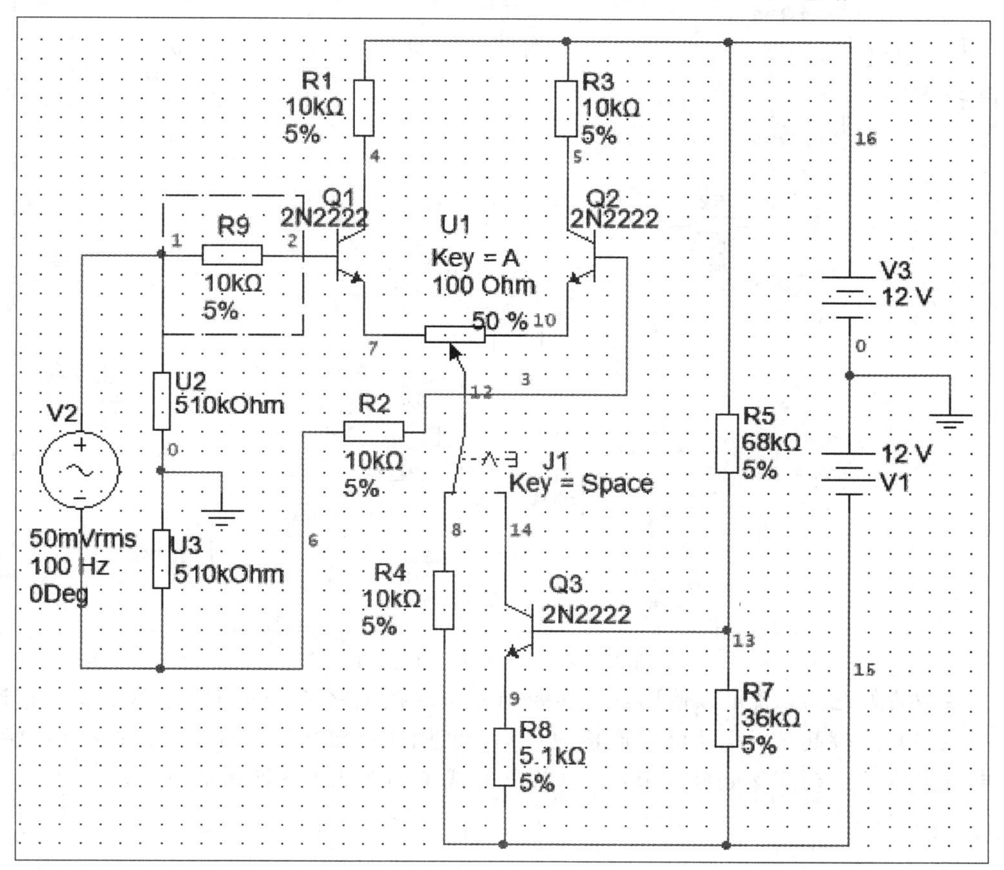

图 2.1.6　差分放大电路

首先在电路窗口内放置各种元器件。NPN型三极管的放置方法在前面已经介绍过了，此电路中需要放置两个完全相同的三极管。在Multisim中，放置多个相同元件时，元件的序号会自动增加，以便区别。当然，为了查看电路的方便，也可以将元件序号改为有意义的名字。

电路中的电阻、电容可以通过单击元件工具栏上的Place Basic按钮来放置，而电路中的交流、直流电源和接地符号则需要单击元件工具栏上的Place Source按钮来选定并放置。

将所需的元器件放置在电路窗口中以后，为了下一步连线的方便，可以重新调整元器件的位置，得到如图2.1.7所示的结果。

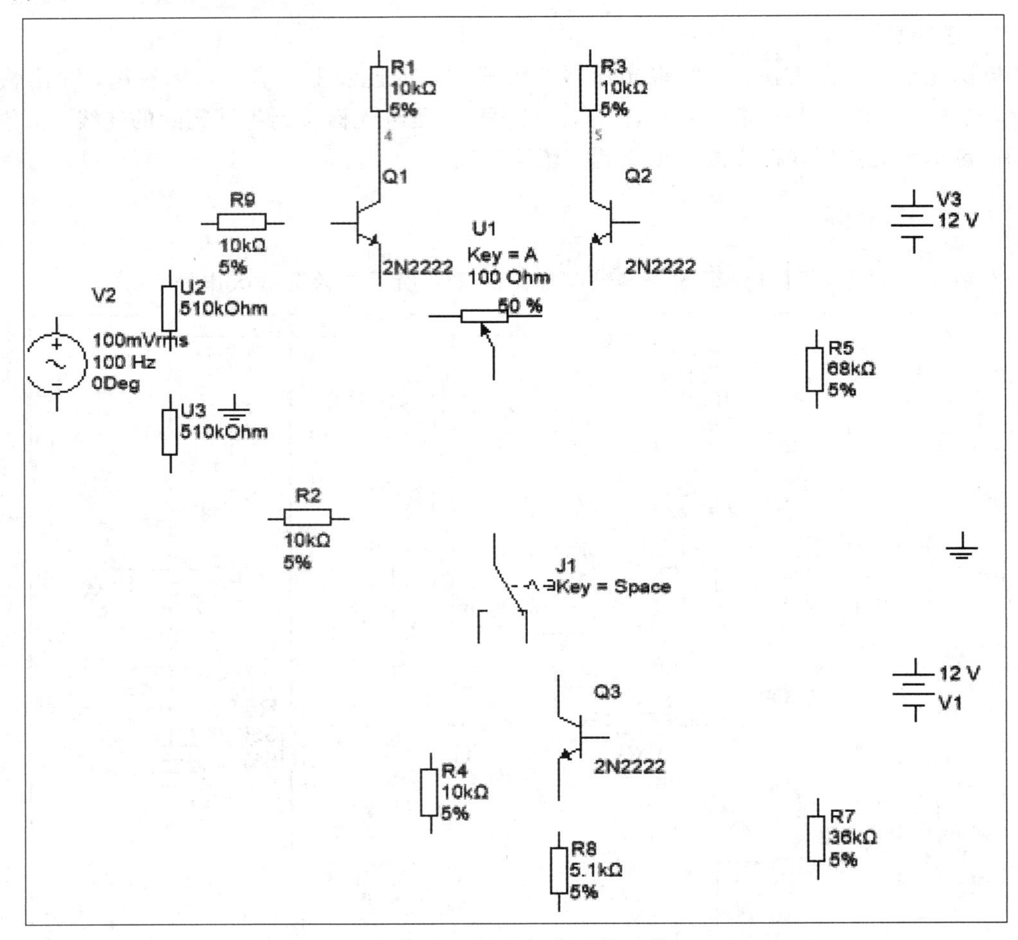

图 2.1.7　调整好位置的元件

元件放置好之后，就可以使用自动连线的方法连接电路了，即用鼠标单击需要相连的元件端点将其连接起来。元件全部连接完成后，使用快捷键"Ctrl＋J"进入放置节点状态，在有电气连接的连线交叉处添加节点。这样就完成了如图2.1.6所示的电路。

2.2　参数设置

2.2.1　元件参数设置

Multisim 中很多元器件的电气参数在选取时已经确定，不需要修改，但有时电路需要不同的直流电压供电，就需要对其属性进行修改。双击电源符号，出现如图 2.2.1 所示的属性对话框，在该对话框里可以更改该元件的属性；也可以用该方法对一般的元件进行参数修改。

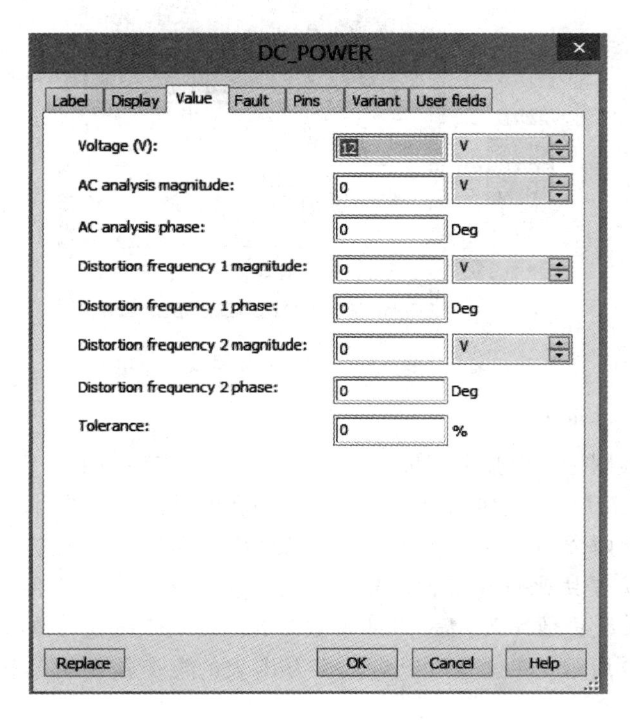

图 2.2.1　电源属性修改对话框

2.2.2　仪表参数设置

Multisim 12 提供了很多虚拟仪表，在电路的仿真分析过程中，需要用它们来测量仿真电路的性能参数，这些仪表的设置、使用和数据读取方法都和现实中的仪表一样，它们的外观也与实验室所见到的仪表相同。

在电路窗口中放置这些仪表的方法与放置电路中元器件的方法相同。将光标指向仪表工具栏中需要放置的仪表，单击鼠标左键，就会出现一个随光标移动的仪表，在电路窗口中合适的位置再次单击鼠标左键，就完成了仪表的放置。需要注意的是，电压表和电流表并没有放置在仪表工具栏中，而是放置在指示(Indicator)元件库中。

尽管仪表与现实中的仪表非常相似，但它们还是有一些不同之处。下面将分别介绍几种模拟电路仿真中常用虚拟仪表的功能和使用方法。

1. 数字万用表

数字万用表是一种多功能的常用仪器，可用来测量直流或交流电压、直流或交流电流、电阻以及电路两节点的电压损耗分贝等。它的量程可根据待测量参数的大小自动确定，其内阻和流过的电流设置为近似的理想值，也可以根据需要更改。

1）数字万用表的连接

数字万用表的图标和面板如图 2.2.2 所示。它的外观与实际仪表基本相同，其连接方法与现实中的万用表完全一样，都是通过“+”“-”两个端子来连接的。

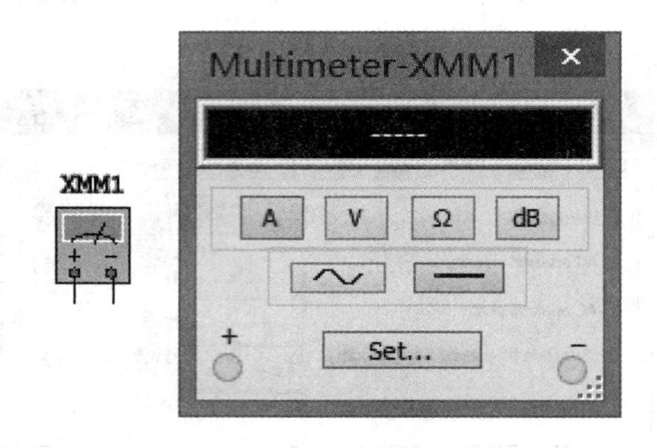

图 2.2.2　数字万用表的图标和面板

2）数字万用表的面板设置

双击数字万用表图标就会弹出面板窗口，在数字万用表面板的显示框下面，有 4 个功能选择键，分别是电流挡(A)、电压挡(V)、欧姆挡(Ω)和电压损耗分贝挡(dB)。其中电压损耗分贝挡用来测量电路中两个节点间压降的分贝值，测量时，数字万用表应与两节点并联。

功能选择键下方是用来选择被测信号类型的交流挡按钮和直流挡按钮。面板最下方的 Set...按钮可以用来设置数字万用表内部参数。单击 Set...按钮，弹出 Multimeter Settings 对话框，如图 2.2.3 所示。在这里可以对数字万用表的电流挡内阻、电压挡内阻等参数进行设定。

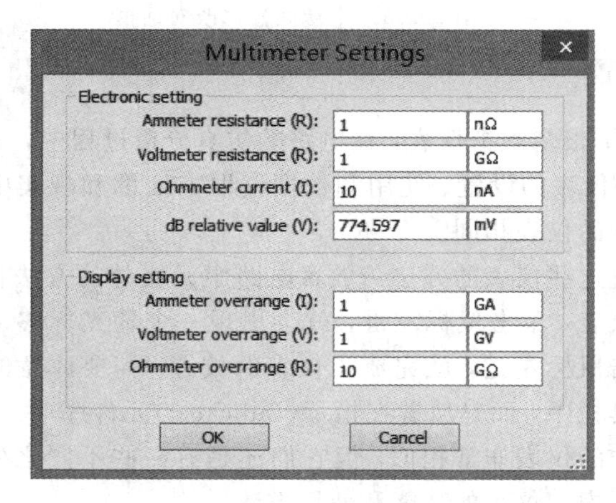

图 2.2.3　Multimeter Settings 对话框

2. 函数信号发生器

函数信号发生器是一个能产生正弦波、三角波和方波等函数波形的信号源，可以为电路提供方便、真实的激励信号。它不仅可以为电路提供常规的交流信号，还可以产生音频和射频信号，并且可以调节输出信号的频率、振幅、占空比和直流分量等参数。

1）函数信号发生器的连接

函数信号发生器的图标和面板如图 2.2.4 所示。函数信号发生器有 3 个接线端，"＋"输出端产生一个正向的输出信号，公共端(Common)通常接地，"－"输出端产生一个反向的输出信号。

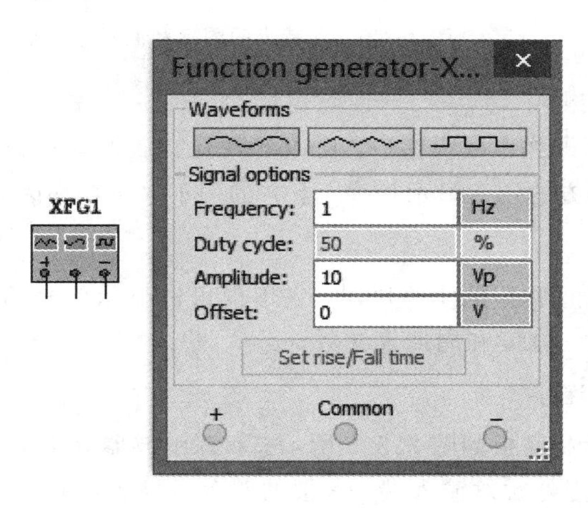

图 2.2.4　函数信号发生器的图标和面板

2）函数信号发生器的面板设置

双击函数信号发生器的图标即弹出面板窗口，面板上方 Waveforms 栏中的三个波形按钮分别对应着输出正弦波信号、三角波信号和方波信号。下方的 Signal options 栏中则是输出波形的各项参数，它们的含义分别是：

① 频率(Frequency)：设置输出信号的频率。

② 占空比(Duty cycle)：设置输出信号的占空比值，范围为 1%～99%。该设置仅对三角波和方波有效。

③ 振幅(Amplitude)：设置输出信号的振幅。

④ 直流偏置(Offset)：设置输出信号中直流成分的大小。

⑤ Set rise/Fall time 按钮：用来设置输出信号的上升/下降时间。该设置只对方波有效。

3. 瓦特表

瓦特表是用来测量电路功率的一种仪器。它测得的是电路的有效功率，即电路终端的电势差与流过该终端的电流的乘积。此外，瓦特表还可以测量功率因数，即通过计算电压与电流相位差的余弦值而得到。

1）瓦特表的连接

瓦特表的图标和面板如图 2.2.5 所示。它有两组输入端，左侧一组输入端为电压输入端，应与被测电路并联，右侧一组输入端为电流输入端，应与被测电路串联。

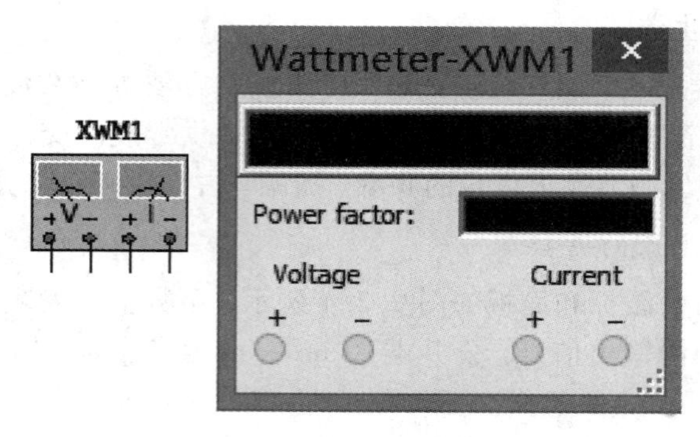

图 2.2.5 瓦特表的图标和面板

2）瓦特表的面板设置

双击瓦特表的图标即弹出面板窗口，可以看到瓦特表的面板没有可以设置的选项，只有两个条形显示框，上方的用于显示功率，下方的用于显示功率因数。

4. 双踪示波器

双踪示波器是一种很常用的实验仪器，它不仅可以显示信号的波形，还可以通过显示波形来测量信号的频率、幅度和周期等参数。

1）双踪示波器的连接

双踪示波器的图标和面板如图 2.2.6 所示。双踪示波器有 4 个端子，A、B 分别为两个通道，G 为接地端，T 为外触发输入端。虚拟的双踪示波器的连接与实际双踪示波器稍有不同，一是 A、B 两通道只有一根连线与被测点相连，测的是该点与地之间的波形；二是当电路图中有接地符号时，双踪示波器的接地端可以不接。

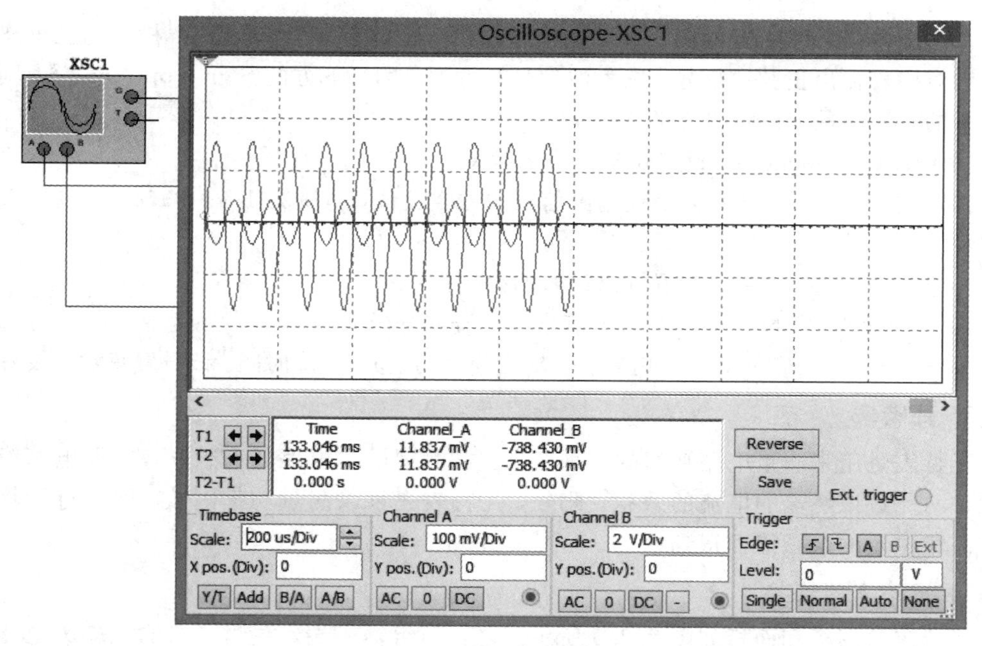

图 2.2.6 双踪示波器的图标和面板

2）双踪示波器的面板设置

双击双踪示波器的图标即调出面板窗口，双踪示波器的面板主要由显示屏区、Timebase 区、Channel A 区、Channel B 区、Trigger 区、游标测量参数显示区这 6 个部分组成。

（1）Timebase 区：用来设置 X 轴的时间基准扫描时间。

Scale——设置 X 轴方向每一大格所表示的时间。根据显示信号频率的高低，选择合适的时间刻度。例如，一个周期为 100 Hz 的信号，扫描时基参数应设置在 10 ms 左右。

X pos. Div——表示 X 轴方向时间基准的起点位置。

Y/T——显示随时间变化的信号波形。

Add——显示的波形是 A 通道的输入信号和 B 通道的输入信号之和。

B/A——将 A 通道的输入信号作为 X 轴扫描信号，B 通道的输入信号施加在 Y 轴上。

A/B——将 B 通道的输入信号作为 X 轴扫描信号，A 通道的输入信号施加在 Y 轴上。

（2）Channel A 区：用来设置 A 通道的输入信号在 Y 轴的显示刻度。

Scale——设置 A 通道 Y 轴的刻度。

Y pos. Div——设置 A 通道 Y 轴的起点。

AC——显示信号的波形只含有 A 通道输入信号的交流成分。

0——A 通道的输入信号被接地。

DC——显示信号的波形含有 A 通道输入信号的交、直流成分。

（3）Channel B 区：用来设置 B 通道的输入信号在 Y 轴的显示刻度，其设置方法与 A 通道相同。

（4）Trigger 区：用来设置示波器的触发方式。

Edge——表示将输入信号的上升沿或下降沿作为触发信号。

Level——用于选择触发电平的大小。

Single——当触发电平高于所设置的触发电平时，示波器就触发一次。

Normal——只要触发电平高于所设置的触发电平，示波器就触发一次。

Auto——如果输入信号变化比较平坦，或是只要有输入信号就尽可能显示波形时，就选择此按钮。

A——用 A 通道的输入信号作为触发信号。

B——用 B 通道的输入信号作为触发信号。

Ext.——用示波器的外触发端的输入信号作为触发信号。

（5）游标测量参数显示区：游标测量参数显示区位于以上 4 个功能区的上方，用来显示两个游标所测得的显示波形的数据。可测量的波形参数包括游标所在的时刻、两个游标之间的时间差、通道 A 和 B 输入信号在游标处的幅度。通过单击该区中的左右箭头，可以移动显示屏区中的游标。

5. 波特图仪

波特图仪是一种测量和显示幅频、相频特性曲线的仪表。它能够产生一个频率范围很宽的扫描信号，常用于分析滤波电路的特性。

1）波特图仪的连接

波特图仪的图标和面板如图 2.2.7 所示。波特图仪有两组端口，左侧 IN 是输入端口，其“+”“-”输入端分别接被测电路输入端的正、负端子；右侧 OUT 是输出端口，其“+”“-”输入端分别接被测电路输出端的正、负端子。

由于波特图仪是通过扫频信号来分析电路的特性的，所以被测电路中必须有一个交流信号源，而且交流信号源的频率不会影响波特图仪对电路特性的测量。

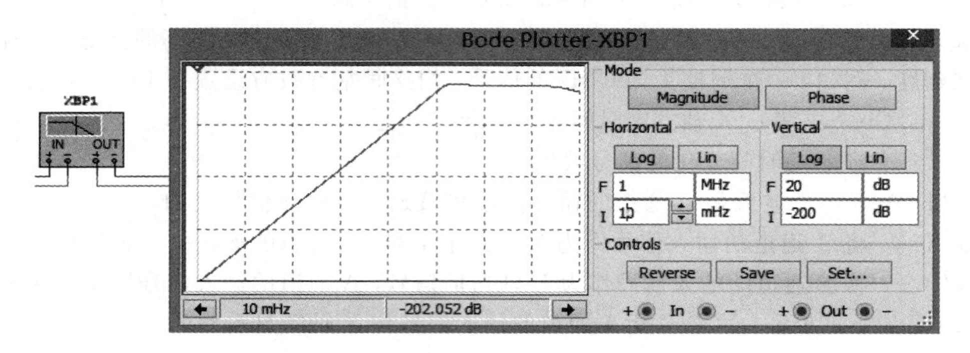

图 2.2.7　波特图仪的图标和面板

2）波特图仪的面板设置

双击波特图仪的图标即弹出面板窗口，面板上的设置选项分为 Mode、Horizontal、Vertical、Controls 这 4 个区。

（1）Mode 区：

Magnitude——在面板左侧的显示窗口中显示被测电路的幅频特性。

Phase——在面板左侧的显示窗口中显示被测电路的相频特性。

（2）Horizontal 区：

Log——X 轴的刻度取对数坐标。当被测电路的幅频特性较宽时，选用它比较合适。

Lin——X 轴的刻度取线性坐标。

F——即 Final，设置频率的最终值。

I——即 Initial，设置频率的最初值。

（3）Vertical 区：

Vertical 区的设置与 Horizontal 区基本相同。当测量幅频特性时，纵轴显示的是被测电路输出电压和输入电压的比值。若选择 Log 按钮，则纵轴的刻度单位为分贝；若选择 Lin 按钮，则纵轴的刻度是线性变化的。

当测量相频特性时，纵轴坐标表示相位，单位是度，刻度始终是线性的。

（4）Controls 区：

Reverse——设置显示窗口的背景颜色（黑或白）。

Save——保存测量结果。

Set...——设置扫描的分辨率，数值从 1 至 1000。设置的数值越大，分辨率越高，但运行的时间也越长。

此外，移动波特图仪显示窗口中的游标可以得到任一点频率所对应的电压比或相位的度数，显示窗口下方的左右箭头可以用来移动游标。

2.2.3　应用示例

在绘制图 2.2.8 所示电路的过程中，所选择的元件是一般元件，元件的各项参数已经确定，在这里就不需要再设置了。为了熟悉虚拟仪表的使用，下面我们分别用数字万用表、虚拟示波器和虚拟波特图仪来观察图 2.2.8 所示放大电路的性能。

单击仪表工具栏中的数字万用表(Multimeter)按钮，将数字万用表接入电路的集电极输出端，差分放大电路在输入端为零的情况下，输出端应该也调节为零，如图 2.2.8 所示。

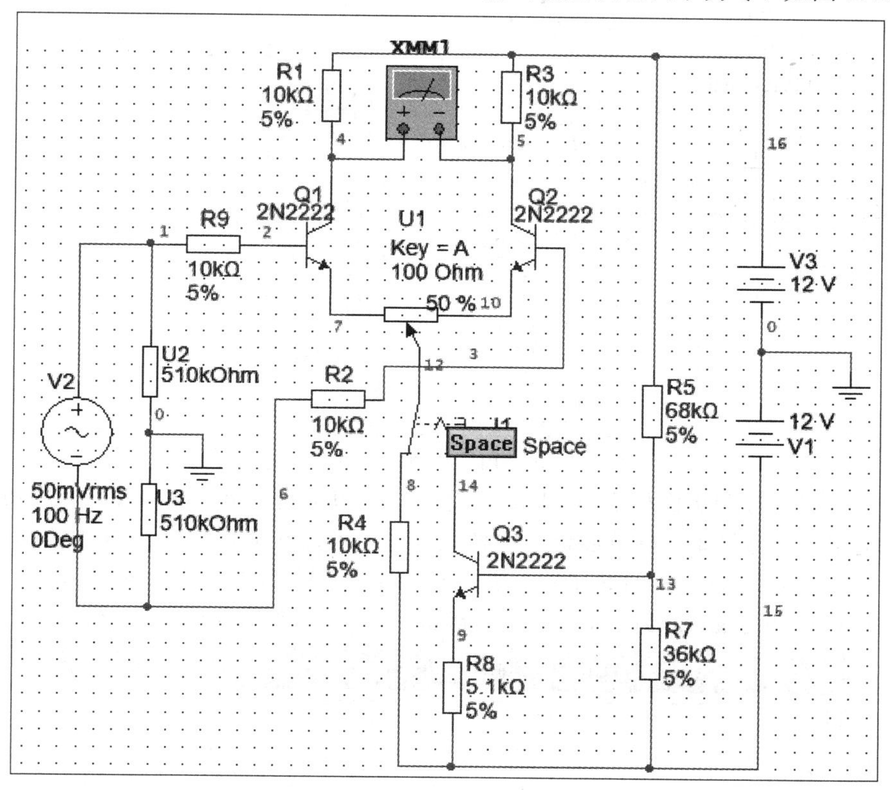

图 2.2.8　用数字万用表观察电路调零

双击数字万用表图标调出面板窗口，当可调电阻置于 50%的时候，从菜单中选择 Simulate\Run 命令或单击仿真工具栏的 Run 按钮▷开始仿真分析，此时数字万用表面板的显示屏区会出现输出信号的电压值，如图 2.2.9 所示，输出几乎为零。

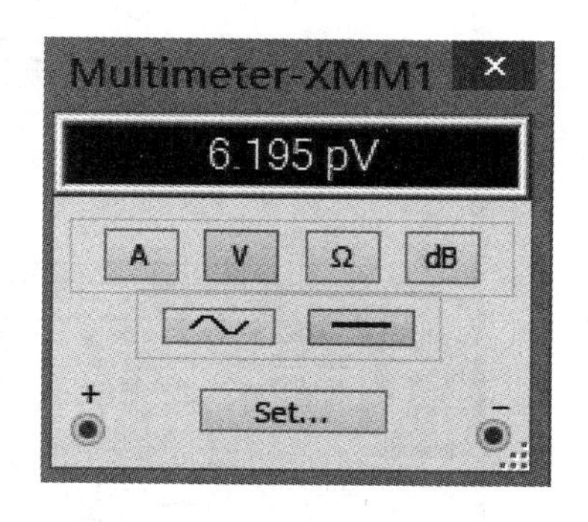

图 2.2.9　数字万用表显示的信号电压值

调零后给电路接入差模信号，单击虚拟工具栏中的 Four Channel Oscilloscope 按钮，并将虚拟示波器放置在电路窗口中。电路中已经放置了接地端，所以示波器的接地端 G 可以不接，只需将输入信号及双端输出信号接入示波器的 3 个通道上就可以了。连接后的电路如

图 2.2.10 所示。

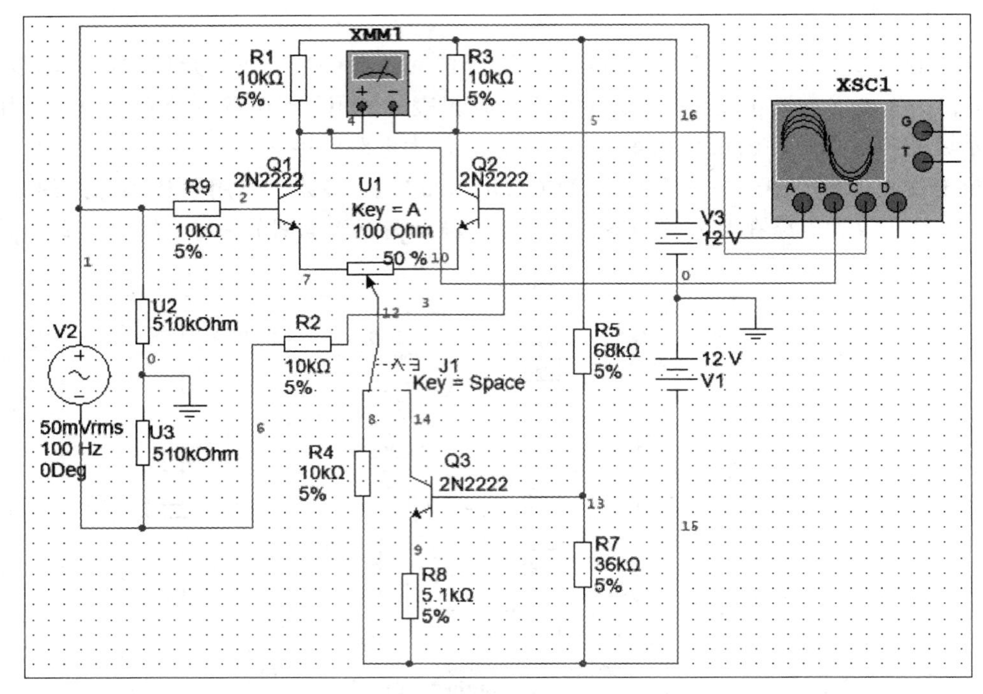

图 2.2.10　用示波器观察电路性能

双击示波器图标调出面板窗口，同样开始仿真分析，此时示波器面板的显示屏区会出现输入和输出的信号波形。调节面板中的各项参数，可以在显示屏上得到更清晰的信号波形。本例中，将 Timebase 区的 Scale 设为 10 ms/Div，Channel A 区的 Scale 设为 2 V/Div，Channel B、C 区的 Scale 设为 5 V/Div，得到如图 2.2.11 所示的信号波形。

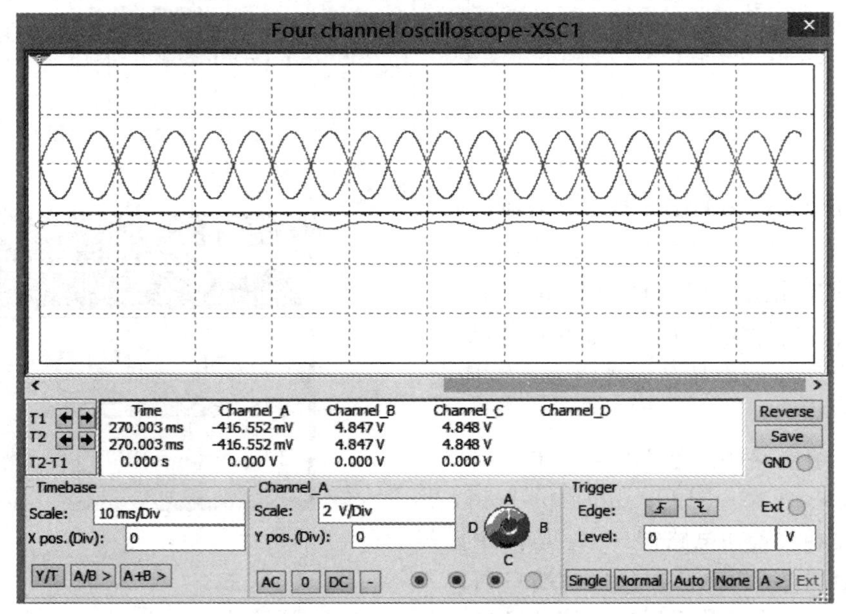

图 2.2.11　示波器显示的信号波形

游标测量参数显示区显示了游标所在时刻通道的信号幅度，将两个游标分别移到信号的正向、负向幅度最大处，游标测量参数显示区中就显示出了通道信号的最大值、最小值和峰峰值。

此外，还可以用虚拟波特图仪来观察放大电路的幅频特性和相频特性。波特图仪的连接也非常简便，只需要将波特图仪图标上输入端、输出端与放大电路的输入信号和输出信号分别连接就可以了。连接后的电路如图 2.2.12 所示。

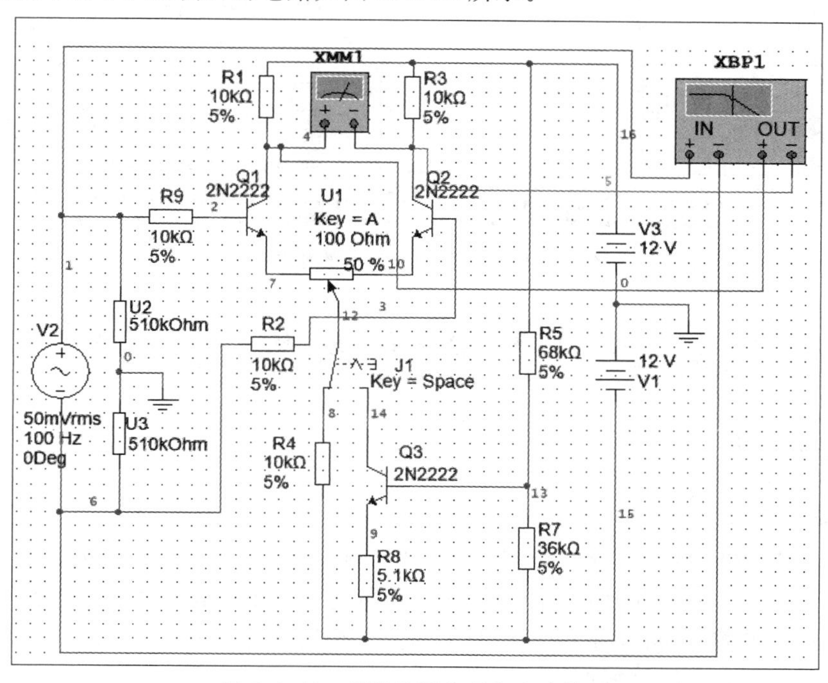

图 2.2.12 用波特图仪观察电路特性

首先打开波特图仪的面板窗口，然后对各项参数进行设置。对于所要分析的简单放大电路，频率扫描的范围可以设为 10 Hz～1 GHz，电压增益设为 0 dB～50 dB，横坐标和纵坐标都采用对数坐标。开始仿真分析后所得的幅频特性曲线如图 2.2.13 所示。在显示屏区，同样可以通过移动游标测量不同频率下的电压增益，图 2.2.13 中测得在信号频率为 10.431 kHz 时，放大电路的电压增益为 34.032 dB。

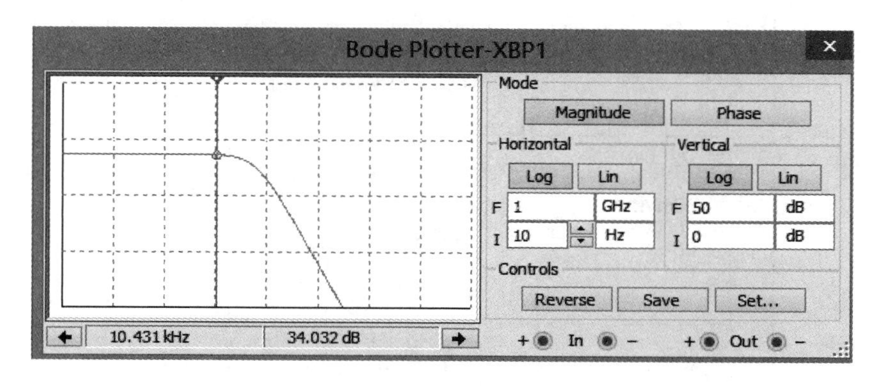

图 2.2.13 波特图仪显示的幅频特性

选择 Mode 区的 Magnitude 按钮和 Phase 按钮可以在测量幅频特性和相频特性之间切换。选择 Phase 按钮，并将 Vertical 区的相位角度范围设为－180 Deg～180 Deg，得到如图 2.2.14 所示的放大电路相频特性曲线。

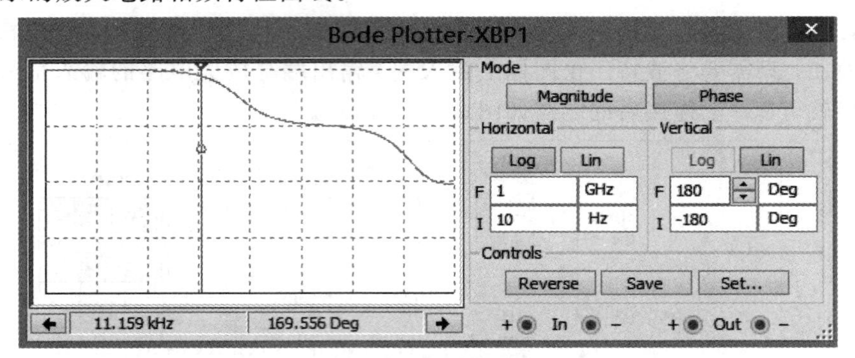

图 2.2.14　波特图仪显示的相频特性

2.3　仿真分析

2.3.1　直流分析

1. 直流工作点分析

直流工作点分析(DC Operating Point Analysis)就是求解电路仅受电路中直流电压源或电流源作用时，每个节点上的电压及流过电源的电流。在对电路进行直流工作点分析时，电路中交流信号源置零(即交流电压源视为短路，交流电流源视为开路)，电容视为开路，电感视为短路，数字器件视为高阻接地。

下面以图 2.3.1 所示的电路为例，详细介绍直流工作点分析的操作过程。

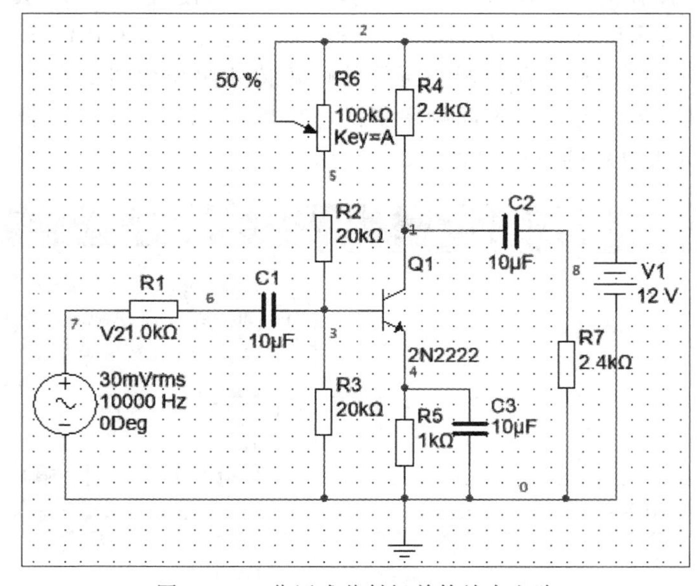

图 2.3.1　分压式共射极单管放大电路

首先在电路窗口中绘制出电路，然后从菜单中选择 Simulate\Analyses\DC Operating Point 命令，弹出 DC Operating Point Analysis 对话框，如图 2.3.2 所示。

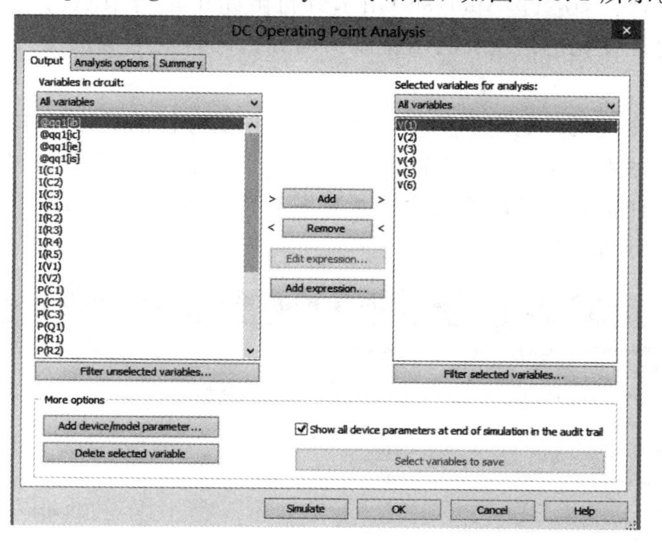

图 2.3.2　DC Operating Point Analysis 对话框

该对话框包括 Output、Analysis options 及 Summary 3 个标签页。其中主要用到的是 Output 标签页，在这里可以设置需要进行直流工作点分析的电路节点。

Variables in circuit 栏列出了可用来分析的电路节点、流过电压源/电感的电流等变量。为了便于寻找变量，可单击下拉列表，在弹出的变量类型选择列表中选取所需要的变量类型。

Selected variables for analysis 栏显示了将要分析的节点，默认状态为空，需要用户从 Variables in circuit 栏中选取。具体方法是：首先选中 Variables in circuit 栏中需要分析的一个或多个变量，然后单击 Add 按钮，这些变量就添加到 Selected variables for analysis 栏中了。如果想删除已选中的某个变量，可先选中该变量，然后单击 Remove 按钮，就将它移回到 Variables in circuit 栏中了。

在选择好需要分析的电路节点后，单击对话框下方的 Simulate 按钮，弹出 Grapher View 对话框，其中计算出了各节点的电压值或电流值，如图 2.3.3 所示。

Grapher View

File　Edit　View　Graph　Trace　Cursor　Legend　Tools　Help

DC operating point | DC operating point | DC operating point | DC operating point

分压式共射极单管放大电路

DC Operating Point

	DC Operating Point	
1	V(1)	7.59224
2	V(5)	5.20418
3	V(4)	1.84819
4	V(3)	2.48585
5	V(2)	12.00000
6	V(6)	0.00000

Selected Diagram:DC Operating Point

图 2.3.3　直流工作点分析的仿真结果

2. 直流扫描分析

直流扫描分析(DC Sweep Analysis)用来分析电路中某一节点的直流工作点随电路中一个或两个直流电源变化的情况。利用直流扫描分析的直流电源的变化范围可以快速确定电路的直流工作点。

下面仍以图 2.3.1 所示的电路为例，说明直流扫描分析的具体操作步骤。

首先从菜单中选择 Simulate\Analyses\DC Sweep 命令，弹出如图 2.3.4 所示的 DC Sweep Analysis 对话框。该对话框包含 4 个标签页，除 Analysis parameters 标签页外，其余的与直流工作点分析的标签页相同。

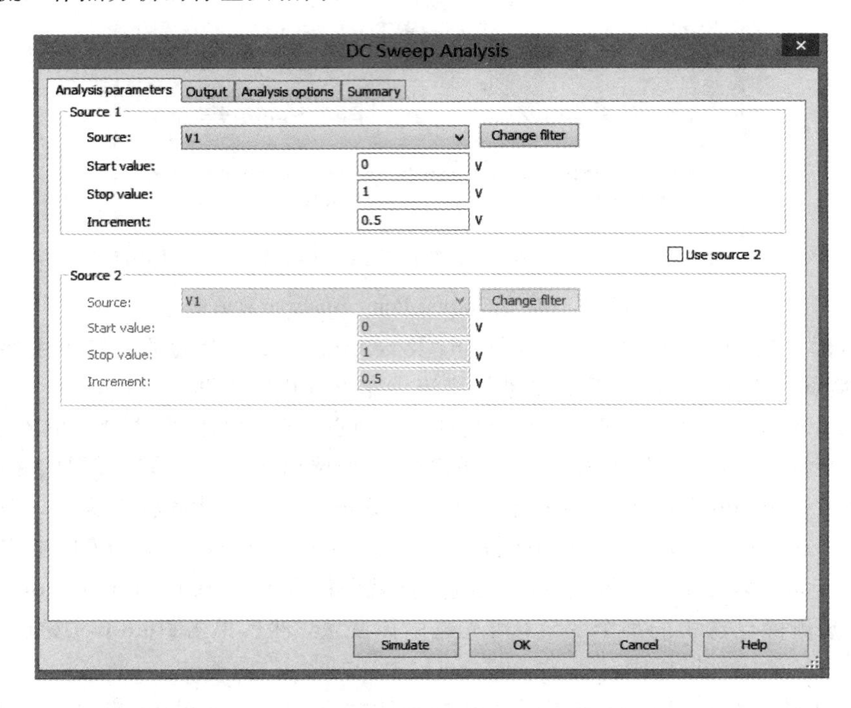

图 2.3.4 DC Sweep Analysis 对话框

Analysis parameters 标签页中各选项的主要功能如下：

(1) Source 1 区：对直流电源 1 的各种参数进行设置。

Source ——选择所要扫描的直流电源。

Start value——设置电源扫描的初始值。

Stop value——设置电源扫描的终止值。

Increment——设置电源扫描的增量。设置的数值越小，分析的时间越长。

(2) Source 2 区：对直流电源 2 的各种参数进行设置，其设置方法与 Source 1 区相同。需要注意的是，要对 Source 2 区进行设置，首先要选中 Source 1 区与 Source 2 区之间的选项 Use Source 2。

对于图 2.3.1 所示的电路，将第 1 个直流电源 V1 的扫描范围设置为 8 V～16 V，增量设置为 2 V，在 Output 标签页上选取节点 1、3、4 作为输出节点。之后单击 Simulate 按钮，得到如图 2.3.5 所示的仿真结果。

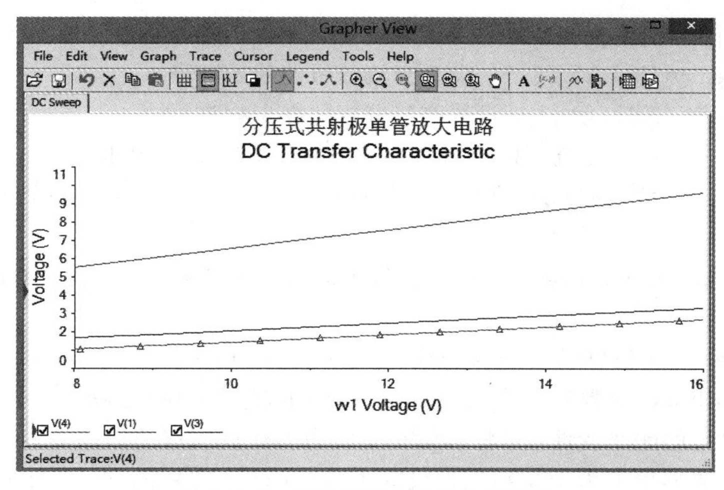

图 2.3.5　直流扫描分析的仿真结果

2.3.2　交流分析

1. 交流分析

交流分析(AC Analysis)就是对电路进行交流频率响应分析。分析时，Multisim 12 仿真软件首先对电路进行直流工作点分析，以建立电路中非线性元件的交流小信号模型；然后对电路进行交流分析，并且输入信号源都被认为是正弦波信号。若使用函数信号发生器作为输入信号，即使选用三角波或方波信号，Multisim 12 也会自动将它改为正弦波信号输出。

下面仍以图 2.3.1 所示的电路为例说明如何进行交流分析。

首先从菜单中选择 Simulate\Analyses\AC Analysis 命令，弹出如图 2.3.6 所示的 AC Analysis 对话框。该对话框包含 4 个标签页，除 Frequency parameters 标签页外，其余的与直流工作点分析的标签页相同。

图 2.3.6　AC Analysis 对话框

Frequency parameters 标签页主要用于设置交流分析时的频率参数，具体参数如下：

Start frequency(FSTART)——设置交流分析的起始频率。

Stop frequency(FSTOP)——设置交流分析的终止频率。

Sweep type——设置交流分析的扫描方式，主要有 Decade(十倍程扫描)、Octave(八倍程扫描)和 Linear(线性扫描)。通常采用十倍程扫描(Decade)，以对数方式确定分析结果的横坐标。

Number of points per decade——设置每十倍频率的采样数量。设置的值越大，则分析所需的时间越长。

Vertical scale——设置纵坐标的刻度，主要有 Decibel(分贝)、Octave(八倍)、Linear(线性)和 Logarithmic(对数)，通常采用 Logarithmic 或 Decibel 选项。

为了分析电路的频率特性，可将起始频率设为 100 Hz，终止频率设为 1 MHz，扫描方式设为 Decade，采样值设为 10，纵坐标设为 Logarithmic。另外，在 Output 标签页中选定节点 8 作为仿真分析变量。最后单击 Simulate 按钮，得出如图 2.3.7 所示的仿真结果。

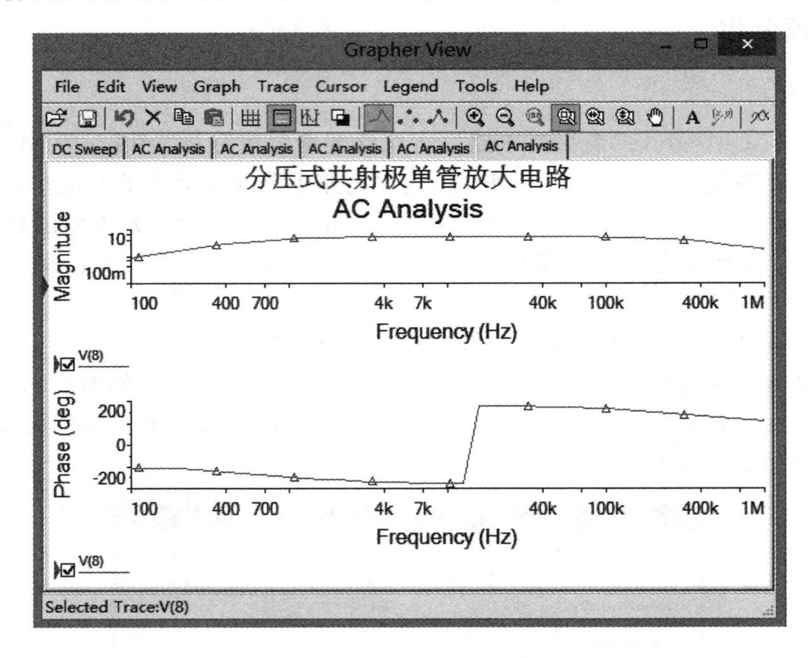

图 2.3.7 交流分析的仿真结果

从上面的图中可以看出，幅频特性的纵轴是用该点电压值与输入信号的比值来表示的。这是因为不论输入信号源的幅度是多少，Multisim 12 都一律将其视为一个幅度为单位 1 且相位为零的单位源，这样从输出节点取得的电压幅度就代表了增益值，相位就是输出与输入之间的相位差。

2. 瞬态分析

瞬态分析(Transient Analysis)是一种时域分析，可以在激励信号(或没有任何激励信号)的作用下计算电路的时域响应。瞬态分析的结果通常是分析节点的电压波形，因此用虚拟示波器可观察到相同的结果。

首先从菜单中选择 Simulate\Analyses\Transient Analysis 命令，弹出如图 2.3.8 所示

的 Transient Analysis 对话框。该对话框包含 4 个标签页，除 Analysis Parameters 标签页外，其余的与直流工作点分析的标签页相同。

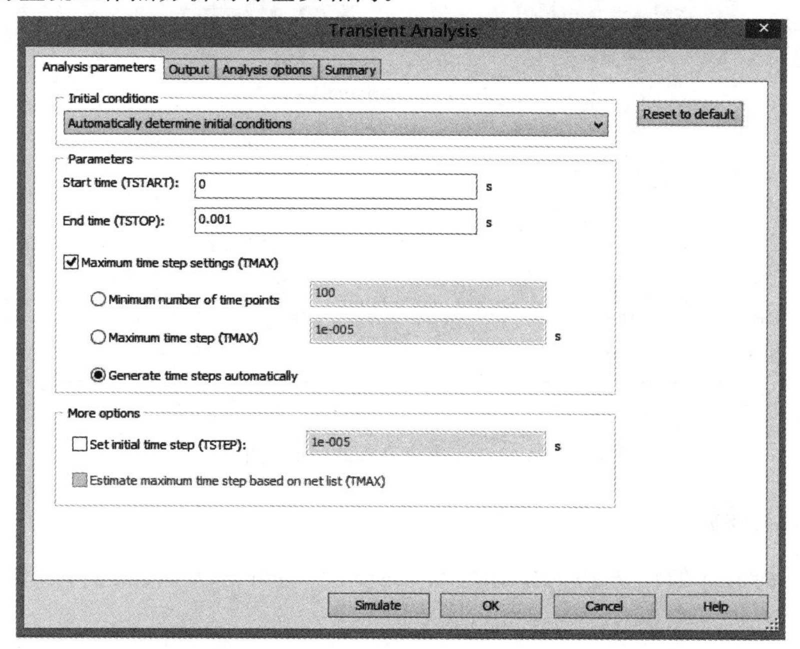

图 2.3.8　Transient Analysis 对话框

Analysis parameters 标签页主要用于设置瞬态分析时的时间参数。

(1) Initial conditions 区：用于设置初始条件，包括 Automatically determine initial conditions(由程序自动设置初始值)、Set to zero(将初始值设为 0)、User defined(由用户定义初始值)及 Calculate DC operating point(通过计算直流工作点得到初始值)。

(2) Parameters 区：用于设置时间间隔和步长等参数，包括 Start time(TSTART)(开始分析的时间)、End time(TSTOP)(结束分析的时间)和 Maximum time step settings (TMAX)(最大时间步长)。

若选中 Maximum time step settings(TMAX)选项，其下会出现 3 个可供选择的单选项。

Minimum number of time points——选取该选项后，在右边文本框中设置从开始时间到结束时间内最少采样的点数。设置的数值越大，在一定的时间内分析的点数越多，分析需要的时间会越长。

Maximum time step(TMAX)——选取该选项后，在右边文本框中设置仿真软件所能处理的最大时间间距。所设置的数值越大，则相应的步长所对应的时间越长。

Generate time steps automatically——由仿真软件自动设置仿真分析的步长。

首先选择 Automatically determine conditions 选项，即由仿真软件自动设定初始值，然后将开始分析时间设为 0.001 s，结束分析时间设为 0.002 s，选中 Generate time steps automatically 选项。另外，在 Output 标签页中，选择节点 8 作为仿真分析变量。最后单击 Simulate 按钮进行分析，仿真结果如图 2.3.9 所示。

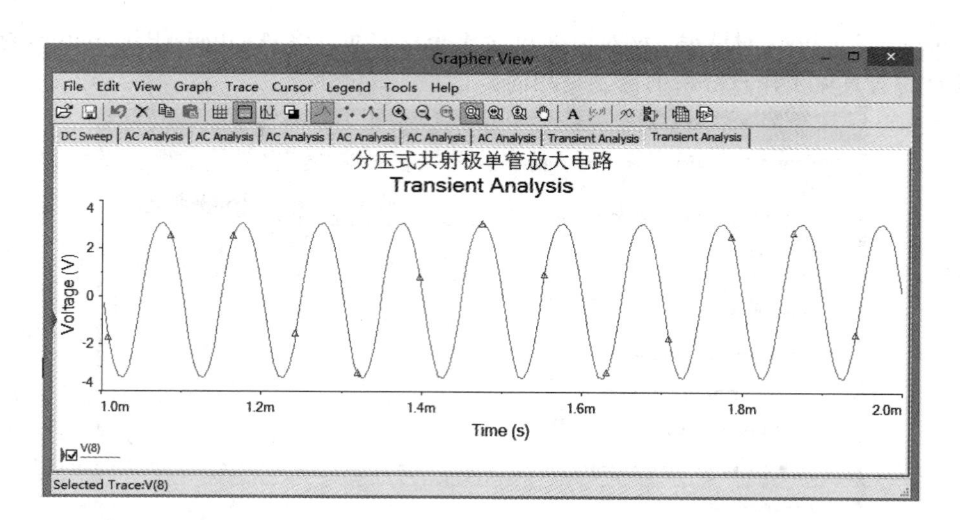

图 2.3.9　瞬态分析的仿真结果

2.3.3　应用示例

本节利用前面介绍的方法，对图 2.2.8 所示的差分放大电路进行直流分析和交流分析。

1. 直流工作点分析

单击菜单中的 Simulate\Analyses\DC Operating Point 命令，调出 DC Operating Point Analysis 对话框。将 Output 标签页中 Variables in circuit 栏内的所有变量添加到右侧的 Selected variables for analysis 栏，并单击对话框下方的 Simulate 按钮，得到如图 2.3.10 所示的直流工作点分析的仿真结果。

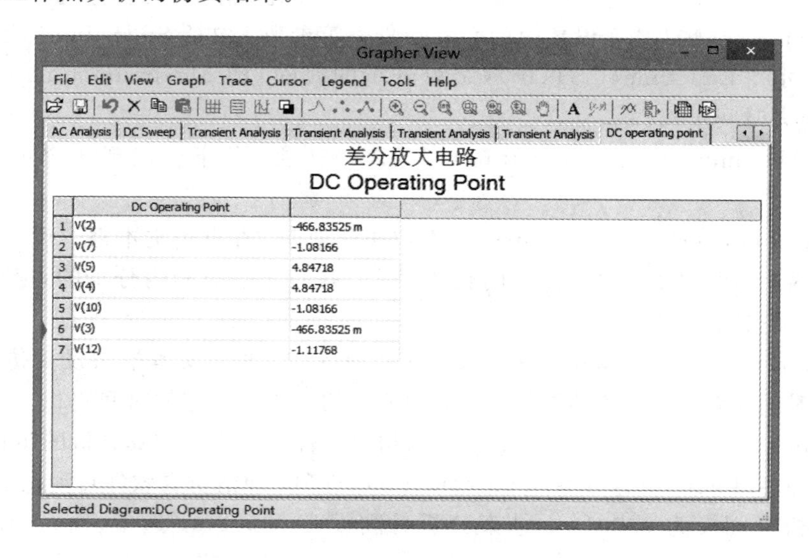

	DC Operating Point	
1	V(2)	-466.83525 m
2	V(7)	-1.08166
3	V(5)	4.84718
4	V(4)	4.84718
5	V(10)	-1.08166
6	V(3)	-466.83525 m
7	V(12)	-1.11768

图 2.3.10　直流工作点分析的仿真结果

2. 直流扫描分析

在本例的差分放大电路中有两个直流电源可以用来扫描分析，将 V3 的扫描起始值和终止值分别设为 8 V 和 16 V，步长设为 1 V；V1 的扫描起始值和终止值设为 8 V 和 16 V，步长设为 1 V，如图 2.3.11 所示。在 Output 标签页中选中节点 4 作为输出变量，这个输出变量为第一个三极管集电极电压，仿真分析后得到如图 2.3.12 所示的结果，从仿真结果的曲线可以看出直流电源电压在什么范围内，可以使三极管工作在正向有源区。

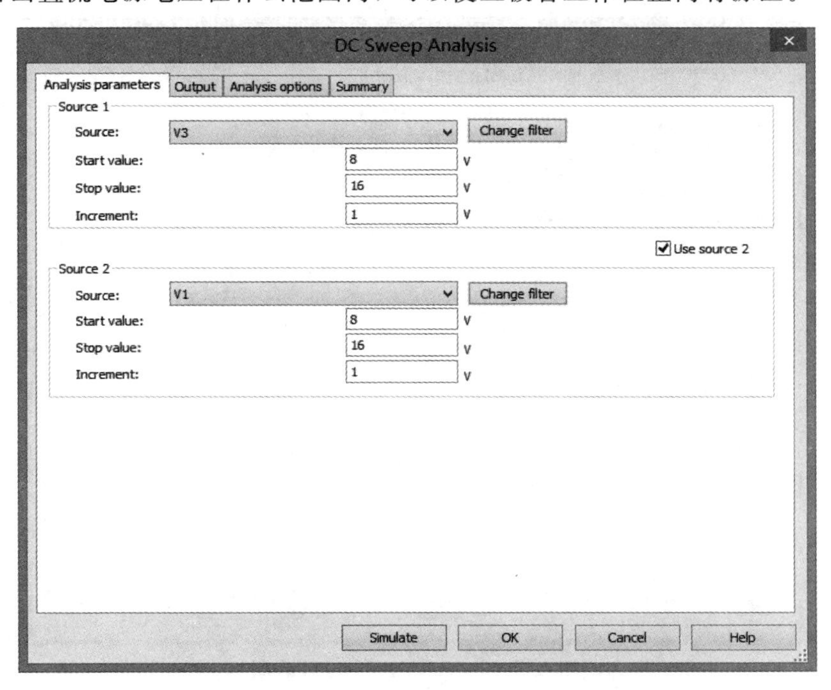

图 2.3.11　DC Sweep Analysis 对话框

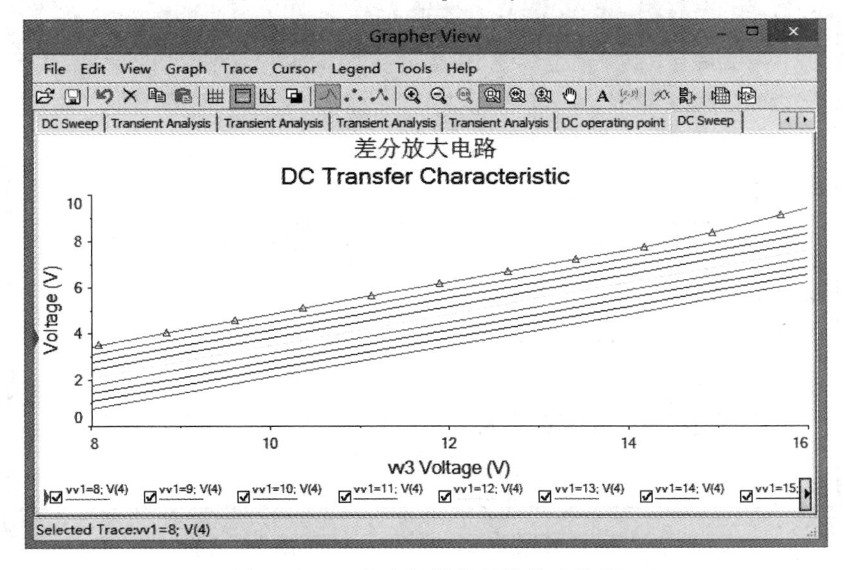

图 2.3.12　直流扫描分析的仿真结果

3. 交流分析

接下来对放大电路的频率特性进行仿真分析。在 AC Analysis 对话框的 Frequency parameters 标签页中将起止扫描频率设为 10 Hz～100 MHz，扫描方式设为十倍程扫描(Decade)，纵坐标采用对数刻度，如图 2.3.13 所示。在 Output 标签页中将输出变量设为放大电路输出端(节点 4)，之后单击 Simulate 按钮，得到如图 2.3.14 所示的交流分析仿真结果。仿真结果中显示了差分放大电路差模输入情况下的幅频特性和相频特性曲线。

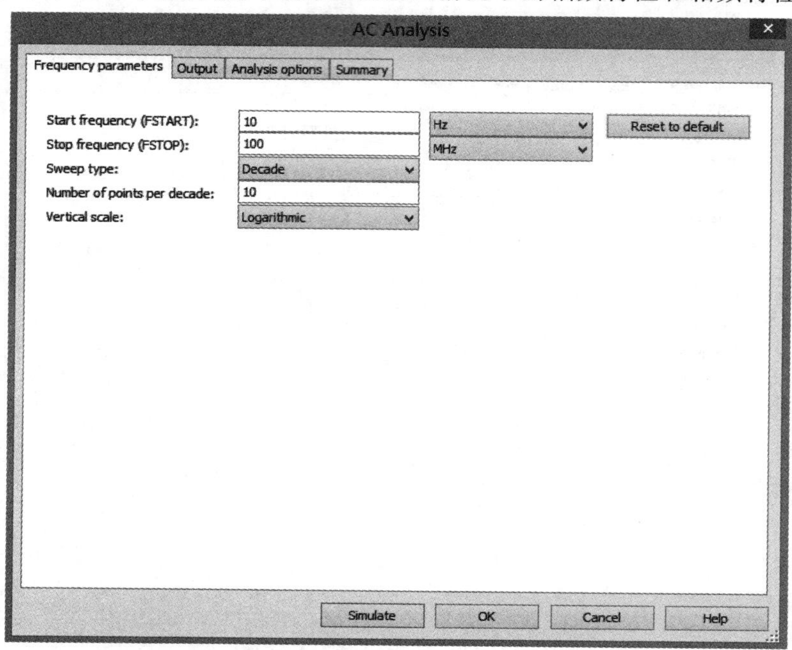

图 2.3.13　AC Analysis 对话框

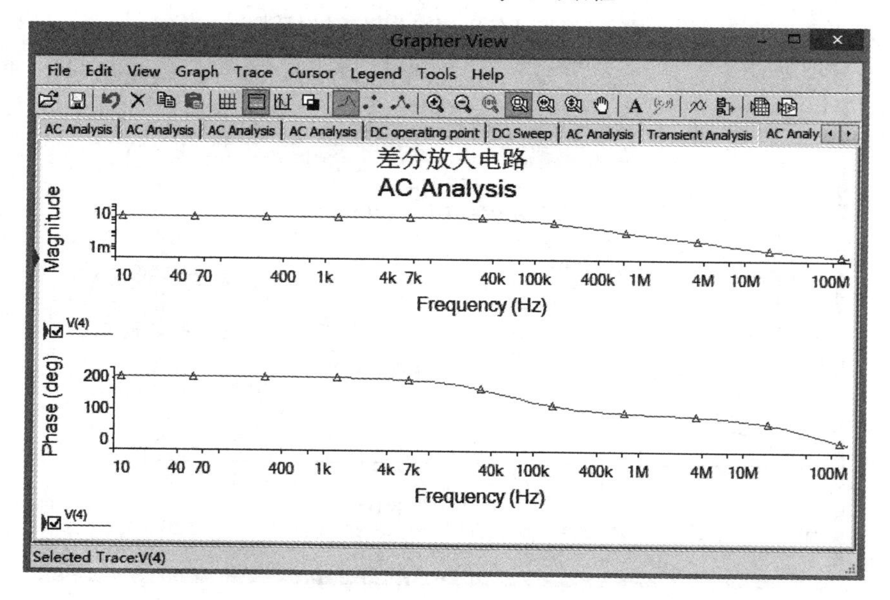

图 2.3.14　交流分析的仿真结果

4. 瞬态分析

在 Transient Analysis 对话框的 Analysis parameters 标签页中，将分析时间设为 0.1 s～0.2 s，选择 Generate time steps automatically 选项，由软件自动设置仿真分析步长，如图 2.3.15 所示。在 Output 标签页中将电路输出端(节点 4)设为输出变量后，单击 Simulate 按钮，得到放大电路的时域仿真结果，如图 2.3.16 所示，仿真得到的输出波形也与前面用示波器得到的结果相同。

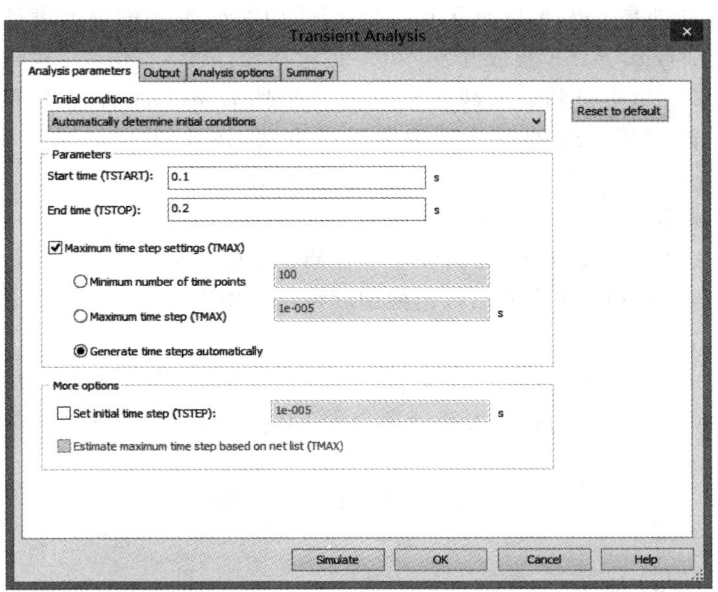

图 2.3.15　Transient Analysis 对话框

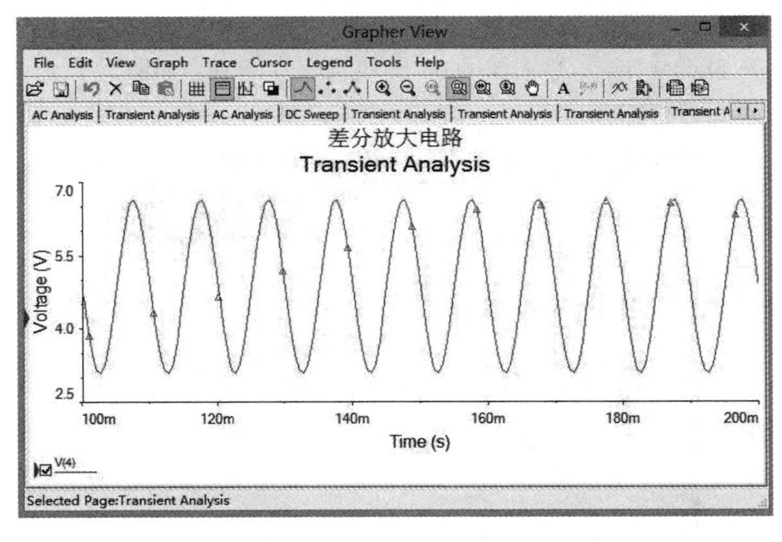

图 2.3.16　瞬态分析的仿真结果

第3章　Vivado 设计软件简介

Vivado 设计软件是 FPGA 厂商 Xilinx 公司于 2012 年发布的集成设计环境。Xilinx 公司前一代的软件平台基于 ISE 集成开发环境，是包括设计输入、仿真、逻辑综合、布局布线与实现、时序分析、功率分析、下载与配置等几乎所有 FPGA 开发工具的集成化环境。Vivado 设计软件改变了传统的设计环境和设计方法，设计的中心思想是基于知识产权(Intellectual Property，IP)核的设计。与前一代的设计平台相比，Vivado 设计软件在各方面的性能都有了明显的提升，具有以下的特点：

(1) 流程是一系列 Tcl 命令，运行在单个存储器中的数据库上，灵活性和交互性更大。

(2) 简化了数据模型，单个共用数据模型就可运行整个流程，并且允许完成交互诊断、修正时序等。

(3) 采用共用的约束语言(XDC)文件格式，兼容通用的 SDC 标准，更贴近工业标准。

本章以 Vivado 2015.4.2 版本为基础来介绍 Vivado 设计软件的相关功能和使用。

3.1 设计流程

3.1.1 Vivado 设计界面

1. 启动界面

启动 Vivado 设计软件后，进入 Vivado 2015.4.2 主界面，如图 3.1.1 所示，该界面中的功能图标已按组进行分类。

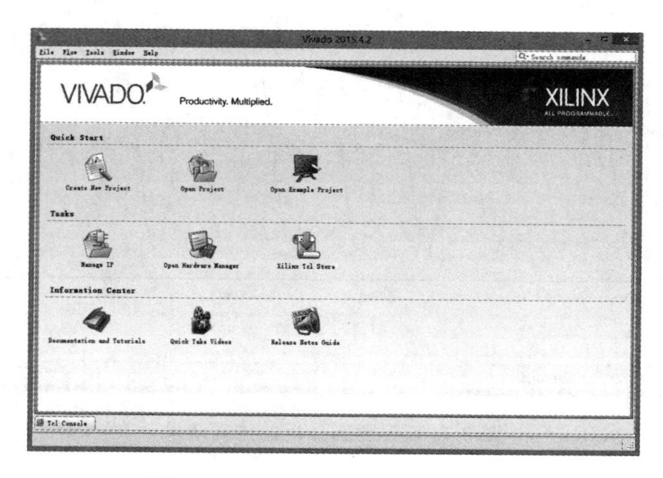

图 3.1.1　Vivado 2015.4.2 主界面

1）Quick Start 组

（1）Create New Project：启动新工程的向导，可创建不同类型的工程。

（2）Open Project：打开工程，可打开 Vivado 工程文件、PlanAhead 创建的工程文件及 ISE 设计的工程文件。

（3）Open Example Project：打开示例工程，包括如下几种类型的工程。

- Base MicroBlaze：基于 MicroBlaze 的嵌入式设计，可配置 I/O 端口和串口通信。
- Base Zynq：基于 Zynq 的嵌入式设计，可配置 I/O 端口和储存器。
- BFT：小型 RTL 工程。
- Configurable Microblaze Design：基于 MicroBlaze 的嵌入式设计，可配置 DDR4 内存、I/O 端口和串口通信。
- CPU(HDL)：大型混合语言的 RTL 工程。
- CPU(Synthesized)：大型综合的网表工程。
- Wavegen：包含 3 个嵌入 TP 核的小型工程。

2）Tasks 组

（1）Manage IP：管理 IP 核，可创建或打开 IP。

（2）Open Hardware Manager：打开硬件管理器，可快速打开 Vivado 设计的下载和调试界面，将程序下载到硬件中。

（3）Xilinx Tcl Store：Xilinx Tcl 开源代码商店，第一次选中时将提示是否从 Xilinx Tcl 商店安装第三方的 Tcl 脚本。

3）Information Center 组

（1）Documentation and Tutorials：打开 Xilinx 的教程文档和支持设计文档。

（2）Quick Take Videos：快速打开 Xilinx 视频。

（3）Release Notes Guide：发布注释向导。

2. 创建工程

选中 Create New Project，根据向导创建工程名、工程路径后可新建一个工程，该工程此时没有添加任何设计文件及硬件，如图 3.1.2 所示。

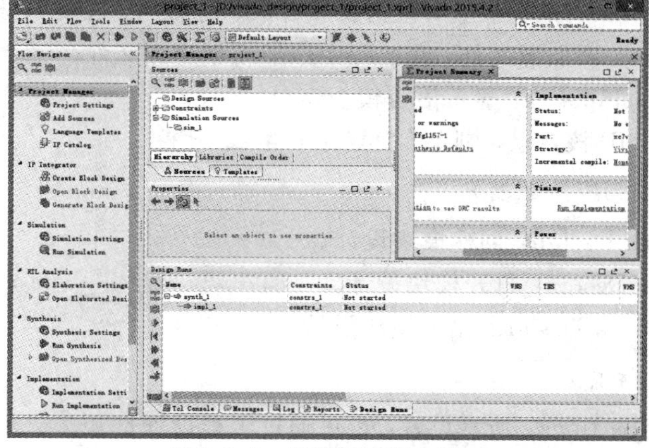

图 3.1.2　创建新工程主界面

3. 流程向导

在主界面左侧，Flow Navigator(流程向导)中给出了工程的主要处理流程，如图 3.1.3 所示。

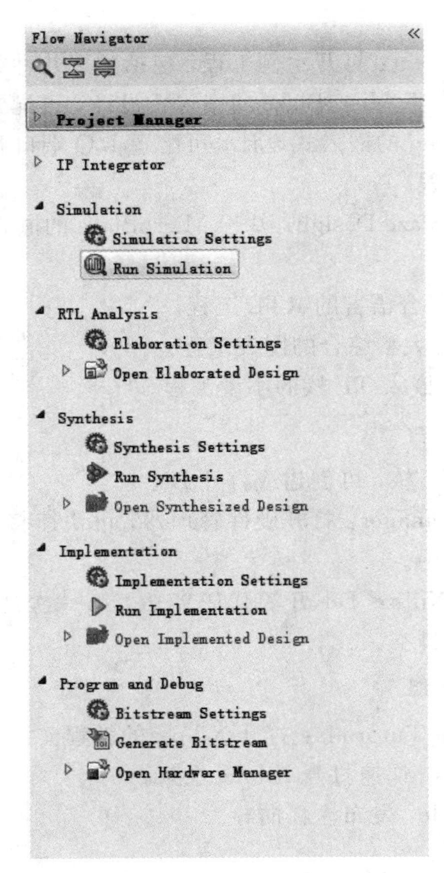

图 3.1.3 Flow Navigator

1) Project Manager(工程管理器)

(1) Project Settings：工程设置，包括设计合成、仿真、实现及 IP 核的选项。

(2) Add Sources：添加源文件，在工程中添加或创建源文件。

(3) Language Templates：显示语言模板窗口。

(4) IP Catalog：IP 核目录，浏览、自定义和生成 IP 核。

2) IP Integrator(IP 集成器)

(1) Create Block Design：创建模块设计。

(2) Open Block Design：打开模块设计。

(3) Generate Block Design：生成模块设计。

3) Simulation(仿真)

(1) Simulation Settings：仿真设置，也可通过工程设置打开。

(2) Run Simulation：运行仿真。

4）RTL Analysis（RTL 分析）

（1）Elaboration Settings：详细描述的设置，也可通过工程设置打开。

（2）Open Elaborated Design：打开详细描述的设计。

5）Synthesis（综合）

（1）Synthesis Ssettings：综合设置，也可通过工程设置打开。

（2）Run Synthesis：运行综合。

（3）Open Synthesized Design：打开综合后的设计。

6）Implementation（实现）

（1）Implementation Settings：实现设置，也可通过工程设置打开。

（2）Run Implementation：运行实现。

（3）Open Implementated Design：打开实现后的设计。

7）Program and Debug（编程和调试）

（1）Bitstream Settings：比特流设置，也可通过工程设置打开。

（2）Generate Bitstream：生成比特流。

（3）Open Hardware Manager：打开硬件管理器。

4. 工程管理器

工程管理器（Project Manager）窗口如图 3.1.4 所示，其中显示了所有设计文件及其类型，并显示出这些文件之间的关系。

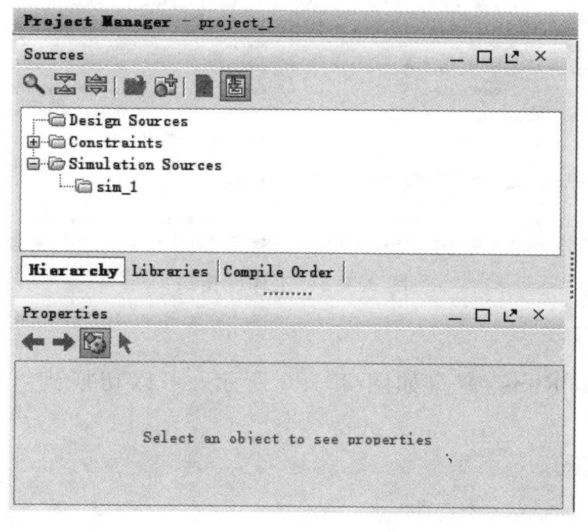

图 3.1.4　工程管理器窗口

1）Sources（源文件）窗口

（1）Design Sources：显示设计中使用的源文件类型，包括 Verilog HDL、VHDL、IP 核等。

（2）Constraints：显示用于多设计进行约束的约束文件。

（3）Simulation Sources：显示仿真源文件。

2）源文件窗口视图

(1) Hierarchy：显示设计模块和例化的层次。顶层模块定义了用于编译、综合和实现的设计层次。本软件可以自动检测顶层的模块，另外可右击设计源文件，选择 Set as Top 命令来人工定义顶层模块。

(2) Libraries：显示保存在各种库中的源文件。

(3) Compile Order：显示所有需要编译的源文件顺序，一般顶层模块是编译的最后文件，也可通过右击设计源文件，选择 Hierarchy Update 命令来人工控制设计的编译顺序。

3）工具栏

(1) 图标：快速查找源文件窗口内的文件。

(2) 图标：展开层级设计中所有的设计源文件。

(3) 图标：折叠所有的源文件，只显示顶层文件。

(4) 图标：添加或创建 RTL 源文件、仿真源文件、约束文件、IP 核或嵌入式处理器。

4）Properties(属性)窗口

该窗口用于显示设计文件的属性，包括源文件的路径、修改时间等。

5. 工作区窗口

工作区窗口如图 3.1.5 所示，显示了设计工程总结、综合、实现设计输入、优化及功耗等信息。

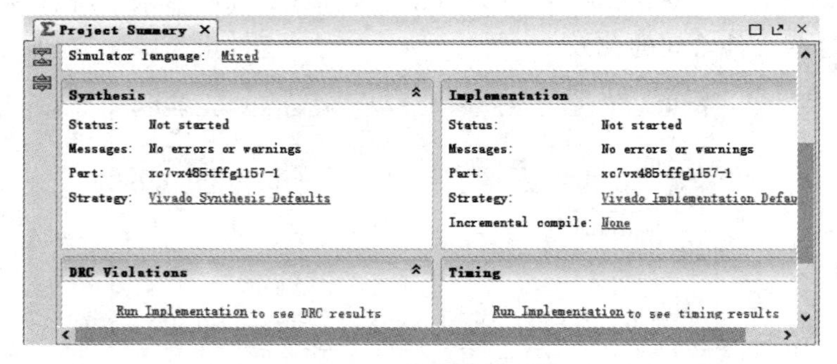

图 3.1.5　工作区窗口

6. 设计运行窗口

设计运行(Design Runs)窗口如图 3.1.6 所示，可以切换到 Tcl Console、Message、Log、Reports 等界面。

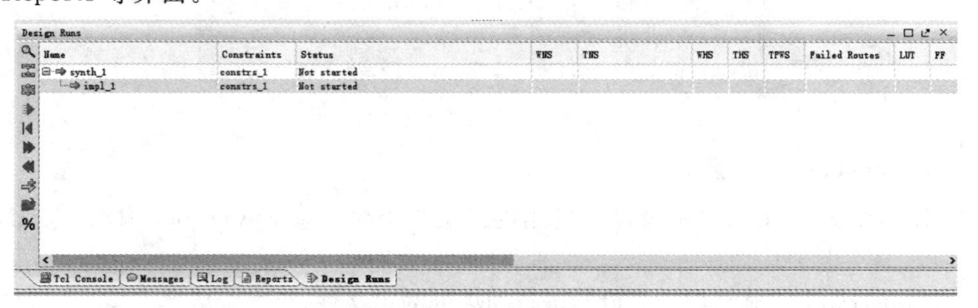

图 3.1.6　设计运行窗口

(1) Tcl Console：可以在窗口中输出 Tcl 命令或预先写好的 Tcl 脚本，控制设计流程的每一步。

(2) Message：显示工程的设计和报告信息。

(3) Log：显示对设计进行编译命令活动的输出状态，输出显示采用连续滚动格式，当运行新的命令时，就会覆盖前面的输出显示。

(4) Reports：显示当前状态运行的报告，当完成不同的操作后，报告将进行更新，并可双击打开报告文件。

3.1.2　FPGA 设计流程

随着 FPGA 器件规模的不断增长，FPGA 器件的设计技术也日趋成熟，设计工具的设计流程也随之不断发展，目前的 FPGA 已经发展为庞大的系统级设计平台，主要设计过程包括设计规划、设计输入、功能仿真、综合、仿真验证、实现、FPGA 配置等。

设计规划阶段主要进行方案验证、系统设计和 FPGA 芯片选型等准备工作。根据任务要求，评估系统的指标和复杂度，对工作速度和芯片本身的资源、成本等方面进行权衡，选择合理的设计方案和合适的器件类型。

设计输入主要有原理图和硬件描述语言两种方式，通常原理图只适合设计简单的逻辑电路，硬件描述语言适合设计复杂的数字系统。

综合前的仿真为功能仿真，综合后的仿真主要是验证综合后的逻辑功能是否正确，以及综合时序约束是否正确；布局布线后的仿真属于时序仿真，验证芯片时序约束是否正确。

综合的过程是将高级抽象层次的语言描述转化为较低层次的电路结构，也就是将行为级或 RTL 级的设计描述等转换为与门、或门、非门及触发器等基本逻辑单元的互连关系，并生成综合的网表文件。网表文件是对创建的设计工程进行的完整描述。

实现是指将综合输出的网表文件翻译成所选器件的底层模块与硬件语言，将设计映射到 FPGA 器件结构上，进行布局布线，达到利用选定器件实现设计的目的。

Vivado 设计软件不仅支持传统的 RTL 到比特流的 PFGA 设计流程，而且支持基于 C 语言和 IP 核的系统级设计流程，这对于整体的设计进度和效率具有很大的改善。

3.2　设计实例

3.2.1　74 系列 IP 核封装的设计实例

IP 核(Intelligent Property Core)是具有知识产权的集成电路芯核，是经过反复验证的、具有特定功能的宏模块，与芯片制造无关，可以移植到不同的半导体工艺中。它的特点是可以重复使用已有的设计模块，缩短设计时间，减少设计风险。IP 核一般由芯片生产厂家提供，目前有专业公司提供的 IP 核，也有硬件设计公司自己研制开发的 IP 核。本节以与非门 74LS10 的 IP 核封装为例，介绍 IP 核封装的流程。74LS10 芯片是三输入的与非门，每个芯片包括 3 个与非门，如图 3.2.1 所示。它的功能是有一个输入为 0，输出就为 1；全输入为 1，输出才为 0。

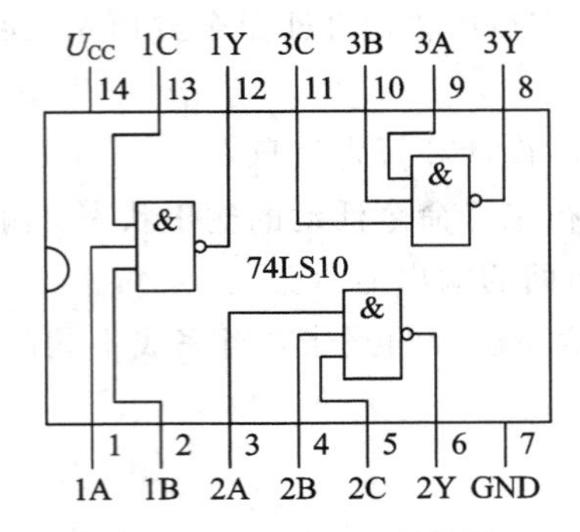

图 3.2.1　74LS10 引脚图

1. 创建新工程

(1) 打开 Vivado 2015.4.2 设计软件，如图 3.2.2 所示，选择 Create New Project，创建一个新的工程。

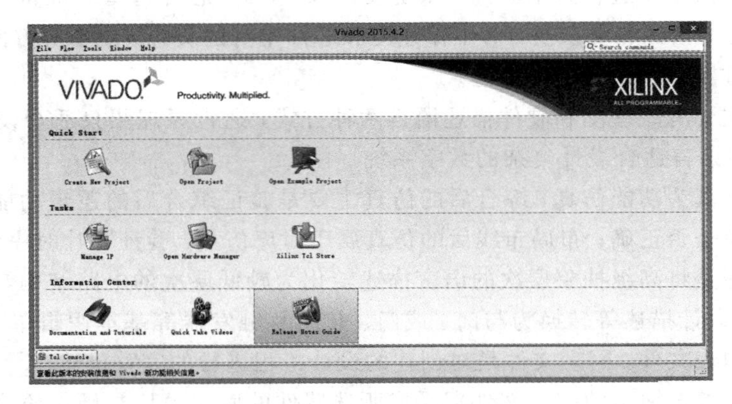

图 3.2.2　Vivado 主界面

(2) 弹出 New Project 对话框，如图 3.2.3 所示，单击 Next 按钮，开始创建新的工程。

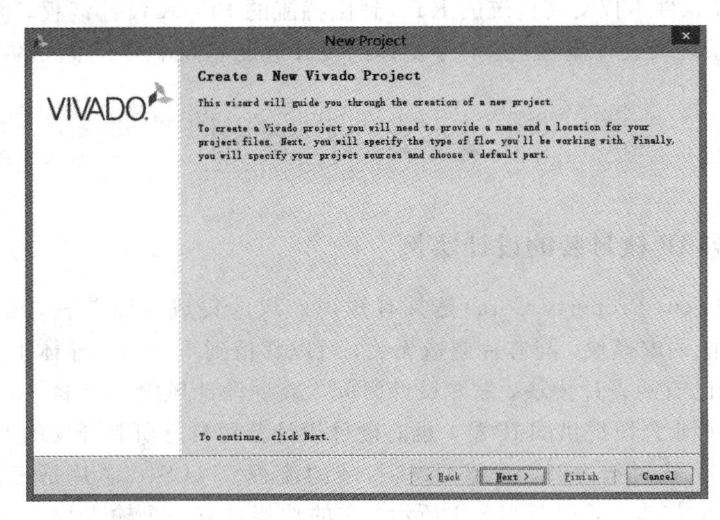

图 3.2.3　创建新工程

(3) 在 Project Name 页面中，修改工程名称和存储路径，如图 3.2.4 所示。注意，工程名称和存储路径中都不能出现中文字样和空格，建议工程名称由字母、数字、下划线组成。例如，将工程名称修改成 74LS10，并设置存储路径，同时勾选 Create project subdirectory 选项，以创建工程子目录。然后，单击 Next 按钮。

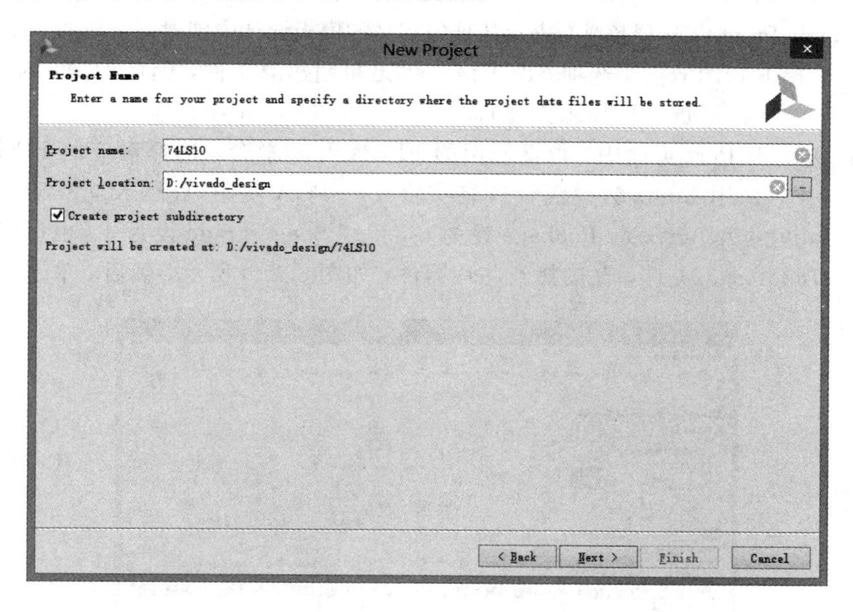

图 3.2.4　工程命名

(4) 在 Project Type 页面中，提供了以下可选的工程类型，如图 3.2.5 所示。

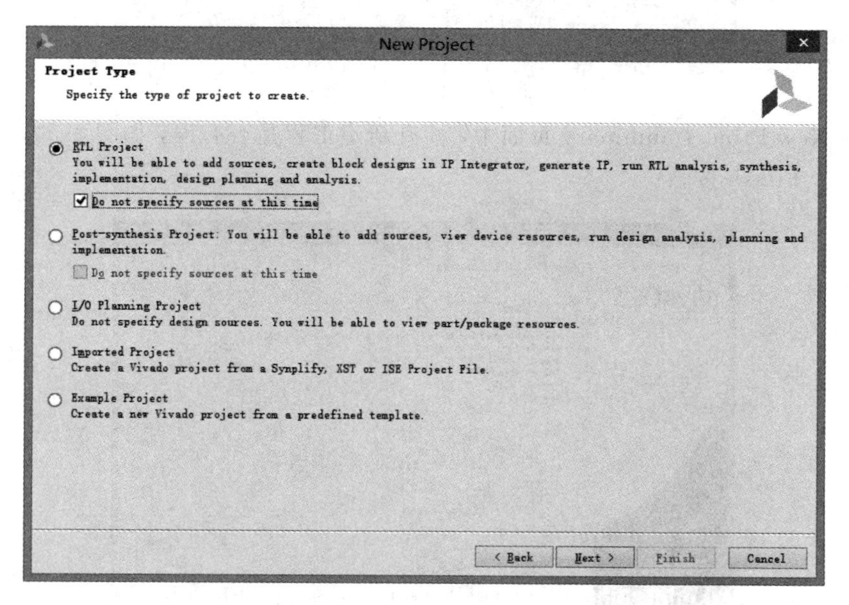

图 3.2.5　选择工程类型

① RTL Project：选择该项，实现从 RTL 创建、综合、实现到生成比特流文件的整个设计流程。

② Post-synthesis Project：选择该项，可以使用综合后的网表创建工程。

③ I/O Planning Project：选择该项，可以创建一个空的 I/O 规划工程，此工程可在设计早期执行时钟资源和 I/O 规划。

④ Imported Project：选择该项，可以将 ISE 设计套件等创建的 RTL 数据导入 Vivado 工程。

⑤ Example Project：选择该项，表示从预先定义的模板设计中创建一个新的 Vivado 工程。

本工程选择 RTL Project 选项。由于该工程无需创建源文件，因此勾选 Do not specify sources at this time(不指定添加源文件)选项。然后，单击 Next 按钮。

(5) 在 Default Part 页面中，根据使用的 FPGA 开发平台，选择对应的 FPGA 目标器件，在本实验中，采用 Xilinx 数模混合口袋实验板，FPGA 使用 Artix-XC7A35T-1CSG324-C 器件，即 Family 设为 Artix-7，Package 设为 csg324，Speed grade 设为-1。也可以在 Search 栏中输入“xc7a35tcsg324-1”，直接找到芯片器件，如图 3.2.6 所示。然后，单击 Next 按钮。

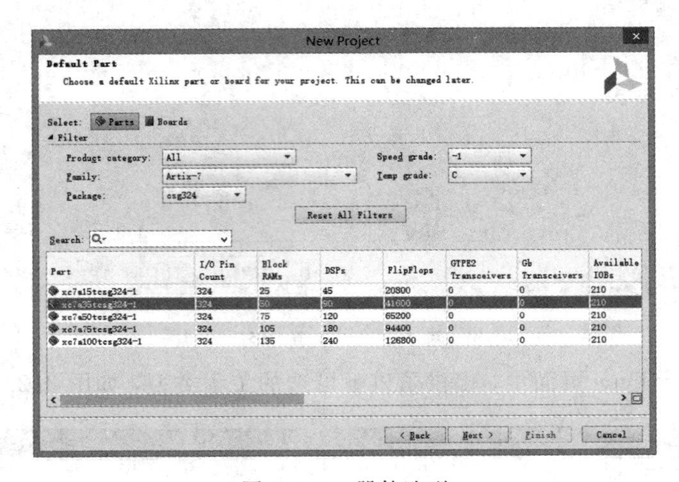

图 3.2.6　器件选型

(6) 在 New Project Summary 页面中，检查新建工程是否有误，如图 3.2.7 所示。如果正确，则单击 Finish 按钮。

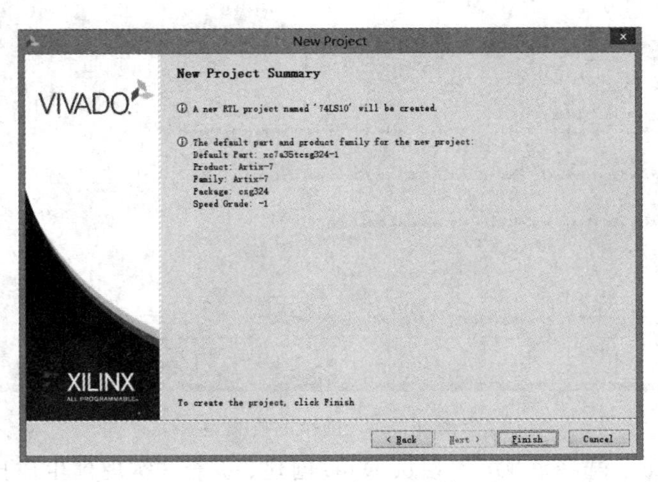

图 3.2.7　新建工程总结

（7）此时得到一个空白的 Vivado 工程，如图 3.2.8 所示，即完成空白工程的创建。

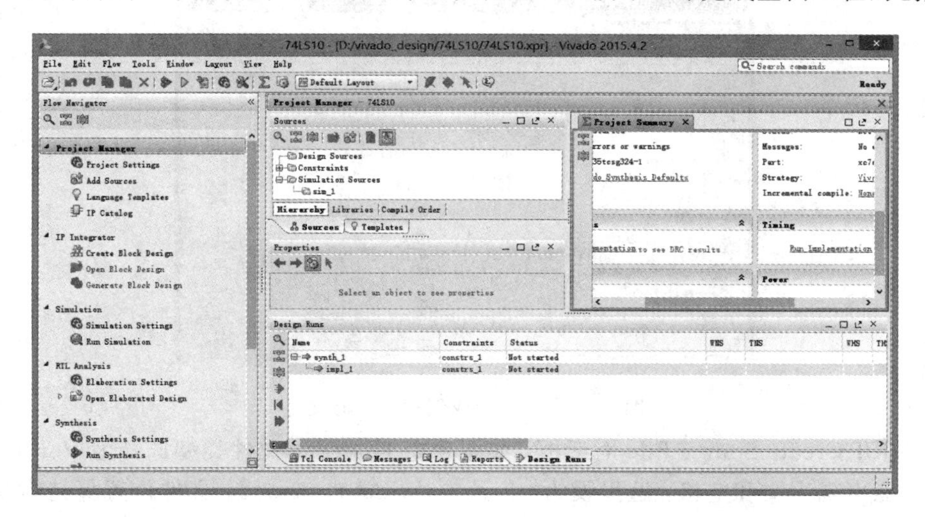

图 3.2.8　空白的 Vivado 工程

2. 创建或添加新文件

（1）在 Flow Navigator 中，选择 Project Manager 下的 Add Sources 选项，打开 Add Sources 向导对话框，如图 3.2.9 所示，选择 Add or create design sources 选项，添加或创建 Verilog 或 VHDL 设计源文件。然后，单击 Next 按钮。

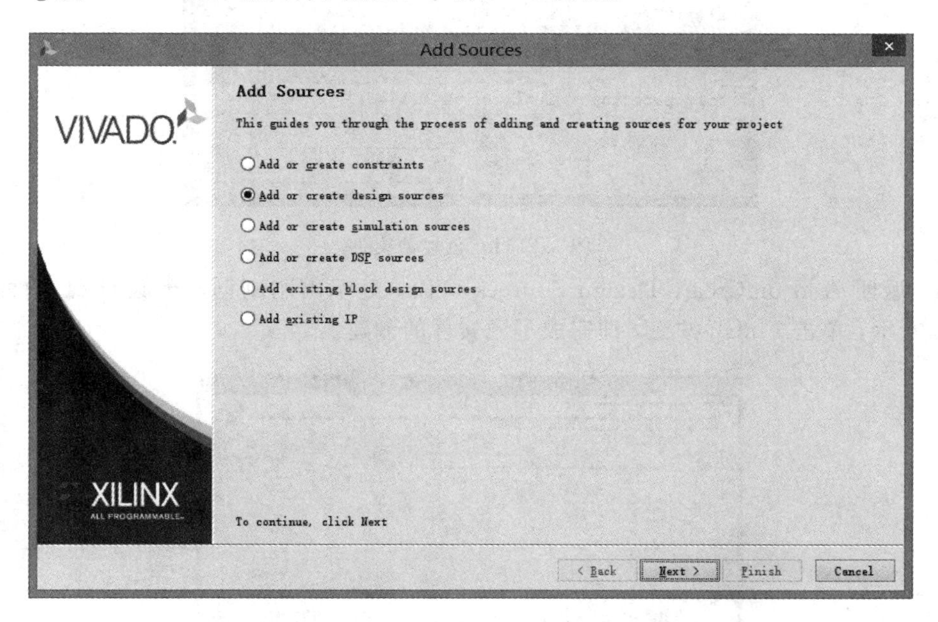

图 3.2.9　添加源文件

（2）进入 Add or Create Design Sources 页面，如图 3.2.10 所示，如果已经存在 Verilog HDL 或 VHDL 设计文件，则单击 Add Files 按钮，否则单击 Create File 按钮。对于本项目，单击 Create File 按钮，创建新的设计源文件。

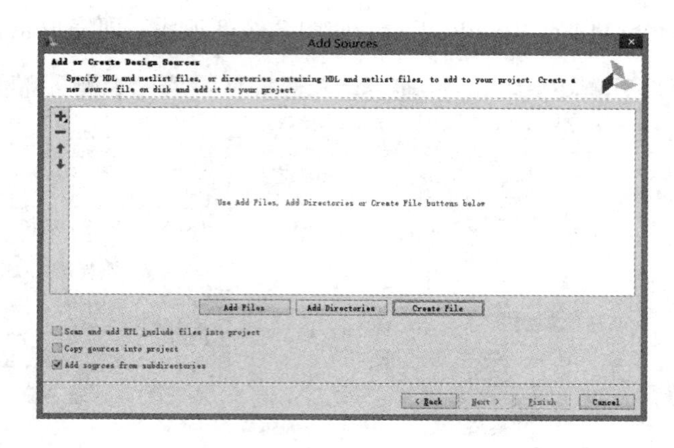

图 3.2.10　添加或创建设计源文件

(3) 打开 Create Source File 对话框，如图 3.2.11 所示，文件类型选择为 Verilog，文件名称中不能出现中文和空格，这里设为“three _ 3 _ input _ nand”，文件位置保持默认设置，然后单击 OK 按钮。

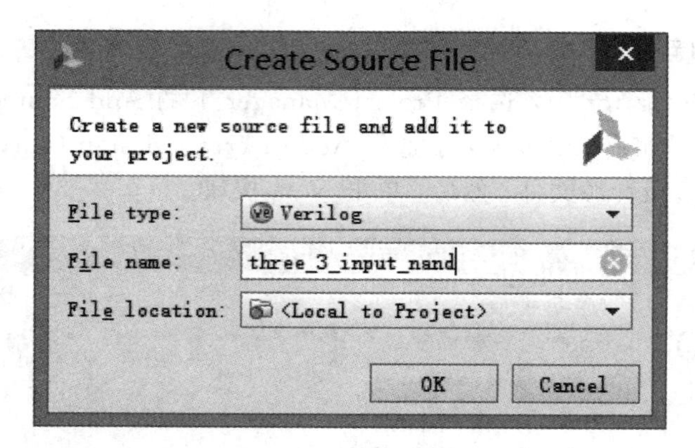

图 3.2.11　创建源文件

(4) 返回 Add or Create Design Sources 页面，显示出刚刚创建的设计源文件，如图 3.2.12 所示，单击 Finish 按钮，即完成了源文件的创建。

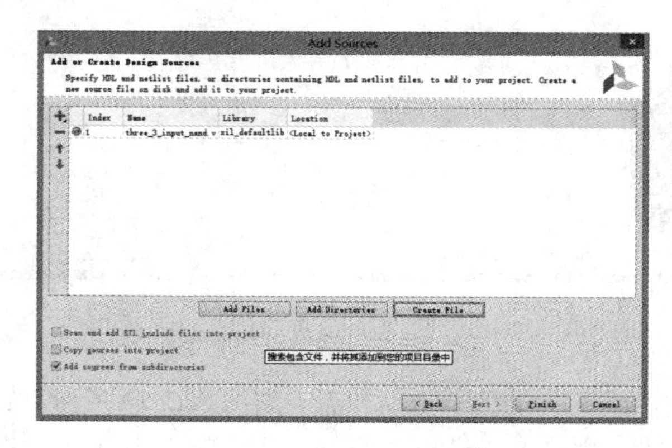

图 3.2.12　已创建设计源文件

（5）弹出 Define Module 对话框，用于定义模块和指定 I/O 端口，如图 3.2.13 所示，如果端口为总线型，则勾选 Bus 选项，并通过 MSB 和 LSB 确定总线宽度，对于本项目，直接单击 OK 按钮，进入下一步。

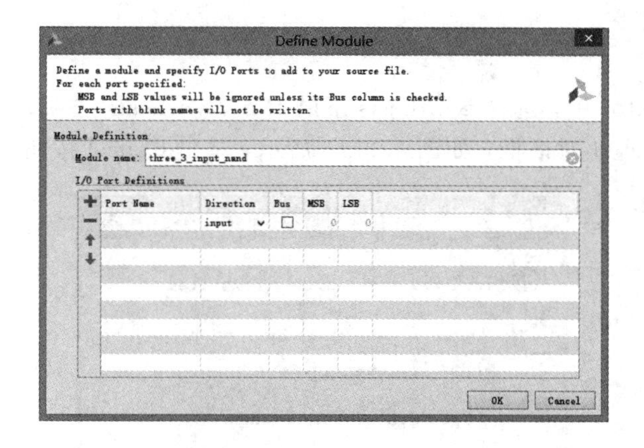

图 3.2.13　定义模块和指定 I/O 端口

（6）弹出 Define Module 提示框，提示该模块未做任何改动，如图 3.2.14 所示，单击 Yes 按钮。

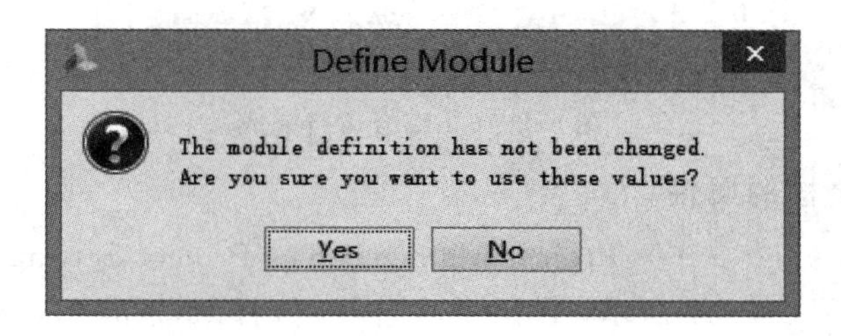

图 3.2.14　Define Module 提示框

（7）返回 Vivado 的 Sources 窗口，在 Design Sources 选项的下方出现了源文件 three _ 3 _ input _ nand(three _ 3 _ input _ nand. v)选项，如图 3.2.15 所示，进入程序编写界面。

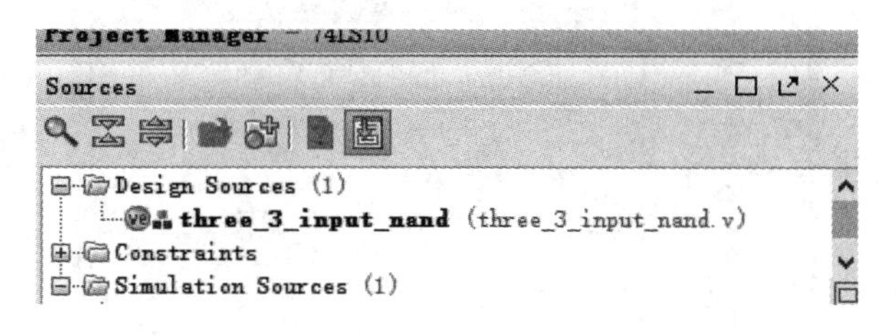

图 3.2.15　Sources 窗口

（8）74LS10 基本功能的 Verilog HDL 源程序代码如下：

```
module three_3_input_nand(
input wire a1, b1, c1, a2, b2, c2, a3, b3, c3,
output wire y1, y2, y3
    );
```

```
        nand (y1, a1, b1, c1);
        nand (y2, a2, b2, c2);
        nand (y3, a3, b3, c3);
    endmodule
```

3. 设计综合

在 Flow Navigator 中，选择 Synthesis 下的 Run Synthesis 选项，如果设计无误，将弹出 Synthesis Completed 对话框，如图 3.2.16 所示，单击 Cancel 按钮。

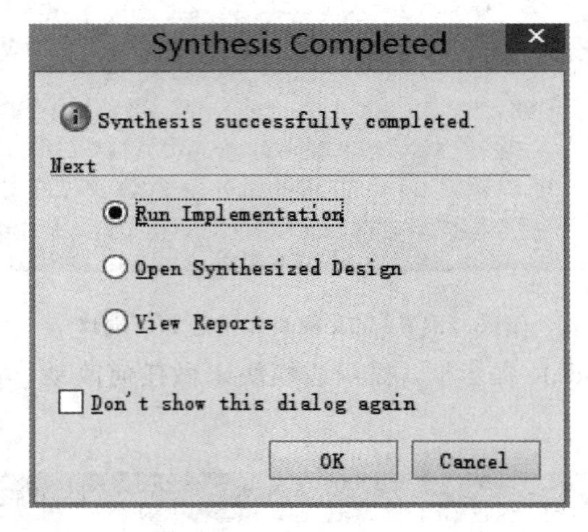

图 3.2.16　综合运行完成

4. 设置定制 IP 核的属性

在 Flow Navigator 中，选择 Project Manager 下的 Project Settings 选项，打开 Project Settings 对话框，如图 3.2.17 所示，在该对话框中，选择 IP 里的 Packager 标签页，设置定制 IP 核的库名和目录，将 Library 设置为 XUP，Category 设置为 XUP _ 74XX，其他按默认设置。然后单击 OK 按钮，退出该对话框。

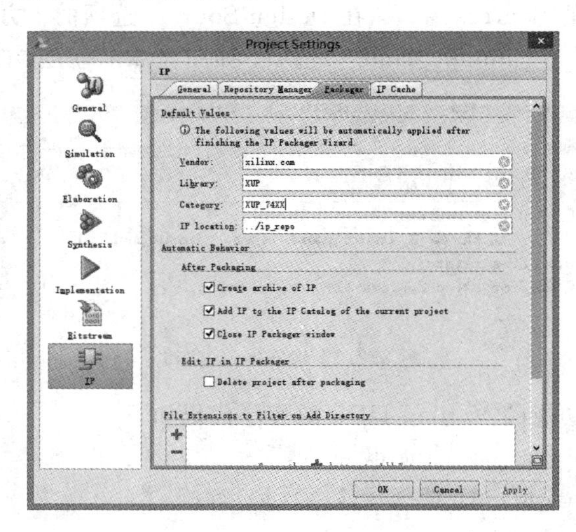

图 3.2.17　IP 核属性设置

5. 封装 IP 核

(1) 在 Vivado 当前工程主界面，选择菜单命令 Tools\Create and Package New IP，弹出 Create and Package New IP 向导对话框，如图 3.2.18 所示。该对话框提示封装新的一个 IP 核，也能够创建一个支持 AXI4 总线协议的外围设备，单击 Next 按钮。

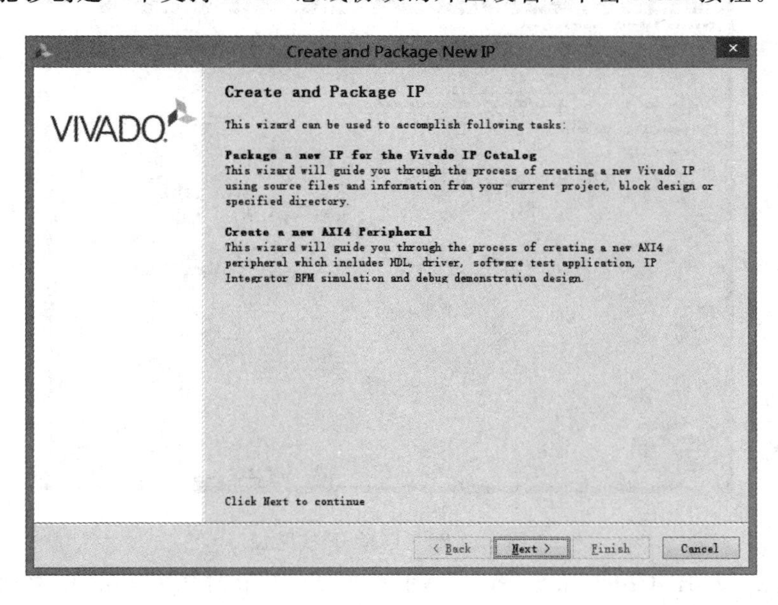

图 3.2.18　创建和封装新 IP 核

(2) 进入"Create Peripheral, Package IP or Package a Block Design"页面，如图 3.2.19 所示，其中有 3 个封装选项，选择 Package your current project(将当前的工程作为源文件创建新的 IP 核)，然后单击 Next 按钮。

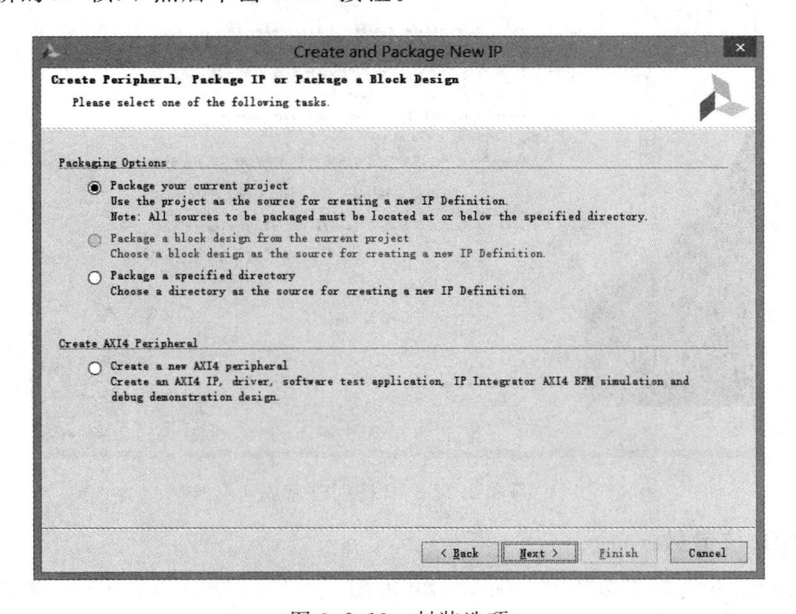

图 3.2.19　封装选项

(3) 进入 Package Your Current Project 页面，如图 3.2.20 所示，在 IP location 中设置 IP 核的路径，用于以后导入 IP 核文件，在 Package IP in the project 下选择 Include. xci files(仅包括 . xci 文件)，然后单击 Next 按钮。

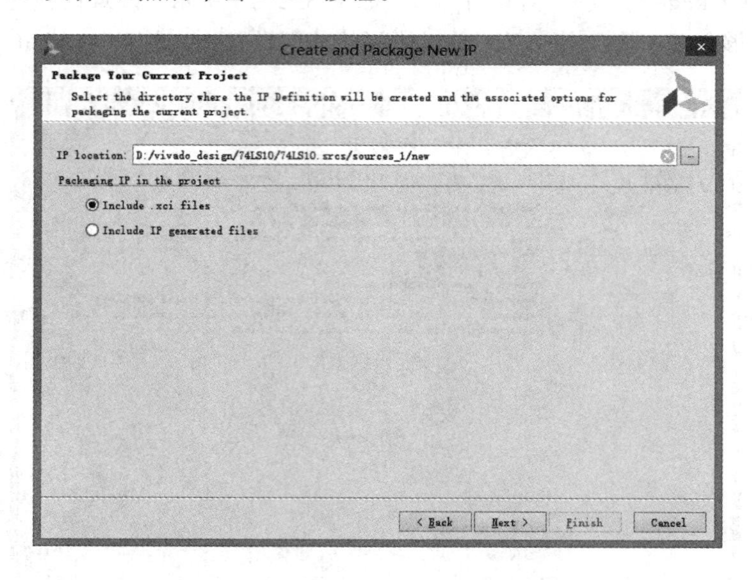

图 3.2.20　选择 IP 核路径

(4) 进入 New IP Creation 页面，如图 3.2.21 所示，单击 Finish 按钮，即完成 IP 核创建。

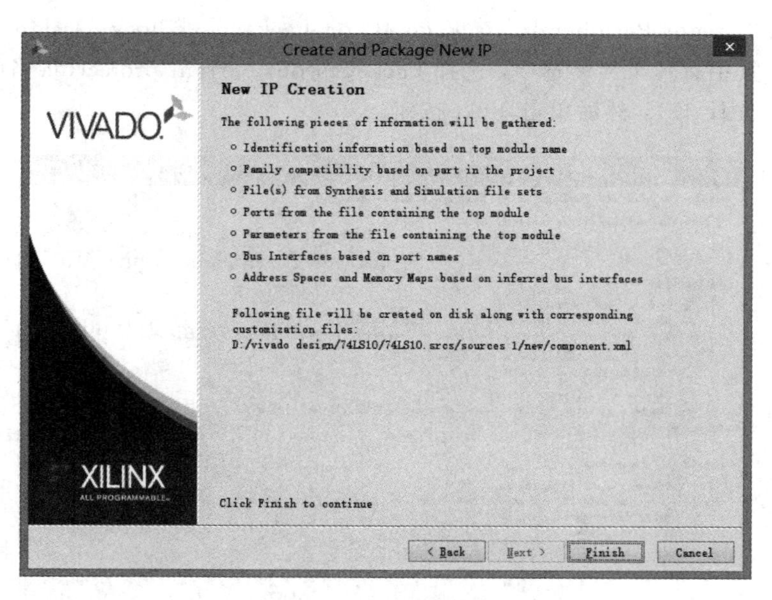

图 3.2.21　IP 核创建完成

6. 配置 IP 核参数

(1) 在 Sources 窗口下方选择 Hierarchy 视图，此时在 Design Sources 选项下出现一个名为 IP-XACT 的文件夹，在该文件夹下有一个 component. xml 文件，其中保存了封装 IP

核的信息，如图 3.2.22 所示。

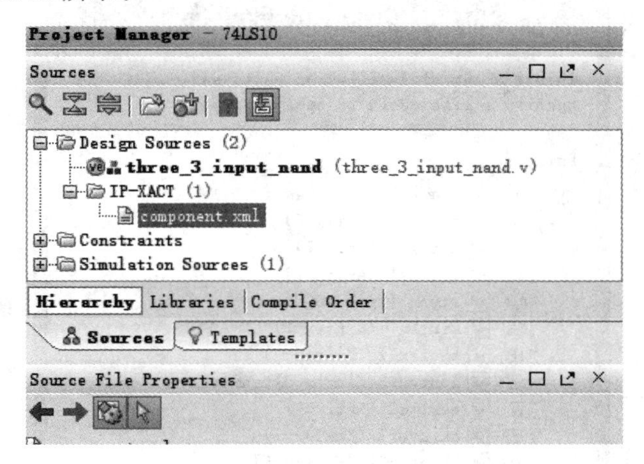

图 3.2.22　显示封装 IP 核信息的文件

(2) 在 Vivado 右侧窗格中，出现配置 IP 核参数选项卡，如图 3.2.23 所示，该图为 Identification 页面，可以设置 IP 核的基础信息。

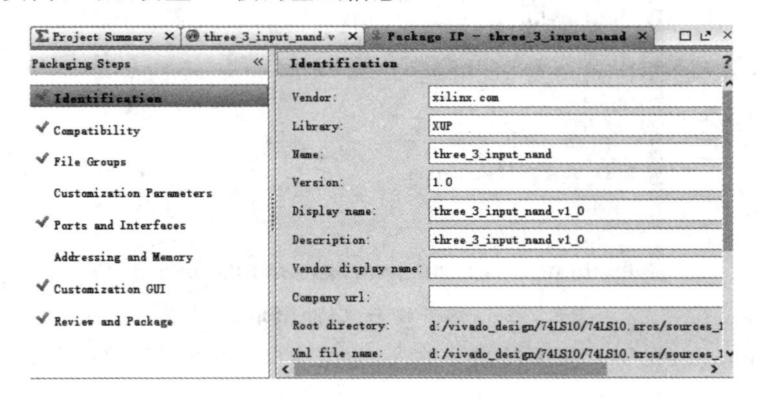

图 3.2.23　Identification 页面

(3) Compatibility 页面用于确认 IP 核支持的 FPGA 类型，如图 3.2.24 所示，也可以通过单击“+”按钮，添加其他器件等，如图 3.2.25 所示。

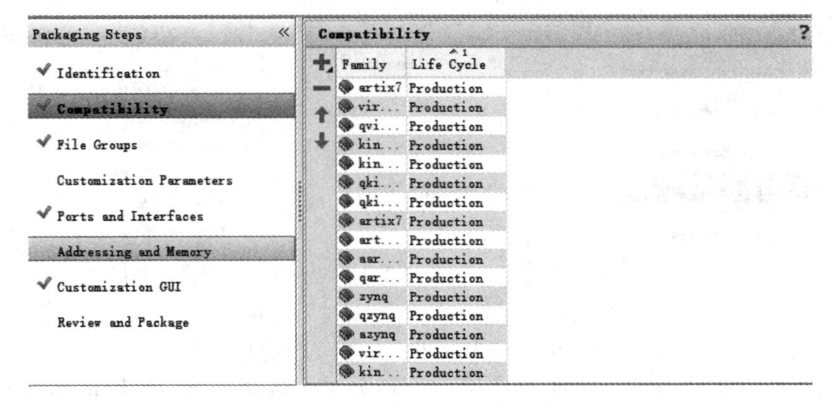

图 3.2.24　Compatibility 页面

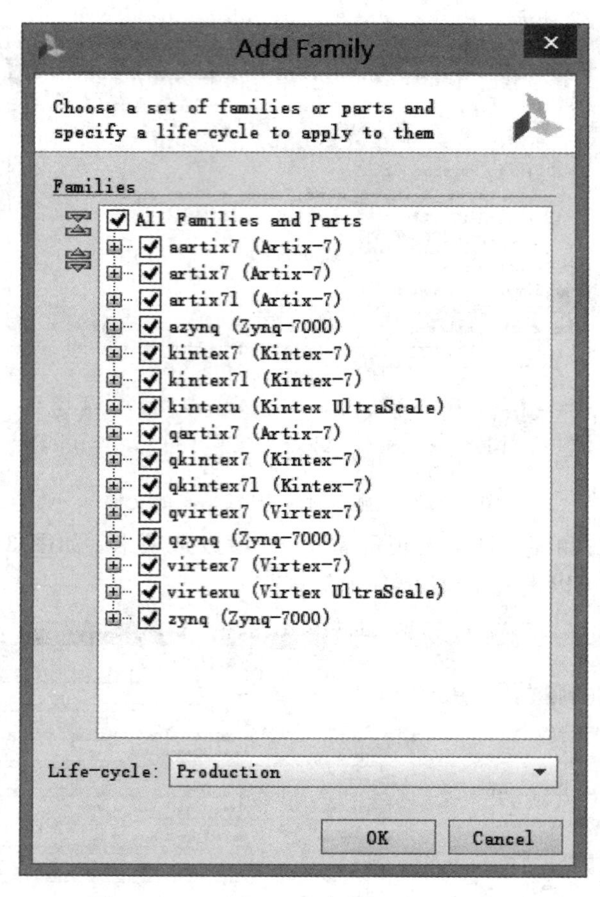

图 3.2.25 选择 IP 核支持的 FPGA 系列

(4) Customization GUI 页面给出了输入/输出端口，如图 3.2.26 所示。

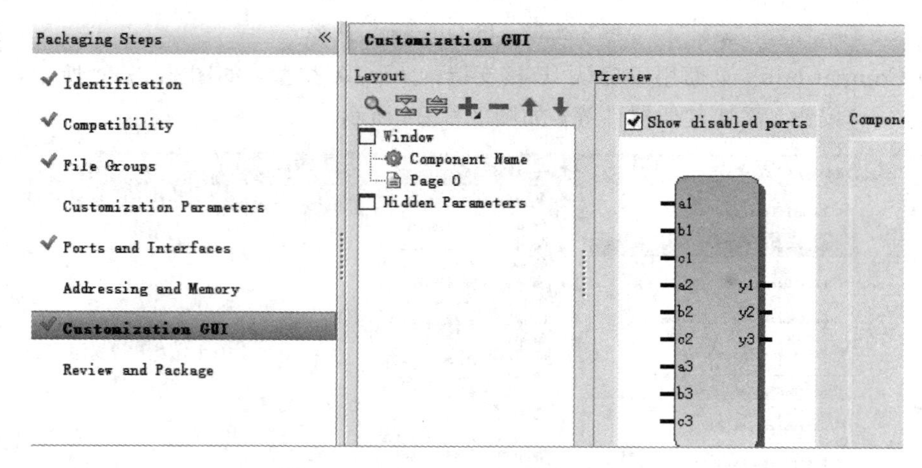

图 3.2.26 Customization GUI 页面

(5) Review and Package 页面如图 3.2.27 所示，这是封装 IP 核的最后一步，单击 Package IP 按钮，弹出成功封装提示框，如图 3.2.28 所示。

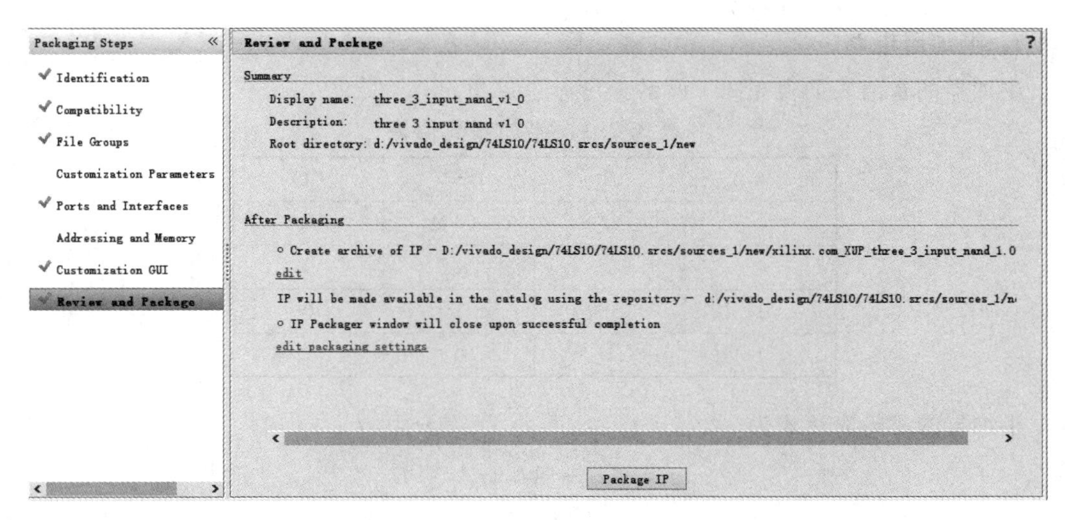

图 3.2.27　Review and Package 页面

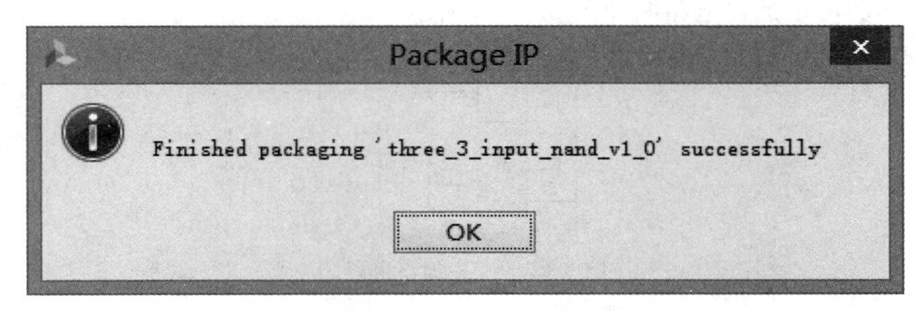

图 3.2.28　成功封装提示框

(6) 查看 IP 核。在 Flow Navigator 中，单击 Project Manager 下的 IP Catalog 选项，可以查看 IP 核目录，如图 3.2.29 所示，在 User Repository 选项下，可以找到刚刚建立的 three _ 3 _ input _ nand _ v1 _ 0。

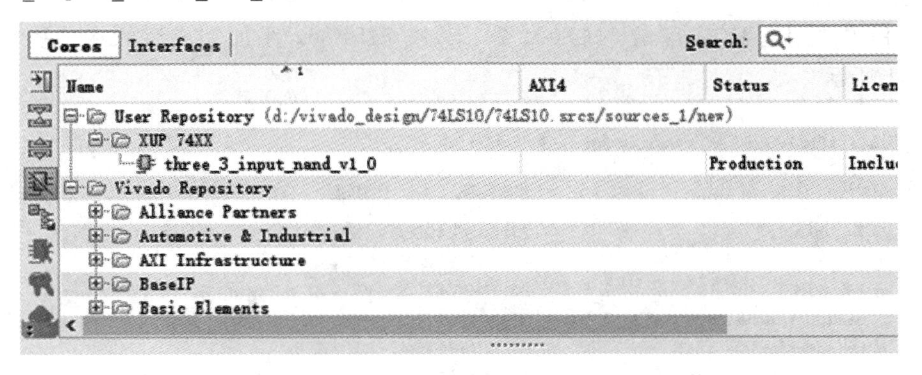

图 3.2.29　查看 IP 核

3.2.2　基于原理图的设计实例

使用已有的 IP 核可完成基于原理图的 Vivado 项目设计，本节以半加器的设计为例，了解添加 IP 核目录并调用其中 IP 核的方法，熟悉 Vivado 基于原理图的工程设计流程。

1. 半加器电路

半加器的真值表如表 3.2.1 所示。

表 3.2.1　半加器真值表

A	B	S	CO
0	0	0	0
0	1	1	0
1	0	1	0
1	1	0	1

半加器的逻辑表达式为

$$S=\bar{A}B+A\bar{B}=A\oplus B \tag{3-2-1}$$

$$\mathrm{CO}=AB \tag{3-2-2}$$

基于与非门的半加器电路图如图 3.2.30 所示。

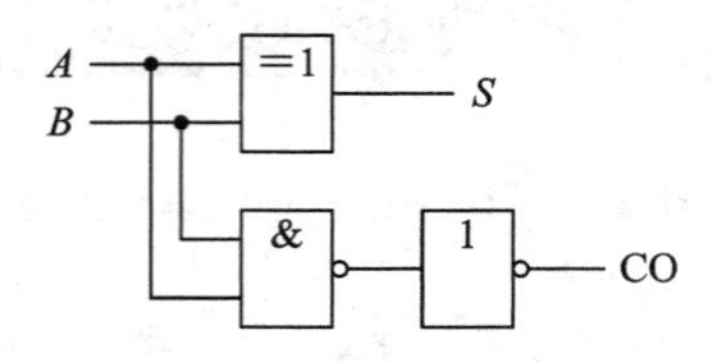

图 3.2.30　半加器电路图

2. 创建新的工程

根据 3.2.1 节的介绍，创建一个名为 halfadder 的新工程。

3. 添加 IP 核文件

工程建立完毕后，需要将半加器 halfadder 工程所需的 IP 核目录复制到本工程文件夹下。本工程需要用到 IP 核目录 74LS00、74LS04、74LS86，添加完成后的本工程文件夹如图 3.2.31 所示。

电脑 ▸ LENOVO (D:) ▸ vivado_design ▸ halfadder

名称	修改日期	类型	大小
74LS00_1.0	2019/10/24 20:55	文件夹	
74LS04_1.0	2019/10/24 20:55	文件夹	
74LS86_1.0	2019/10/24 20:55	文件夹	
halfadder.cache	2019/10/24 20:50	文件夹	
halfadder.hw	2019/10/24 20:49	文件夹	
halfadder.ip_user_files	2019/10/24 20:49	文件夹	
halfadder.sim	2019/10/24 20:50	文件夹	
halfadder	2019/10/24 20:50	Vivado Project Fi...	5 KB

图 3.2.31　添加 IP 核目录后的工程文件夹

（1）在 Flow Navigator 中，单击 Project Manager 下的 IP Catalog 选项，进行 IP 核目录设置。

(2) 进入 IP Catalog 页面，右键单击 Automotive & Industrial，从弹出的菜单中选择 Add Repository 命令，添加本工程文件夹下的 IP 核目录，如图 3.2.32 所示。完成目录添加后，可看到所需 IP 核已经自动添加，单击 OK 按钮。

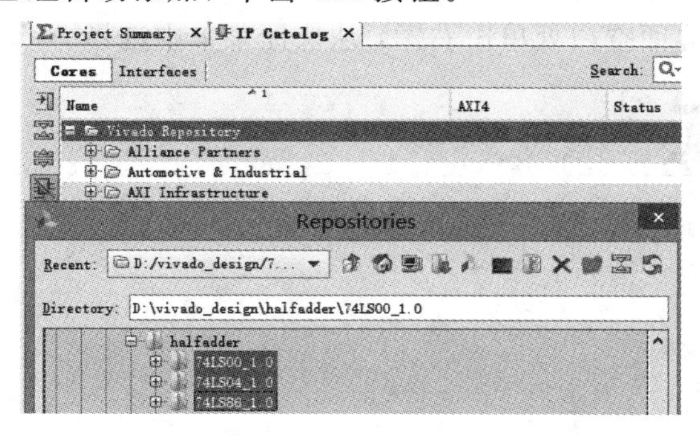

图 3.2.32　添加 IP 核目录

4. 原理图设计

(1) 在 Flow Navigator 中，单击 IP Integrator 下的 Create Block Design 选项，创建基于 IP 核的原理图，如图 3.2.33 所示。

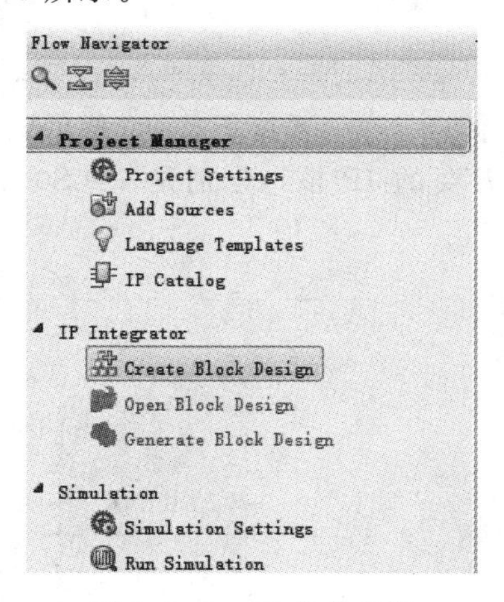

图 3.2.33　IP 核集成器

(2) 在弹出的 Create Block Design 对话框中，保持默认设置，如图 3.2.34 所示，单击 OK 按钮，完成创建。

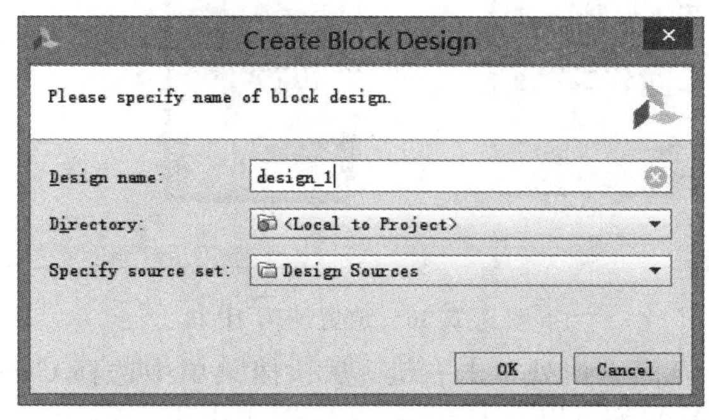

图 3.2.34　默认设置

(3) 在原理图设计界面中，有 3 种添加 IP 核的方式，如图 3.2.35 所示。

① 在原理图设计界面中部有符号“＋”提示添加 IP 核。

② 在原理图设计界面左方工具栏中有添加 IP 核的按钮“＋”。

③ 在原理图设计界面空白处单击右键，从快捷菜单中选择 Add IP 命令。

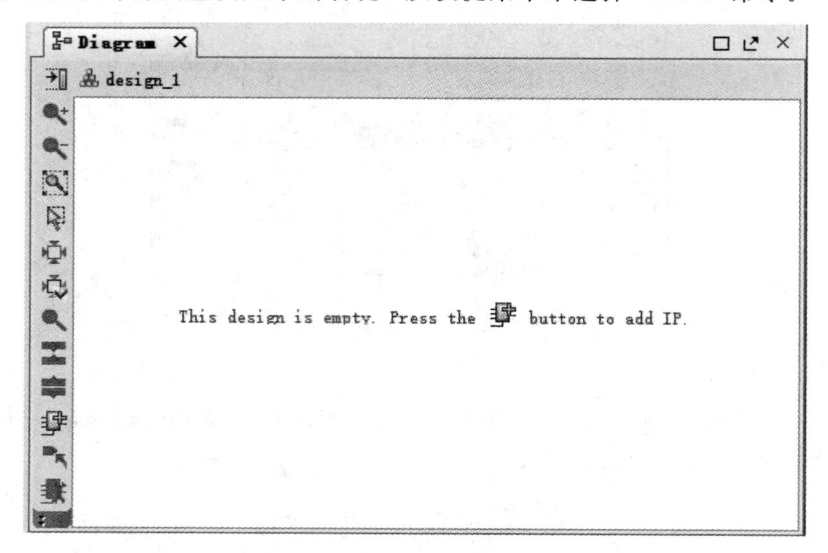

图 3.2.35 添加 IP 核的 3 种方式

(4) 搜索本设计实验所需要的 IP 核，分别是 74LS00、74LS04 以及 74LS86，如图 3.2.36 所示。

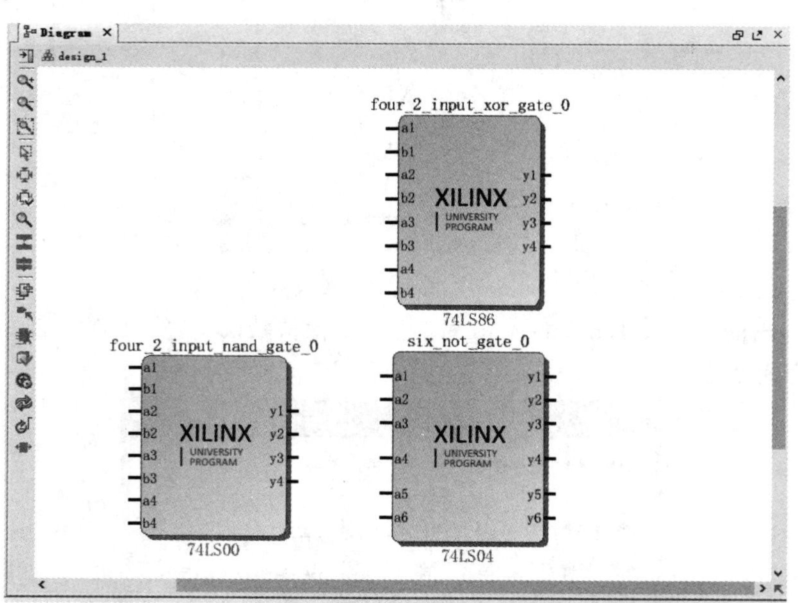

图 3.2.36 放置所需 IP 核

(5) 在原理图设计界面空白处单击右键，从快捷菜单中选择 Create Port 命令，创建输入/输出端口，如图 3.2.37 所示。

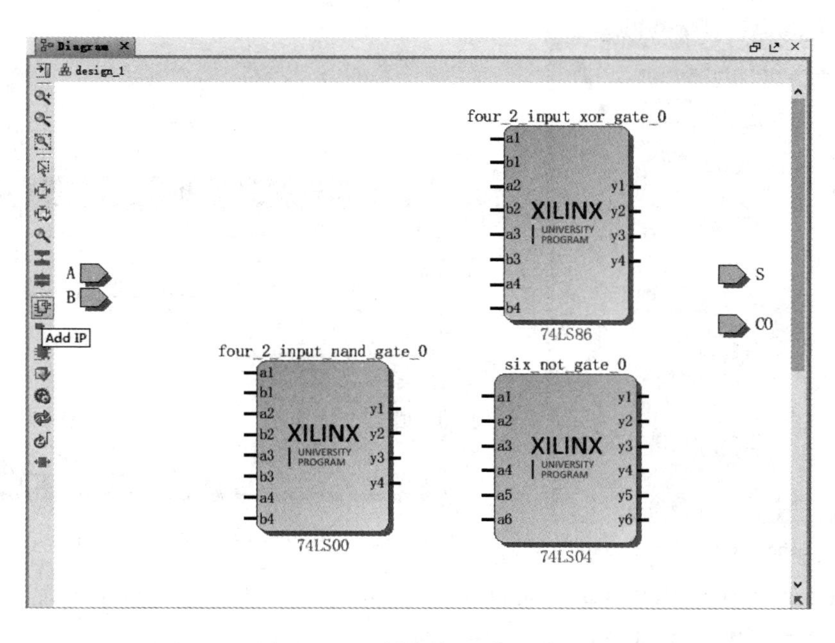

图 3.2.37 创建输入/输出端口

(6) 根据电路原理图，进行连线，如图 3.2.38 所示。

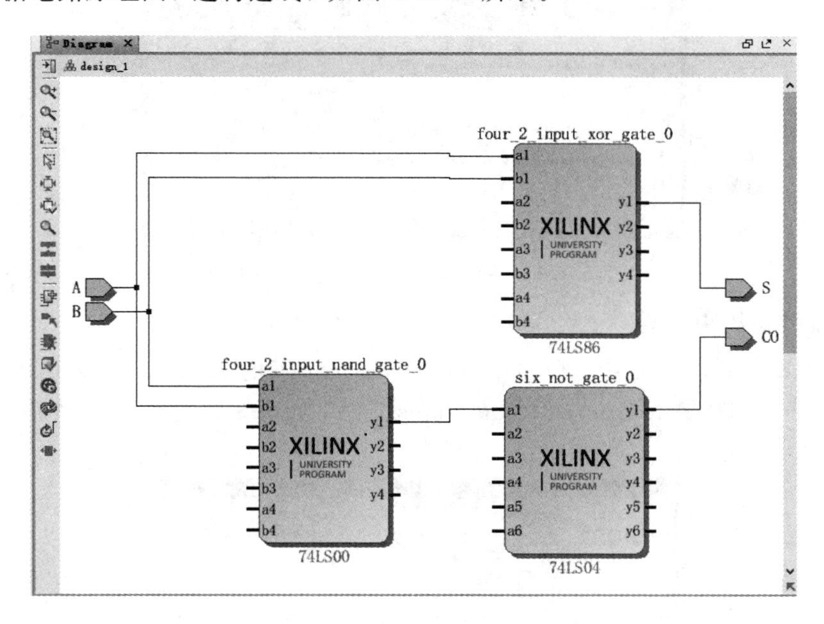

图 3.2.38 基于 IP 核的半加器电路原理图

(7) 完成原理图设计后，生成顶层文件。

在工程管理器的 Sources 窗口中，右键单击 design1 项，从快捷菜单中选择 Generate Output Products 命令，弹出 Generate Output Products 对话框，如图 3.2.39 所示。由于原理图中芯片的一部分引脚没有连线，因此会弹出警告信息，如图 3.2.40 所示，单击 OK 按钮即可。

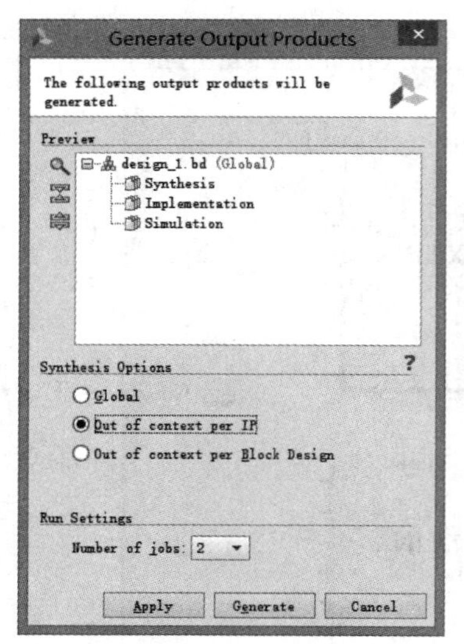

图 3.2.39　Generate Output Products 对话框

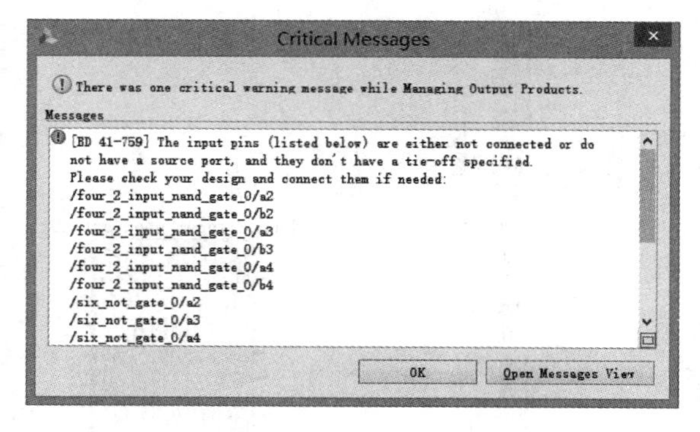

图 3.2.40　Vivado 警告信息

在输出文件生成完毕后，再次右键单击 design1 项，从快捷菜单中选择 Create HDL Wrapper 命令，创建 HDL 代码文件，在弹出的 Create HDL Wrapper 对话框中，保持默认设置，如图 3.2.41 所示，单击 OK 按钮，完成对 HDL 文件的创建。

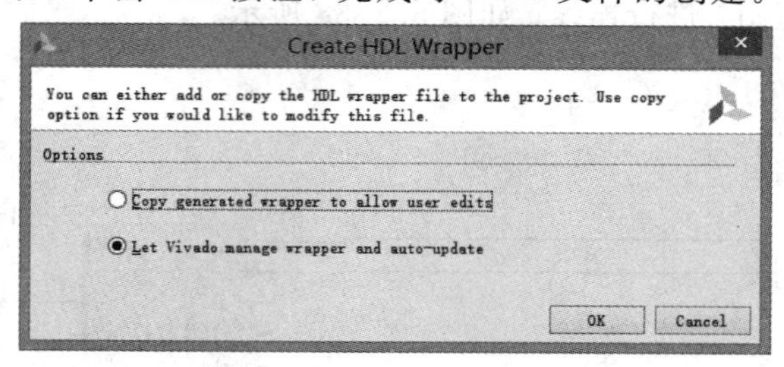

图 3.2.41　Create HDL Wrapper 对话框

5. 添加引脚约束文件

(1) 在 Flow Navigator 中，单击 Project Manager 下的 Add Sources 选项，打开 Add Sources 对话框，勾选 Add or create constrains 选项，如图 3.2.42 所示，然后单击 Next 按钮，进入下一步。

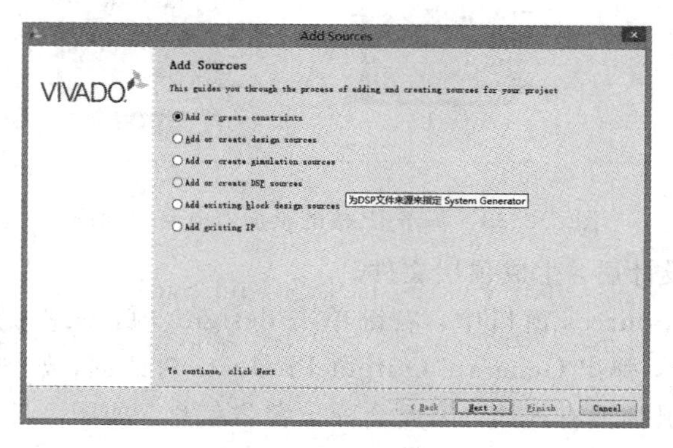

图 3.2.42　添加或创建约束文件

(2) Add or Create Constraints 页面如图 3.2.43 所示，单击 Create File 按钮。

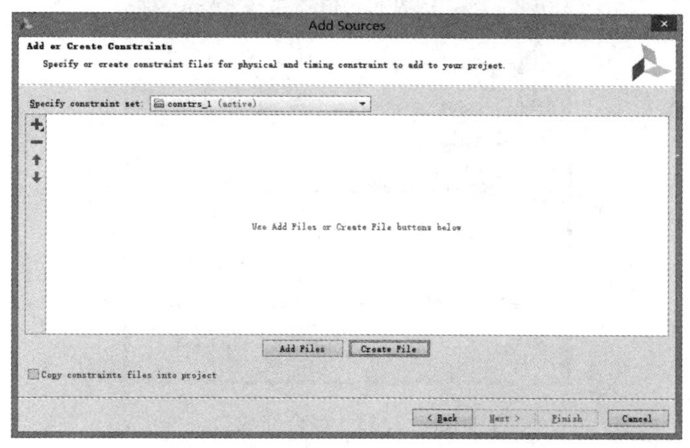

图 3.2.43　添加或创建约束文件

(3) Create Constraints File 对话框如图 3.2.44 所示，设置约束文件的类型为 XDC，输入文件名，单击 OK 按钮，完成约束文件的创建。

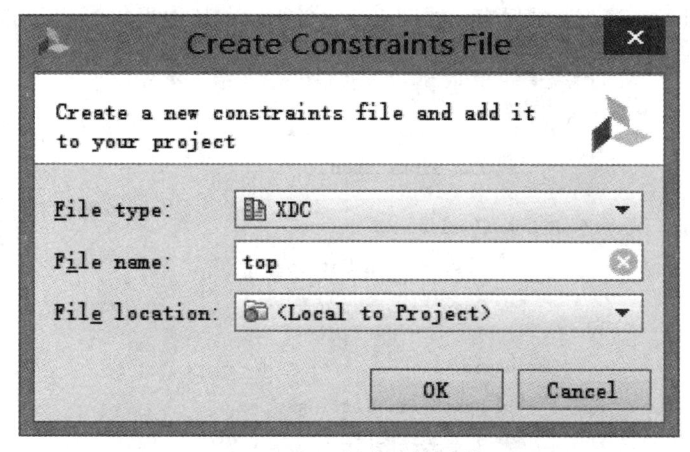

图 3.2.44　创建约束文件

(4) 在 Sources 窗口中，在 Constrains 下找到刚刚创建的 XDC 文件，双击该文件，输入以下引脚约束文件，并进行保存，约束文件即添加完毕。

```
set_property -dict {PACKAGE_PIN P5 IOSTANDARD LVCMOS33} [get_portsA]
set_property -dict {PACKAGE_PIN P4 IOSTANDARD LVCMOS33} [get_ports B]
set_property -dict {PACKAGE_PIN F6 IOSTANDARD LVCMOS33} [get_portsS]
set_property -dict {PACKAGE_PIN G4 IOSTANDARD LVCMOS33} [get_ports CO]
```

6. 设计综合

在 Flow Navigator 中，单击 Synthesis 中的 Run Synthesis，进行工程的综合，综合完成后弹出如图 3.2.45 所示的 Synthesis Completed 对话框，其中有 3 个选项：

- Run Implementation：运行实现过程。
- Open Synthesized Design：打开综合后的设计。
- View Reports：查看报告。

图 3.2.45　综合完成

如果不需要打开综合后的设计进行查看，选择 Run Implementation 选项，直接进入设计实现步骤。

如果需要查看综合后设计，选择 Open Synthesized Design 选项，单击 OK 按钮，展开 Open Synthesized Design 选项列表，如图 3.2.46 所示，其中提供了以下选项：

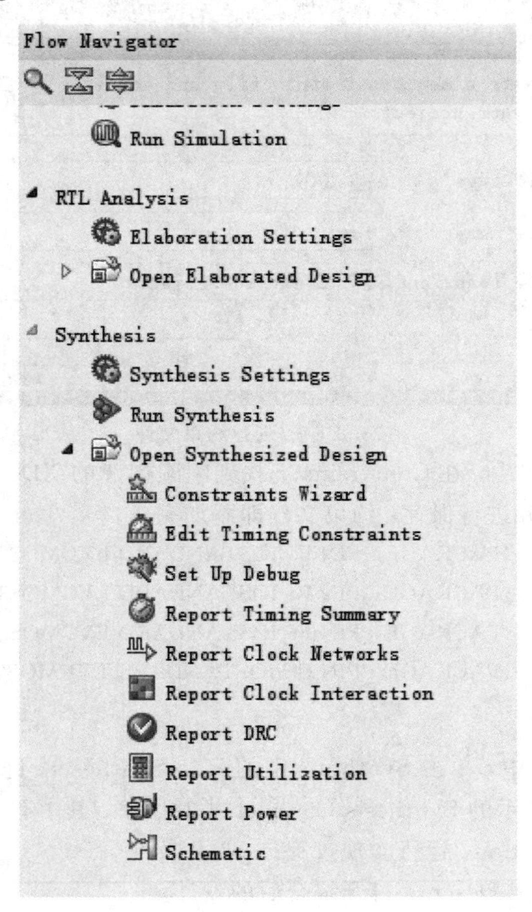

图 3.2.46　Open Synthesized Design 选项列表

- Constraints Wizard：启动约束向导。
- Edit Timing Constraints：启动时序约束。
- Set Up Debug：启动设计调试向导。
- Report Timing Summary：生成一个默认的时序报告。
- Report Clock Networks：创建一个时钟的网络报告。
- Report Clock Interaction：在时钟域之间验证路径上的约束收敛。
- Report DRC：对整个设计进行设计规则检查。
- Report Utilization：创建一个资源利用率的报告。
- Report Power：生成一个功耗分析报告。
- Schematic：打开原理图设计界面。

单击 Schematic 选项，显示综合后的原理图，如图 3.2.47 所示，双击 design_1 逻辑实例，显示 design_1 子模块综合后的原理图，如图 3.2.48 所示。

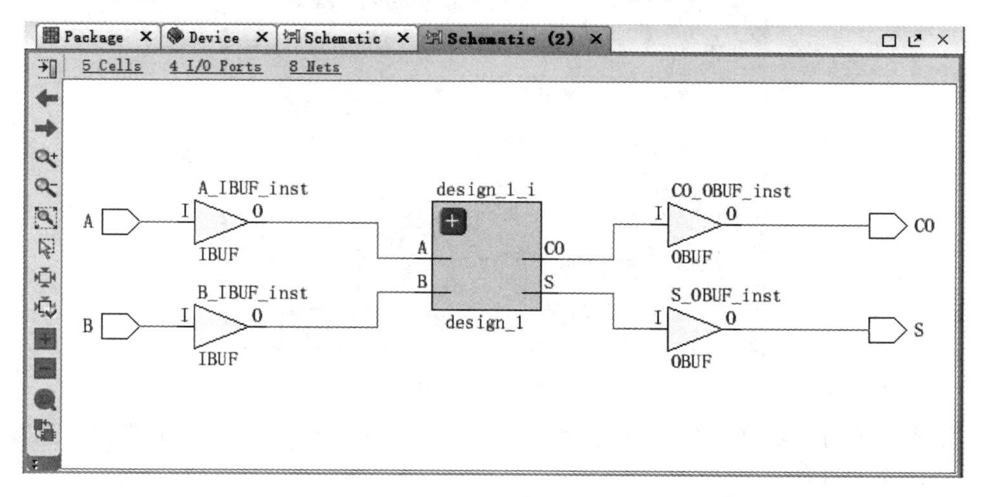

图 3.2.47　半加器综合后的原理图

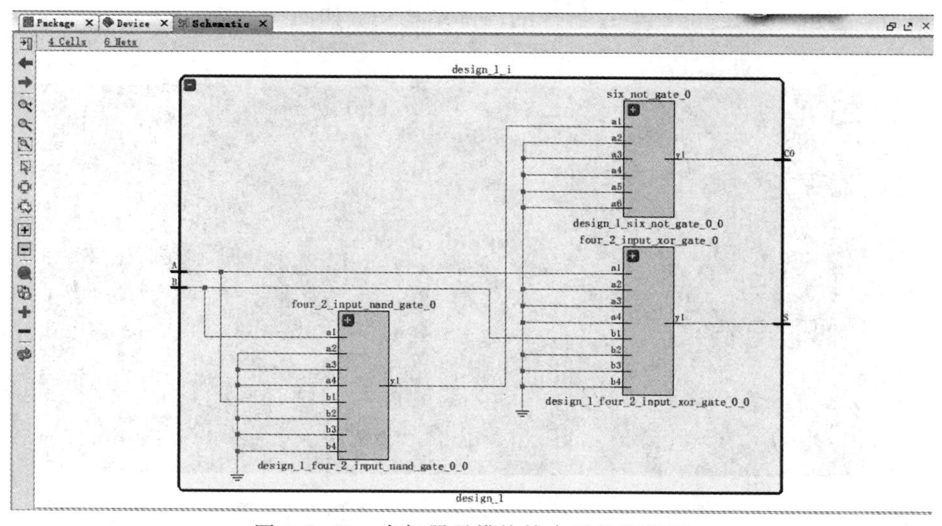

图 3.2.48　半加器子模块综合后的原理图

经过综合后的设计工程，不仅进行了逻辑优化，而且将 RTL 级推演的网表文件映射为 FPGA 器件的原语，生成新的综合网表文件。

7. 设计实现

在 Flow Navigator 中，单击 Implementation 下的 Run Implementation 选项，开始执行设计实现过程。设计实现完成后，会弹出如图 3.2.49 所示的 Implementation Completed 对话框，其中有三个选项：

- Open Implemented Design：打开实现后的设计。
- Generate Bitstream：生成比特流文件。
- View Reports：查看报告。

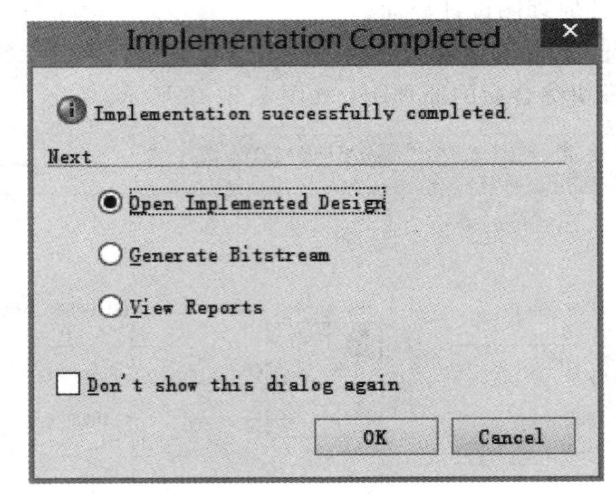

图 3.2.49 实现完成

如果不需要打开实现后的设计进行查看，则选择 Generate Bitstream 选项，直接进入生成比特流文件过程。

如果需要查看实现后的文件，则选择 Open Implemented Design 选项，这时将出现 Device 窗口，显示 Artix - 7 FPGA 器件的内部结构图，如图 3.2.50 所示。

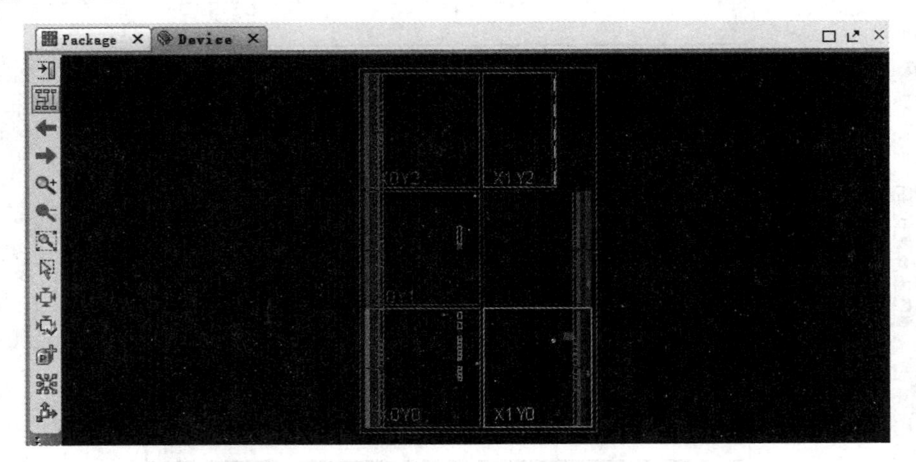

图 3.2.50 Artix - 7 FPGA 器件的内部结构图

通过单击该窗口工具栏中的放大视图按钮 放大该器件，可以看到标有橙色方块的引脚，表示该设计中已经使用这些 I/O 块，也可看到其他的内部资源，如查找表、多路复合器、触发器等。

8. 生成比特流文件

在 Flow Navigator 中，单击 Program and Debug 下的 Generate Bitstream 选项，开始生成比特流，如图 3.2.51 所示；也可单击 Bitstream Settings 对比特流文件进行设置修改，设置页面如图 3.2.52 所示。

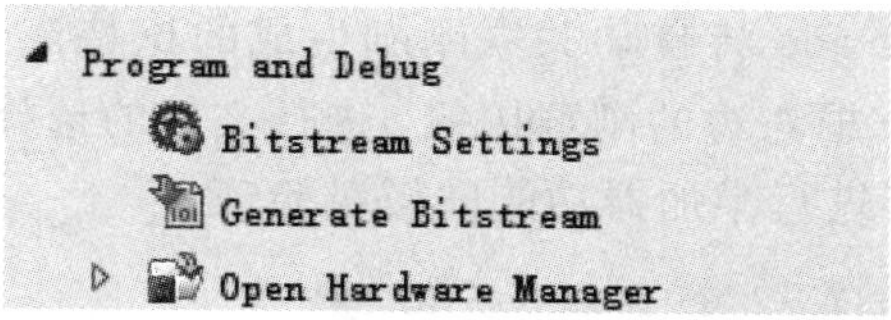

图 3.2.51　编程和调试

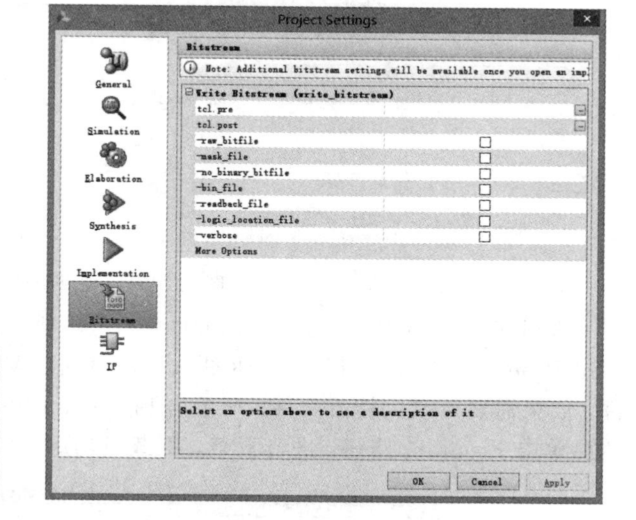

图 3.2.52　比特流配置页面

比特流生成后，会弹出如图 3.2.53 所示的 Bitstream Generation Completed 对话框，其中有三个选项：

- Open Implemented Design：打开实现设计。
- View Reports：查看报告。
- Open Hardware Manager：打开硬件管理器。

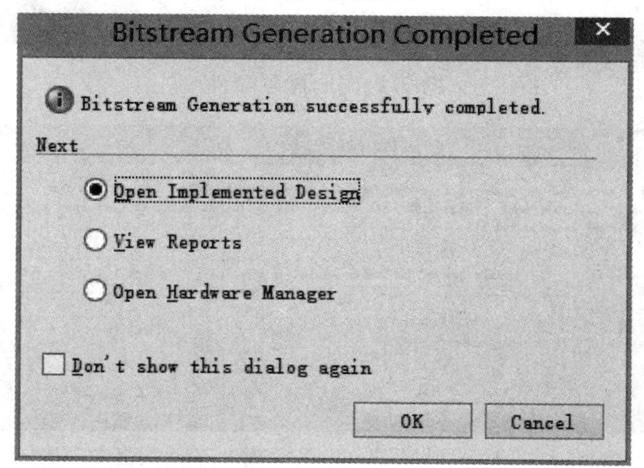

图 3.2.53　比特流文件生成完毕

9. 下载比特流文件到 PFGA 中

在图 3.2.53 中，可通过选中 Open Hardware Manager 选项，打开硬件管理器，也可从图 3.2.51 中直接单击 Open Hardware Manager 选项打开，此时出现硬件管理器窗口，如图 3.2.54 所示。将板卡与计算机相连，并打开板卡电源，再单击 Open target 选项，可直接单击 Auto Connect 命令进行连接，也可通过选择 Open New Target 命令，选择目标硬件进行连接。

Hardware Manager - unconnected
No hardware target is open. Open target
Hardware
Name
Status
localhost (0)
Connected
Properties

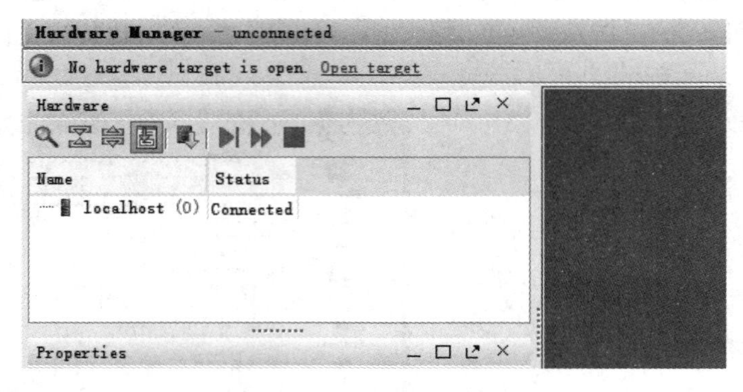

图 3.2.54 硬件管理器窗口

在硬件管理器中，单击 Program device 选项，如图 3.2.55 所示，选中 xc7a35t 器件，弹出 Program Device 对话框，如图 3.2.56 所示，Vivado 将自动关联刚刚生成的比特流文件，如果需要更改比特流文件，可单击 Bitstream file 框右边的浏览按钮，进行文件的选择。然后单击 Program 按钮，进行下载，下载成功后，将进行半加器功能的板级验证。

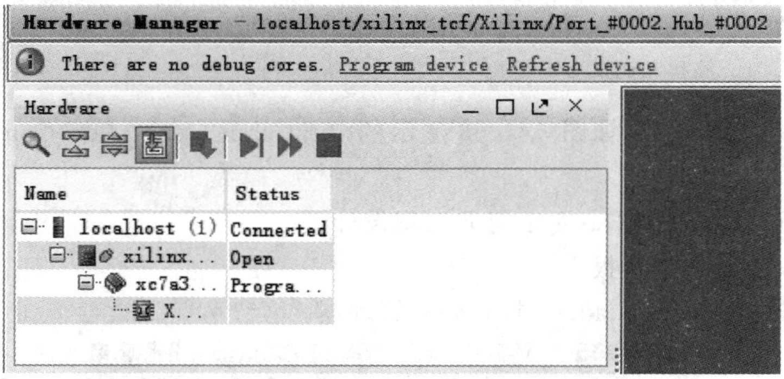

Hardware Manager - localhost/xilinx_tcf/Xilinx/Port_#0002.Hub_#0002
There are no debug cores. Program device Refresh device
Hardware
Name
Status
localhost (1)
Connected
xilinx...
Open
xc7a3...
Progra...
X...

图 3.2.55 配置器件

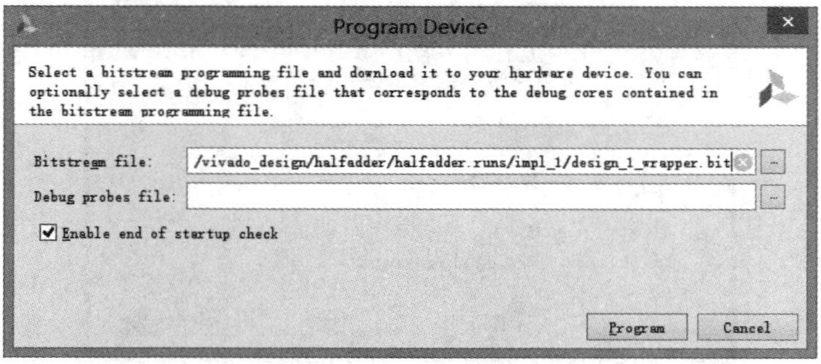

Program Device
Select a bitstream programming file and download it to your hardware device. You can optionally select a debug probes file that corresponds to the debug cores contained in the bitstream programming file.
Bitstream file:
/vivado_design/halfadder/halfadder.runs/impl_1/design_1_wrapper.bit
Debug probes file:
Enable end of startup check
Program
Cancel

图 3.2.56 Program Device 对话框

3.2.3　基于硬件描述语言的设计实例

本实例基于硬件描述语言 Verilog HDL，实现流水灯的显示，并给出行为仿真波形。

1. 创建新工程

根据 3.2.1 节的介绍，创建一个工程名为 flowing_light 的新工程。

2. 设计文件输入

(1) 在 Flow Navigator 中，单击 Project Manager 下的 Add Sources 选项。

(2) 弹出 Add Sources 向导对话框，选择 Add or create design sources 选项，用来创建或添加 Verilog HDL 或 VHDL 设计源文件，然后单击 Next 按钮。

(3) 进入 Add or Create Design Sources 页面，单击 Create File 按钮，在弹出的 Create Source File 对话框中，文件类型选择为 Verilog，修改文件名为 flowing_light，文件位置保持默认，然后单击 OK 按钮。

(4) 返回 Add or Create Design Sources 页面，单击 Finish 按钮，完成源文件创建。

(5) 弹出 Define Module 对话框，如图 3.2.57 所示。定义模块名称为 flowing_light，然后定义 I/O 端口：输入端口名称为 clk 和 rst；输出端口名称为 led，为总线类型，最高有效位(MSB)为 15。最后单击 OK 按钮，进入下一步。

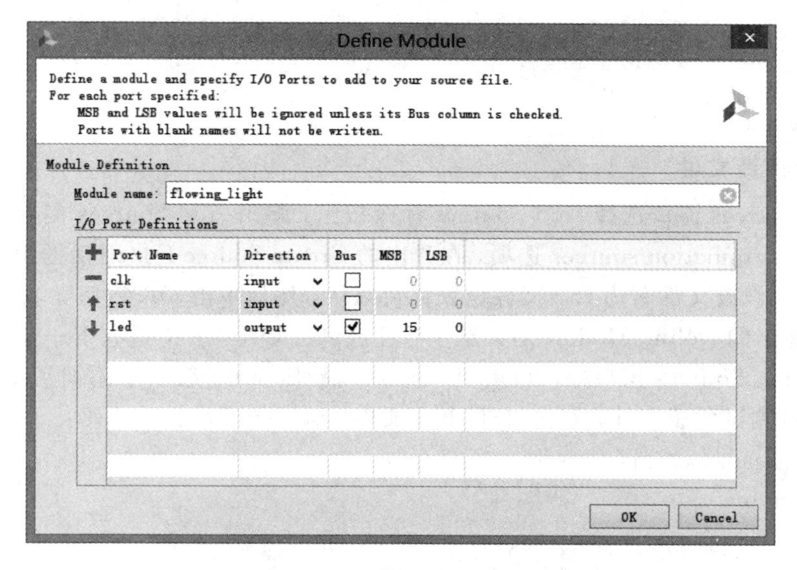

图 3.2.57　模块定义对话框

(6) 返回 Sources 窗口，在 Design Sources 选项的下方出现了 flowing_light.v 源文件选项。双击该源文件，进入程序输入界面。

(7) 流水灯项目的 Verilog HDL 源代码如下：

```
module flowing_light(
input clk,
input rst,
output [15: 0] led
);
```

```
  reg [23:0] cnt_reg;
  reg [15:0] light_reg;
always @ (posedge clk)
begin
  cnt_reg <= cnt_reg + 1;
end
always @ (posedge clk)
begin
  if(rst)
  begin if (cnt_reg == 24'fff ||light_reg == 16'h8000)
  light_reg <= 16'h0001;
else
  light_reg <= light_reg << 1;
end
else begin if (cnt_reg == 24'hffffff ||light_reg == 16'h8000)
  light_reg<=16'h0003;
else
  light_reg <= light_reg << 2;
end
end
  assign led = light_reg;
endmodule
```

3. 行为仿真文件

(1) 在 Sources 窗口选择 Add Sources 命令按钮，弹出 Add Sources 向导对话框，选择 Add or create simulation sources 选项，在弹出的 Create Source File 对话框中，文件类型选择为 Verilog，修改文件名为 tb，文件位置保持默认，然后单击 OK 按钮。

(2) 在弹出的 Define Module 对话框中，直接单击 OK 按钮，进入下一步。

(3) 此时在 Sources 窗口中可以看到 Simulation Sources 选项下添加了 tb. v 文件，该文件作为仿真测试的源文件，双击打开 tb. v 文件，编写仿真源文件代码：

```
`timescale 1 ns / 1 ps
moduletb( );
  reg clk;
  reg rst;
  wire [3:0] led;
flowing_light u0(
     .clk(clk),
     .rst(rst),
     .led(led) );
   parameter PERIOD = 10;
always begin
   clk = 1'0;
#(PERIOD/2) clk = 1'b1;
```

```
    #(PERIOD/2);
    end
    initial begin
        clk = 1'b0;
        rst = 1'b0;
        #100;
        rst = 1'b1;
        #100;
        rst = 1'b0;
    end
    endmodule
```

(4) 保存 test. v 文件。

4. 仿真分析

(1) 在 Flow Navigator 中，单击 Simulation 选项下的 Run Simulation，出现浮动菜单，选择 Run Behavioral Simulation 命令，运行行为仿真。

(2) 弹出行为仿真的波形图窗口，如图 3.2.58 所示，可以通过波形图左边的工具栏调整和测量波形。单击 Zoom In（放大）、Zoom Out（缩小）和 Zoom Fit（适合窗口显示），可以将波形调整到合适的显示尺寸；单击 Add Maker 按钮，可添加若干标尺，以测量某两个逻辑信号跳变之间的时间间隔。

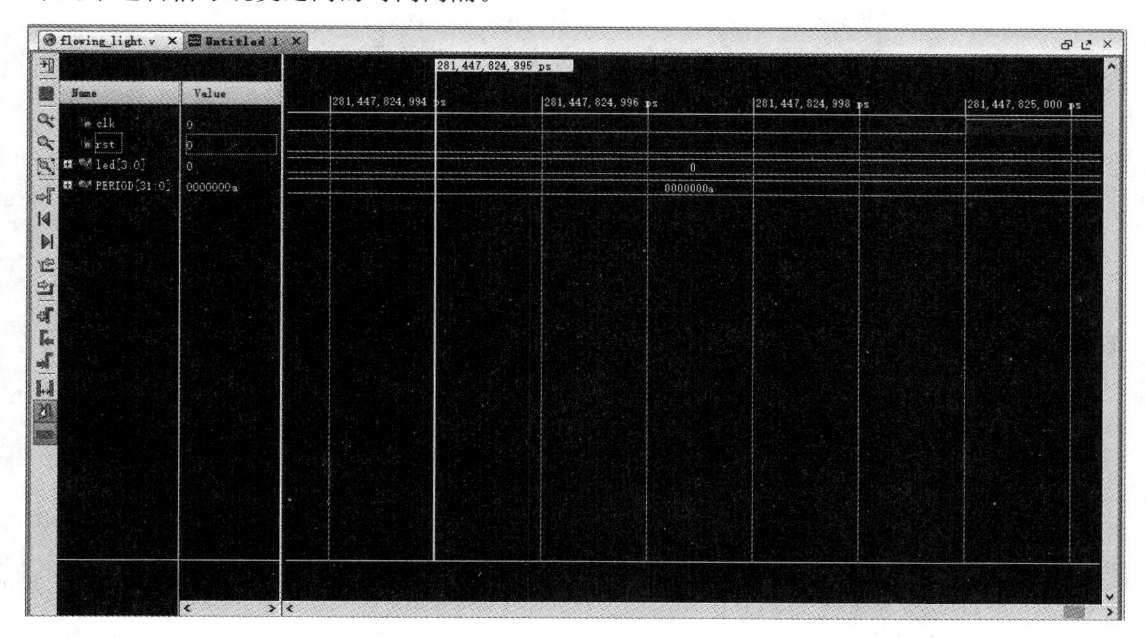

图 3.2.58　行为仿真波形图窗口

(3) 单击 Vivado 工程主界面上方的按钮，可以控制仿真的运行过程，如图 3.2.59 所示。

图 3.2.59　控制仿真运行过程选项

(4) 通过 Scopes 窗口中的目录结构可以定位到设计者想要查看的 Module 内部寄存器，如图 3.2.60 所示。

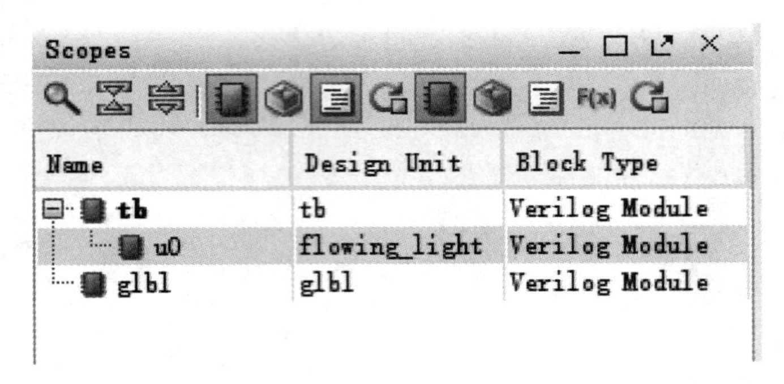

图 3.2.60　Scopes 窗口

(5) 在 Objects 窗口中对应的信号名称上单击右键，从快捷菜单中选择 Add to Wave Window 命令，即可将信号加入波形图中，如图 3.2.61 所示。本窗口已经有信号。不需要进行此操作。

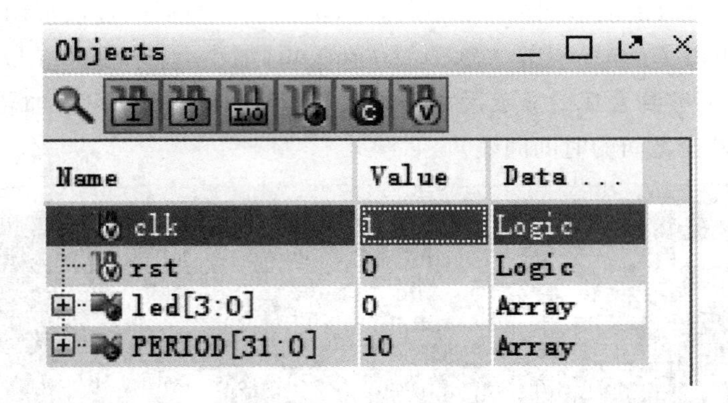

图 3.2.61　Objects 窗口

(6) 双击 Name 下方的 led[3：0]，可以展开或合并该数组，用于查看其中每一位的数值。

(7) 退出行为仿真波形图窗口。

5. 添加引脚约束文件

(1) 在 Flow Navigator 中，单击 Project Manager 下的 Add Sources 选项。

(2) 弹出 Add Sources 向导对话框，选择 Add or create constraints 选项，然后单击 Next 按钮。

(3) 单击 Create File 按钮，在弹出的 Create Constraints File 对话框中，文件类型选择为 XDC，修改文件名为 flowing_light，文件位置保持默认设置，再单击 OK 按钮。返回 Add Sources 页面，单击 Finish 按钮，结束约束文件的创建。

(4) 在 Sources 窗口中，双击打开新建好的 XDC 文件，输入相应的引脚约束信息和电平标准。

```
set_property -dict {PACKAGE_PIN P17 IOSTANDARD LVCMOS33} [get_ports clk]
```

```
set_property -dict {PACKAGE_PIN P15 IOSTANDARD LVCMOS33} [get_ports rst]
set_property -dict {PACKAGE_PIN F6 IOSTANDARD LVCMOS33} [get_ports {led[0]}]
set_property -dict {PACKAGE_PIN G4 IOSTANDARD LVCMOS33} [get_ports {led[1]}]
set_property -dict {PACKAGE_PIN G3 IOSTANDARD LVCMOS33} [get_ports {led[2]}]
set_property -dict {PACKAGE_PIN J4 IOSTANDARD LVCMOS33} [get_ports {led[3]}]
set_property -dict {PACKAGE_PIN H4 IOSTANDARD LVCMOS33} [get_ports {led[4]}]
set_property -dict {PACKAGE_PIN J3 IOSTANDARD LVCMOS33} [get_ports {led[5]}]
set_property -dict {PACKAGE_PIN J2 IOSTANDARD LVCMOS33} [get_ports {led[6]}]
set_property -dict {PACKAGE_PIN K2 IOSTANDARD LVCMOS33} [get_ports {led[7]}]
set_property -dict {PACKAGE_PIN K1 IOSTANDARD LVCMOS33} [get_ports {led[8]}]
set_property -dict {PACKAGE_PIN H6 IOSTANDARD LVCMOS33} [get_ports {led[9]}]
set_property -dict {PACKAGE_PIN H5 IOSTANDARD LVCMOS33} [get_ports {led[10]}]
set_property -dict {PACKAGE_PIN J5 IOSTANDARD LVCMOS33} [get_ports {led[11]}]
set_property -dict {PACKAGE_PIN K6 IOSTANDARD LVCMOS33} [get_ports {led[12]}]
set_property -dict {PACKAGE_PIN L1 IOSTANDARD LVCMOS33} [get_ports {led[13]}]
set_property -dict {PACKAGE_PIN M1 IOSTANDARD LVCMOS33} [get_ports {led[14]}]
set_property -dict {PACKAGE_PIN K3 IOSTANDARD LVCMOS33} [get_ports {led[15]}]
```

另一种添加引脚约束的方法是使用 Vivado 中的 I/O Planning 功能，此方法需要先对工程进行综合。

6. 设计综合

单击 Flow Navigator 中 Synthesis 下的 Run Synthesis 选项，开始执行设计综合，完成后，打开 Open Synthesis Design 选项。可以在此添加引脚约束。其具体步骤为：

(1) 选择菜单项 Window\I/O Ports。

(2) 在 Vivado 工程主界面的右下角，将显示 I/O Ports 窗口，如图 3.2.62 所示，在信号列表中，输入对应的 FPGA 引脚标号，并选择相应的 I/O 电平标准。

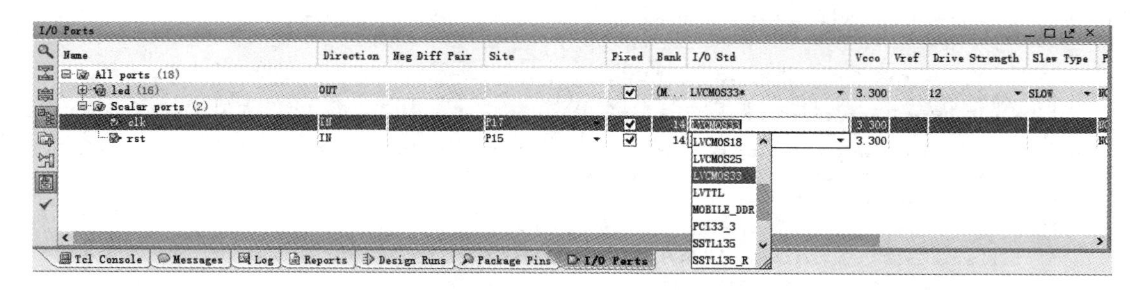

图 3.2.62 I/O Ports 窗口

此外选择菜单项 Window\Package，将出现 Package 窗口，如图 3.2.63 所示。将 I/O Ports 窗口中的信号拖动到 Package 窗口中对应的引脚上。

(3) 引脚约束添加完成后，单击 Vivado 工具栏中的保存按钮，将提示新建 XDC 文件或选择工程中已有的 XDC 文件，如创建新的约束文件，需要输入文件名称，然后单击 OK 按钮，完成引脚约束过程。

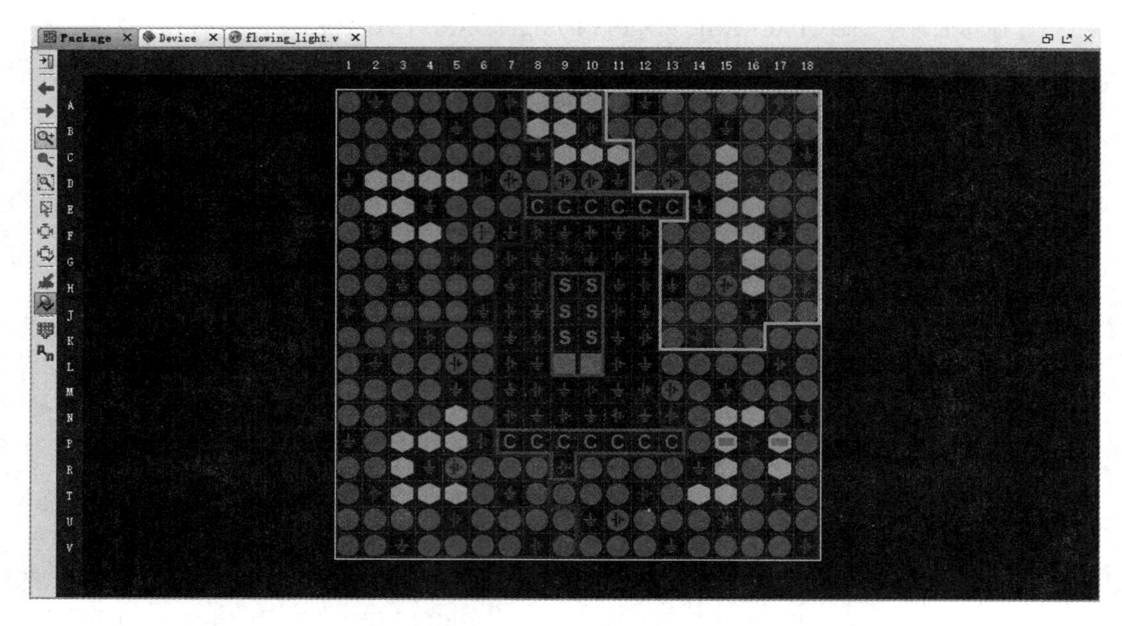

图 3.2.63　Package 窗口

7. 设计实现

在 Flow Navigator 中，单击 Implementation 下的 Run Implementation 选项，开始进行工程的设计实现过程。

8. 生成比特流文件

设计实现完成后，在弹出的对话框中选择 Generate Bitstream 选项，直接进入生成比特流文件过程。

9. 下载比特流文件到 FPGA 中

下载比特流文件到 FPGA 中的具体步骤可参照 3.2.2 节中的第 9. 项，完成对流水灯的比特流文件下载，下载文件如图 3.2.64 所示。

Program Device

Select a bitstream programming file and download it to your hardware device. You can optionally select a debug probes file that corresponds to the debug cores contained in the bitstream programming file.

Bitstream file: D:/flowing_light/flowing_light.runs/impl_1/flowing_light.bit

Debug probes file:

☑ Enable end of startup check

Program　Cancel

图 3.2.64　Program Device 对话框

第 4 章　模拟电子技术基础性实验

实验一　常用电子仪器

一、实验目的

(1) 学习电子电路实验中常用的电子仪器——示波器、函数信号发生器、直流稳压电源、交流毫伏表、数字万用表、综合实验箱等的正确使用方法，并了解其主要技术指标和性能。

(2) 初步掌握用示波器正确观察正弦信号波形的方法，并学会用示波器测量直流电压、正弦波、方波等波形参数的方法。

二、实验原理

在模拟电子电路中，经常使用的电子仪器有示波器、函数信号发生器、直流稳压电源、交流毫伏表、数字万用表等。正确使用这些仪器，可以完成对模拟电子电路的静态和动态参数的测试。

在实验中要对各种电子仪器进行综合使用，可按照信号流向，以“连线简洁，调节顺手，观察与读数方便”等原则进行合理布局。各仪器与被测实验装置之间的布局与连线示意图如图 4.1.1 所示。接线时应注意，为防止外界干扰，各仪器的公共接地端应连接在一起，称为共地。信号源和毫伏表的引线通常使用屏蔽线或专用电缆线，示波器引线使用专用电缆线，直流稳压电源的引线可使用普通导线，一般数字万用表都配有专用表笔。

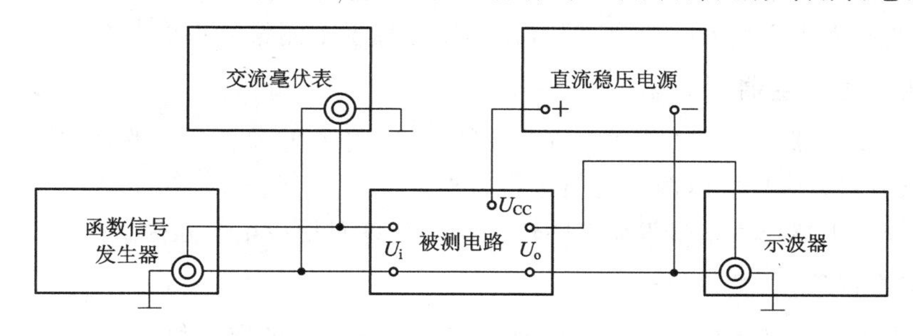

图 4.1.1　模拟电子电路中常用电子仪器布局与连线示意图

1. 双踪示波器

示波器是一种用途很广的电子测量仪器，它既能直接显示电信号的波形，又能对电信号进行各种参数的测量。现着重说明示波器使用中的几个主要步骤：

(1) 打开电源开关。确认电源线已经与示波器连接好后，按下位于示波器顶面的电源开关，示波器开始执行自检，自检要持续几秒钟，之后示波器就可以工作了。

(2) 补偿探头。将探头菜单衰减系数设定为10×，将探头上的开关设定为10×，并将示波器探头与通道1连接。如使用探头的钩形头，应确保与探头接触紧密。将探头端部与探头补偿器的信号输出连接器相连，基准导线夹与探头补偿器的地线连接器相连，打开通道1，然后按AUTO键。检查在示波器屏幕上显示的方波波形，如果所看到的方波形状不正确，这是探头上的微调电容器调整不正确而导致的探头补偿过度或补偿不足，其所显示的波形如图4.1.2所示。使用非金属工具调整探头上的微调电容器，就可以获得最佳补偿的方波波形。在使用示波器前，必须补偿其无源探头，以便使探头与所连接的示波器通道的输入特征匹配。补偿过度或补偿不足的探头都可能导致显著的测量误差。

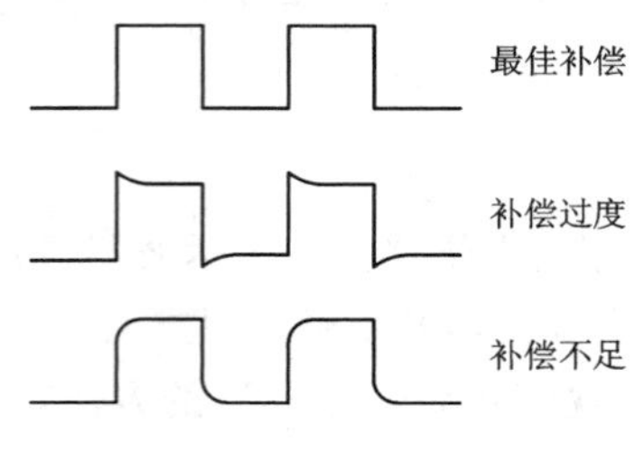

图4.1.2　探头补偿调节

(3) 寻找扫描波形。将输入信号连接到示波器，选择相应的输入通道使其扫描波形显示在屏幕上。如果此时屏幕上没有波形，可以将相应通道的输入接地，适当调节垂直、水平位置旋钮，使扫描波形位于屏幕中央。

适当调节水平控制和垂直控制的定标旋钮及位置旋钮，使屏幕上显示一至两个周期的被测信号波形。

(4) 测量波形参数。如果测量信号的周期及频率，那么 $T=D\times(\mathrm{s/Div})$，而频率 $f(\mathrm{Hz})=1/T$，其中s/Div是水平时基，D 是信号在X轴方向上一个周期所占的格数。如果测量信号的幅值与峰峰值，那么信号峰峰值 $U_{\mathrm{pp}}=H\times(\mathrm{V/Div})$，其中Volts/Div是垂直量程，$H$ 是信号在Y轴方向上的所占的格数。

通过示波器面板上的Measure按钮可以自动测量波形参数。

通过示波器面板上的Cursor按钮可以利用光标手动测量波形的参数。

2. 函数信号发生器

函数信号发生器可产生正弦波、方波、锯齿波、脉冲波及噪声波的基本波形，另外内置有48种任意波形，信号可由两个通道进行输出。

函数信号发生器作为信号源，它的输出端不允许对地或电源短路。

3. 交流毫伏表

交流毫伏表可在其工作频率范围内测量正弦交流电压的有效值。SP1931型数字交流毫伏表可以用来测量100 μV～400 V、－80 dB～＋52.04 dB的交流电压，测量电压的频率范围为5 Hz～3 MHz，接通电源开关后即可进行测量，无需调节量程。

SP1931型数字交流毫伏表设有两个电压输入通道和两路LCD数字显示，可同时对两路不同频率的交流电压进行测量。

4. 数字万用表

数字万用表是最常用的一种测量仪器，VC51型数字万用表可以测量交流电压(频率范

围为 40 Hz～400 Hz)、直流电压、交流电流、直流电流、电阻、三极管的 h_{FE} 值、二极管和三极管的 PN 结及作为测量短路用的蜂鸣器等。VC51 型数字万用表还可以用来测量 20μF 以下的电容器的电容量。

在测量过程中注意，测量电压时量程开关只能置于电压挡。

5. 综合实验箱

综合实验箱具有大量的实验资源可供实验者使用，如图 4.1.3 所示，其中直流稳压电源在实验箱左下角，包含两组直流电源，由其中 3 个插线孔引出＋12 V、GND、－12 V 电压，另外三个插线孔引出＋5 V、GND、－5 V 电压，并设有＋12 V、＋5 V、－5 V、－12 V 电源指示灯；两路直流信号源为手动旋钮电位器控制输出，调节范围为－5 V～＋5V；实验箱上面部分为基本实验单元，比如单管/负反馈两级放大器、差动放大器等，实验箱下面部分是芯片插座及多用器件接插管，可以灵活地接插电容、电阻、三极管等。

图 4.1.3　综合实验箱

三、实验仪器及器件

- DS1052E 型数字示波器；
- DG1022 型双通道函数/任意波形发生器；
- SP1931 型数字交流毫伏表；
- VC51 型数字万用表；
- 模拟电路综合实验箱。

四、实验内容及步骤

1. 显示波形

(1) 启动示波器、函数信号发生器和交流毫伏表，将函数信号发生器的输出设置为正弦波，其频率为 1 kHz、有效值为 1 V，并将信号通过专用电缆与示波器的 CH1(或 CH2)通道接通，用交流毫伏表测量并验证函数信号发生器的输出电压幅度(有效值)为 1 V。调节示波器的各个旋钮至相应位置，使示波器上显示出一个或几个周期的稳定清晰 的正弦波。

(2) 在示波器通道菜单中将 Y 轴输入耦合方式分别换接在“直流”“交流”和“接地”上，观察波形的变化。

2. 测量正弦波电压的频率和周期

改变函数信号发生器的输出频率为 100 Hz、1 kHz、10 kHz、100 kHz，输出电压有效值仍为 1 V。在示波器上读取波形一周期在 X 轴方向所占的格数 D，即可得到正弦电压的周期 $T=D\times(\text{s/Div})$ (参见图 4.1.4)，而频率 $f(\text{Hz})=1/T$。

3. 测量交流电压和直流电压

(1) 交流电压测量。仍然使函数信号发生器的输出电压频率为 100 Hz、1 kHz、10 kHz、100 kHz，输出电压有效值为 1 V。读取波形一周期在 Y 轴方向所占的格数 H (参看图 4.1.4)，即可得到正弦波电压的峰峰值 U_{pp}，即 $U_{pp}=H\times(\text{V/Div})$。用所测得的峰峰值电压 U_{pp} 与用交流毫伏表测量的有效值电压 U_{rms} 进行比较，则电压有效值与峰峰值之间的关系为

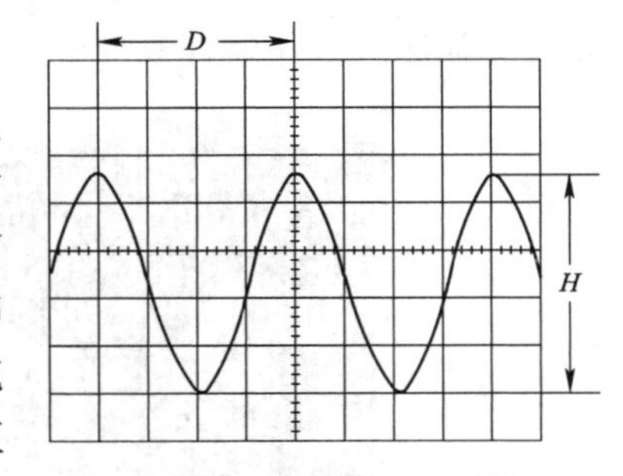

图 **4.1.4** 交流电压测量

$$U_{rms}=U_{pp}/2\sqrt{2}$$

将以上用示波器测量得到的结果及用交流毫伏表测量的电压值记录在表 4.1.1 中。

表 4.1.1 正弦波交流电压的频率、周期和有效值测量记录

正弦信号电压频率	示波器测量值				交流毫伏表测量值/V
	周期/ms	频率/Hz	峰峰值/V	有效值/V	
100 Hz					
1 kHz					
10 kHz					
100 kHz					

(2) 直流电压测量。将模拟电路实验仪上的+12 V 直流电压与示波器的 CH1(或 CH2)通道接通，将 Y 轴输入耦合方式置于“直流”，调节 Y 轴位移使时基线在一个合适的位置上，读取波形偏移通道地(GROUND)的标识的垂直距离 Y(参看图 4.1.5)，即可得到直流电压值 U，即 $U=Y\times(\text{V/Div})$。此时，示波器垂直系统的 SCALE 旋钮应置于“粗调”状态。将测量

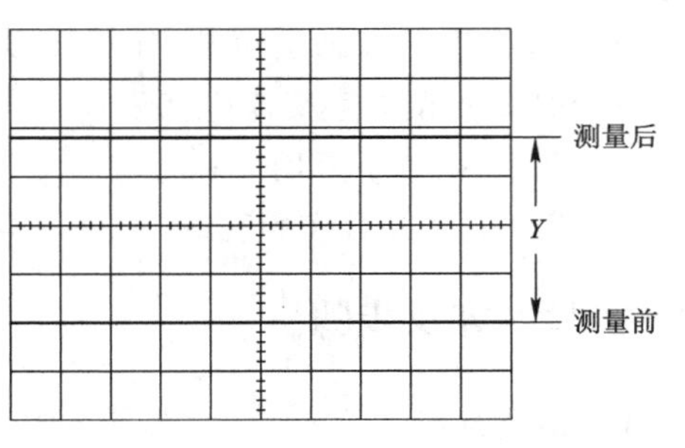

图 4.1.5 直流电压测量

值记录于表 4.1.2 中。

表 4.1.2　直流电压及相位差测量记录

直流电压 U(标准值 U=12 V)		相位差 φ	
Y		X	
V/Div		X_T	
U		φ	

4. 两波形间相位差测量

在实验仪上找到 R、C，连接成图 4.1.6 所示的实验电路，调节函数信号发生器的输出信号频率 f=1 kHz，经 RC 移相网络获得频率相同但相位不同的两路信号 u_i 和 u_o，将两个信号分别加至示波器的 CH1 和 CH2 通道。调节示波器垂直系统的 POSITION 旋钮使两通道的通道标识的基线重合。CH1 和 CH2 输入耦合方式为“交流”，调节示波器相应旋钮，使屏幕上显示出易于观察的两个幅度相同、相位不同的正弦波形 u_i 和 u_o，如图 4.1.7 所示。根据两波形在水平方向所差格数 X 及信号周期所占格数 X_T，则可求得两波形相位差 φ。将测量值记录于表 4.1.2 中并计算 φ。

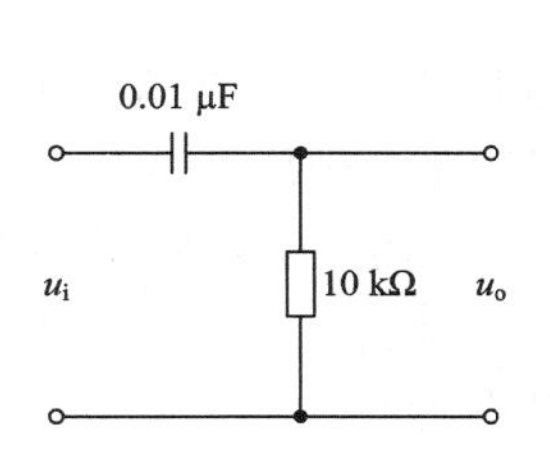

图 4.1.6　相位差测量电路

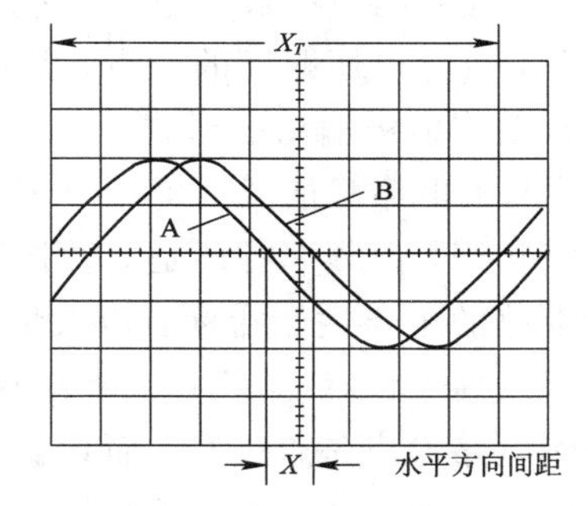

图 4.1.7　相位差测量

相位差 φ 的计算方法为

$$\varphi=\frac{X(\text{Div})}{X_T(\text{Div})}\times 360^\circ$$

五、预习报告要求

认真阅读所用实验仪器的使用说明及使用注意事项，初步掌握使用方法。

六、思考题

(1) 用示波器观察信号波形时，要达到下列要求，应调节哪些旋钮？

① 波形清晰；② 波形稳定；③ 改变示波器屏幕上可视波形的周期数及可视波形的幅度。

(2) 现有一正弦信号，其 U_{pp}=3 V，f=1 kHz，若想在示波器屏幕上显示 5 个完整周期的正弦电压波形，高度为 6 格(Div)。问：示波器水平时基旋钮(s/Div)、垂直量程旋钮(V/Div)各应置于什么挡位？

实验二　晶体管共射极单管放大器

一、实验目的

(1) 学会放大器静态工作点的调试方法，分析静态工作点对放大器性能的影响。

(2) 掌握放大器电压放大倍数 A_u、输入电阻 R_i、输出电阻 R_o 及最大不失真输出电压的测试方法。

(3) 熟悉常用电子仪器及模拟电路实验仪器的使用方法。

二、实验原理

晶体管单级放大电路有 3 种基本接法，即共射极电路、共集极电路、共基极电路。3 种基本接法的特点分别为：

(1) 共射极电路既能放大电流又能放大电压，输入电阻在 3 种电路中居中，输出电阻大，频带较窄，常作为低频电压放大电路的单元电路。

(2) 共集极电路只能放大电流不能放大电压，是 3 种接法中输入电阻最大、输出电阻最小的电路，具有电压跟随的特点，常用于电压放大电路的输入级和输出级，在功率放大电路中也常采用射极输出的形式。

(3) 共基极电路只能放大电压不能放大电流，输入电阻小，电压放大倍数和输出电阻与共射电路相当，但频率特性是 3 种接法中最好的，常用于宽频带放大器。

放大电路的主要性能指标有放大倍数、输入电阻、输出电阻、通频带等。而保证基本放大电路处于线性工作状态(不产生非线性失真)的必要条件是设置合适的静态工作点 Q。Q 点不但影响电路输出是否失真，而且直接影响放大器的动态参数。

本实验所采用的放大电路为电阻分压式工作点稳定的单管放大电路(图 4.2.1)。它的偏置电路采用 R_{B1} 和 R_{B2} 组成分压电路，因此基极电位 U_B 几乎仅决定于 R_{B1} 与 R_{B2} 对 U_{CC} 的分压，而与环境温度的变化无关；同时，三极管的发射极中接有电阻 R_E，它将输出电流 I_C 的变化引回到输入回路来影响输入量 U_{BE}，以达到稳定静态工作点的目的。当放大器的输入端加入输入信号 u_i 后，在放大器的输出端便可以得到一个与 u_i 相位相反、幅值被放大了的输出信号 u_o，从而实现电压放大。

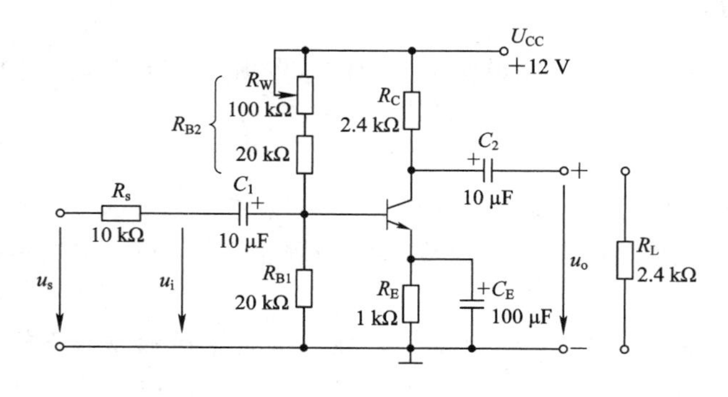

图 4.2.1　分压式共射极单管放大电路

1. 静态工作点估算

三极管基极的电压为

$$U_{B} \approx \frac{R_{B1}}{R_{B1}+R_{B2}} U_{CC} \tag{4-2-1}$$

U_{BE} 为三极管的特性参数，一般取 0.7 V，且发射极电流与集电极电流相似，三极管发射极电流为

$$I_{E}=\frac{U_{B}-U_{BE}}{R_{E}} \approx I_{C} \tag{4-2-2}$$

三极管集电极与发射极的压差为

$$U_{CE} \approx U_{CC}-I_{C}(R_{C}+R_{E}) \tag{4-2-3}$$

由上述分析可知，通过调节可变电阻 R_{W}，就可以改变三极管的静态工作点，改变 R_{W} 的阻值为 50 kΩ 和 70 kΩ，则 R_{B2} 的阻值为 70 kΩ 和 90 kΩ，利用 Multisim 软件对图 4.2.1 中的电路进行直流分析仿真，结果如图 4.2.2 和图 4.2.3 所示。其中 V(1)～V(N)的电压值为对应电路图中网络节点电压，N 为网络节点。

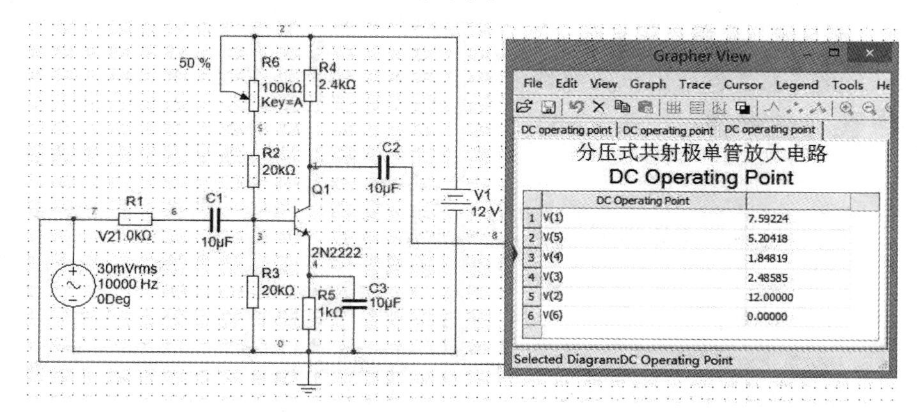

图 4.2.2　分压式共发射极单管放大电路直流分析仿真结果(R_{W} 为 50 kΩ)

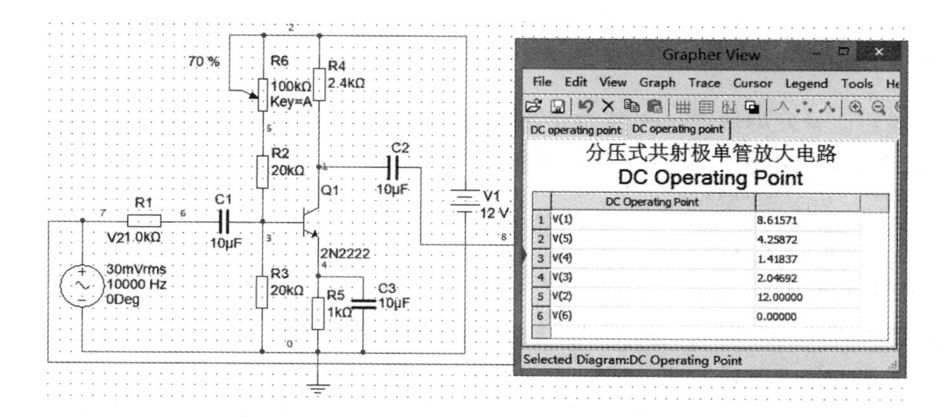

图 4.2.3　分压式共发射极单管放大电路直流分析仿真结果(R_{W} 为 70 kΩ)

从图 4.2.3 中可以看出，改变 R_W 的电阻值，可以改变静态工作点。

注意：测量放大器的静态工作点时，应在输入信号 $u_i=0$ 的条件下进行。

2. 电压放大倍数

放大电路的电压放大倍数为输出信号电压幅度与输入信号电压幅度的比值。使用函数信号发生器产生正弦波作为输入信号 U_{in}，利用示波器测量输出信号 U_{out} 的电压幅值，代入下式即可得到电压放大倍数：

$$A_u=\frac{U_{out}}{U_{in}} \tag{4-2-4}$$

3. 输入、输出电阻

放大器的输入电阻测量原理图如图 4.2.4 所示。

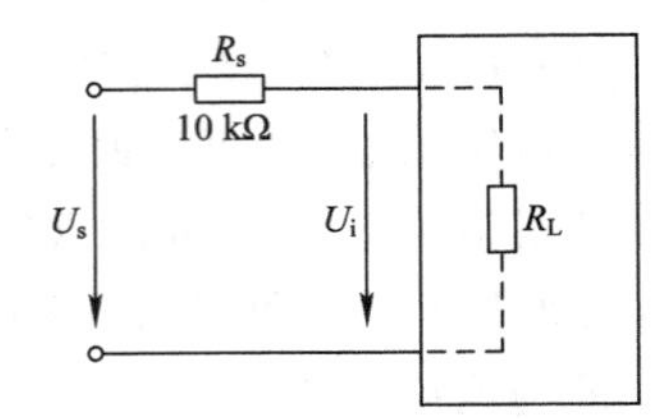

图 4.2.4　放大器输入电阻测量原理图

使用函数信号发生器产生正弦波作为 U_s，然后使用交流毫伏表测量 U_i 的值，代入下式即可求得输入电阻的值：

$$R_i=\frac{U_i}{U_s-U_i}R_i \tag{4-2-5}$$

放大器的输出电阻测量原理图如图 4.2.5 所示。

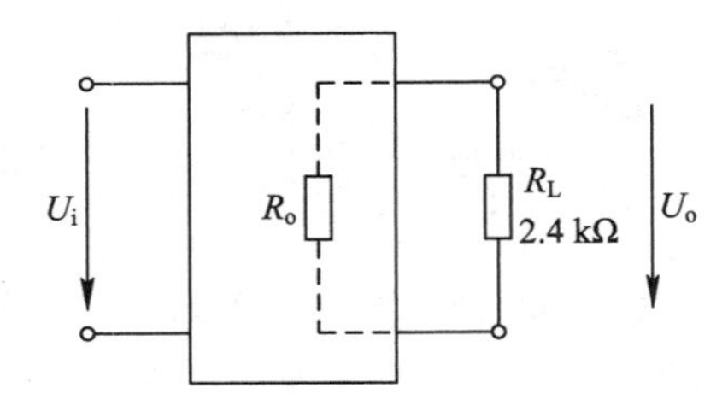

图 4.2.5　放大器输出电阻测量原理图

使用函数信号发生器产生正弦波作为 U_i，先测量空载情况下输出电压 U_o，再测量带 2.4 kΩ 负载下输出电压 U_L，代入下式即可求得输出电阻的值：

$$R_o=\left(\frac{U_o}{U_L}-1\right)R_L \tag{4-2-6}$$

4. 幅频特性曲线

单管放大电路的频率响应用于描述放大电路对不同频率信号的适应能力。耦合电容和旁路电容使放大器低频段的放大倍数数值下降，且产生超前相移；晶体管的极间电容使放大器高频段的放大倍数数值下降，并产生滞后相移。放大器的幅频特性是指放大器的增益与输入信号频率之间的关系曲线。单管阻容耦合放大电路幅频特性如图 4.2.6 所示，A_{um}

为中频电压放大倍数，通常规定电压放大倍数随频率变化下降到中频电压放大倍数的 $1/\sqrt{2}$ 时，即 $0.707A_{um}$ 所对应的频率分别为下限频率 f_L 和上限频率 f_H，则通频带为 $f_{BW}=f_H-f_L$。图 4.2.7 为放大器幅频特性仿真图。

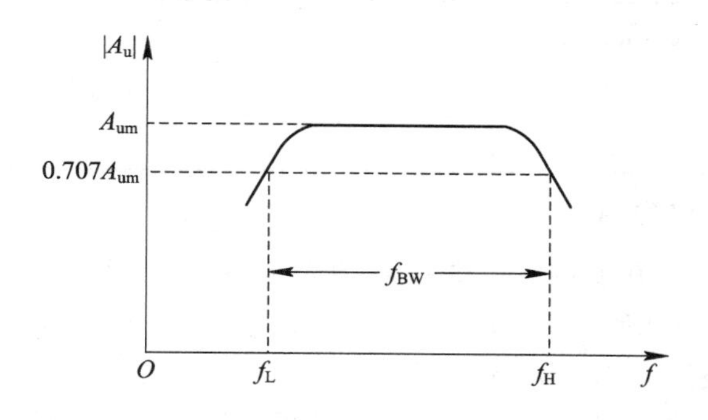

图 4.2.6　幅频特性

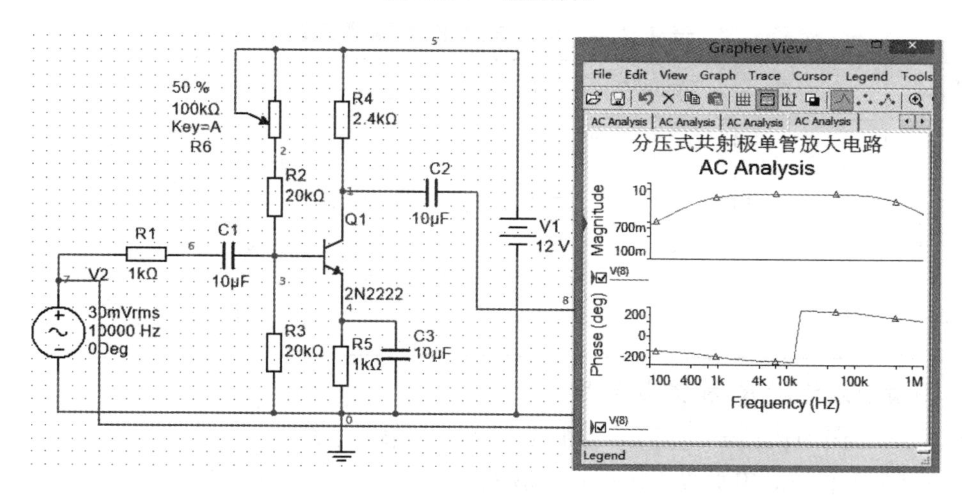

图 4.2.7　放大器幅频特性仿真图

注意： 测量放大器的动态指标时，应在输出电压 u_o 不失真的条件下进行。

三、实验仪器及器件

- DS1052E 型数字示波器；
- DG1022 型双通道函数/任意波形发生器；
- SP1931 型数字交流毫伏表；
- VC51 型数字万用表；
- 模拟电路综合实验箱。

四、实验内容及步骤

1. 测量静态工作点

在模拟电路综合实验箱上找到单管放大器的实验电路，使 $u_i=0$，接通 $+12$ V 电源，调

节 R_W 使 I_C=2.0 mA(即 U_E=2 V)，用数字万用表的直流电压挡测量 U_B、U_E、U_C。将以上测量值记入表 4.2.1 中。

表 4.2.1　静态工作点测量记录

测量值			计算值	
U_B/V	U_E/V	U_C/V	U_{BE}/V	U_{CE}/V

2. 测量电压放大倍数 A_u

保持 I_C=2.0 mA，采用函数信号发生器，在放大器的 u_s 端输入 $u_{s\,rms}$=50 mV(如输出波形出现失真，可适当减小此值，直至失真消失为止)、f=10 kHz 的正弦信号，同时用示波器观察记录 u_i 和 u_o 的波形，在输出波形不失真的条件下，用交流毫伏表测量不同 R_C 和 R_L 时的 U_i、U_o 值，计算放大倍数 A_u，并记录 u_i、u_o 的相位关系。将以上测量值记入表 4.2.2 中。

表 4.2.2　电压放大倍数测量记录

R_C/kΩ	R_L/kΩ	U_i/mV	U_o/V	A_u	记录波形
2.4	∞				u_i (O, t)
2.4//2.4	∞				
2.4	2.4				u_o (O, t)

3. 测量输入电阻 R_i 和输出电阻 R_o

使 R_C=2.4 kΩ，R_L=∞，I_C=2.0 mA，在 u_s 端输入 f=10 kHz 的正弦信号，在输出波形不失真的条件下，用交流毫伏表测量输入电压 U_s、U_i 和输出电压 U_o。

保持输出电压 U_o 数值不变，接入负载电阻 R_L=2.4 kΩ，测量此时带负载的输出电压 U_L，记入表 4.2.3 中。

表 4.2.3　输入电阻 R_i 和输出电阻 R_o 测量记录

U_s/mV	U_i/mV	R_i/kΩ		U_L/V	U_o/V	R_o/kΩ	
		测量值	理论值			测量值	理论值

根据以上测量值计算输入电阻 R_i 和输出电阻 R_o，并与理论值比较。

4. 测量最大不失真输出电压 U_{opp}

使 R_C=2.4 kΩ，R_L=2.4 kΩ，在放大器的 u_s 端输入频率 f=10 kHz 的正弦信号，用示波器观察输出端 u_o 的波形，调节输入信号的幅度，并同时调节电位器 R_W(改变静态工作点)，当输出波形同时出现削底和削顶现象时(如图 4.2.8 所示)，说明静态工作点已调在交流负载线的中点。然后反复调整输入信号 u_s 的大小，在输出波形幅度最大且无明显失真时，用交流

毫伏表测量此时的 u_o，即为最大不失真输出电压 U_{omax}，则动态范围为 $U_{opp}=2\sqrt{2}u_{omax}$；再用示波器直接测量 U_{opp}(峰峰值)。同时，测量集电极电流 I_C、输入允许最大电压 U_{im}。将以上测量结果记入表 4.2.4 中。

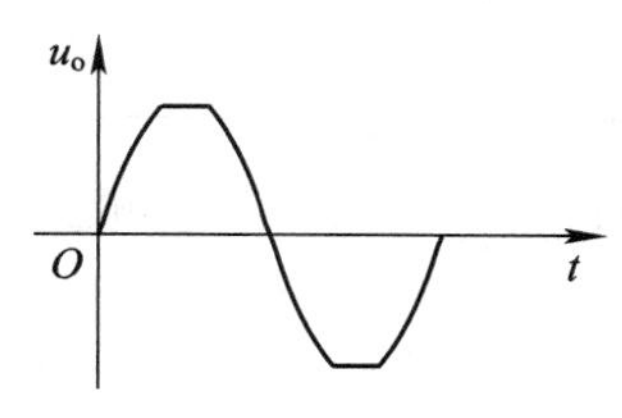

图 4.2.8　静态工作点正常，输入信号过大引起的失真

表 4.2.4　最大不失真输出电压测量记录

I_C/mA	U_{im}/mV	U_{omax}/V	U_{opp}/V

5. 观察静态工作点对输出波形失真的影响

使 $R_C=2.4\ \text{k}\Omega$，$R_L=\infty$，$I_C=2.0\ \text{mA}$，在放大器的 u_s 端输入频率 $f=10\ \text{kHz}$ 的正弦信号，用示波器观察输出端 u_o 的波形，然后逐步加大 u_s 的幅度，使输出电压 u_o 足够大但不失真。保持输入信号 u_s 不变，分别增大和减小 R_W 之值(可根据电流 I_C 的大小判断)，使输出波形出现明显失真；描绘两种失真波形，记录相应的 I_C($I_C\approx I_E=U_E/R_E$)和 U_{CE} 值，将测试结果记入表 4.2.5 中。

表 4.2.5　静态工作点对输出波形失真的影响测量记录

R_W	I_C/mA	U_{CE}/V	输出波形 u_o	三极管工作状态
R_W 增大			u_o O t	
R_W 减小			u_o O t	

6. 测量幅频特性曲线

使 $R_C=2.4\ \text{k}\Omega$，$R_L=\infty$，$I_C=2.0\ \text{mA}$，在放大器的 u_s 端输入 $f=10\ \text{kHz}$ 的正弦信号，用示波器观察，输出波形不失真，用交流毫伏表测量并记录相应的输出电压 u_o；改变输入信号的频率，记录不同频率时所对应的输出电压，分别找出 f_L、f_H，将结果记录于表 4.2.6 中，然后根据所测数据绘出幅频特性曲线。

表 4.2.6　幅频特性曲线测量记录

f	f_L/kHz	f_1/kHz	f_2/kHz	f_3/kHz	f_4/kHz	f_H/kHz
u_o/V						

注意：为了保证曲线的准确性，在 f_L、f_H 附近测量点应密集一些。

五、预习报告要求

熟悉单管共射极放大器的工作原理并计算静态工作点、输入电阻及输出电阻的理论值。

六、思考题

(1) 调节偏置电阻 R_{B2}，放大器输出波形出现饱和或截止失真时，晶体管的管压降 U_{CE} 将怎样变化？

(2) 改变静态工作点，对放大器的输入电阻 R_i 有无影响？改变外接电阻 R_L，对输出电阻 R_o 有无影响？

实验三　负反馈放大器

一、实验目的

(1) 加深理解负反馈对放大器性能的影响。

(2) 掌握反馈放大电路开环与闭环特性参数的测试方法。

二、实验原理

在电子电路中，将输出量(输出电压或输出电流)的一部分或全部通过一定的电路形式，作用到输入回路，用来影响其输入量(放大电路的输入电压或输入电流)的措施称为反馈。若反馈的结果使输出量的变化(或净输入量)减小，则称之为负反馈。负反馈在电子电路中有着非常广泛的应用。虽然它使放大器的放大倍数减小了，但能在多方面改善放大器的动态指标，如稳定放大倍数，改变输入、输出电阻，减小非线性失真和展宽通频带等。因此，几乎所有的实用放大器都带有负反馈。

根据输出端采样方式和输入端比较方式的不同，可以把负反馈放大器分为 4 种基本组态，即电压串联、电压并联、电流串联、电流并联。本实验以两级电压串联负反馈为例，分析负反馈对放大器各项性能指标的影响。

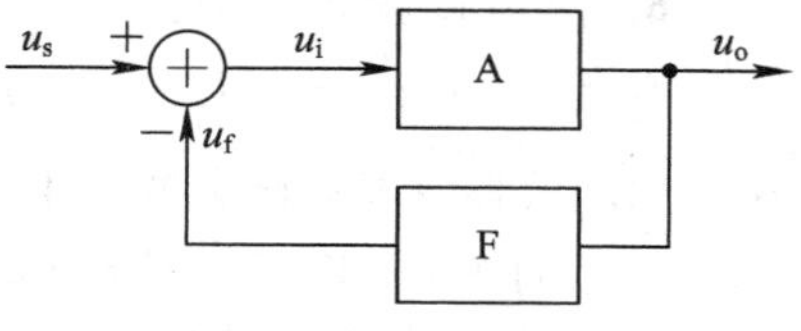

1. 负反馈对放大倍数的影响

如果基本放大器(未加入负反馈)的输入信号为 u_s，加入负反馈后放大器的输入信号为 u_i，反馈电压为 u_f，输出电压为 u_o，如图 4.3.1 所示，那么

图 4.3.1　负反馈放大器框图

$$u_i = u_s - u_f \tag{4-3-1}$$

$$u_s = u_i + u_f \tag{4-3-2}$$

$$u_f = F u_o \tag{4-3-3}$$

其中，$F=\dfrac{u_f}{u_o}$称为反馈系数。若基本放大器的放大倍数为 A_u，则

$$A_f = \frac{u_o}{u_s} = \frac{u_o}{u_i + u_f} = \frac{u_o}{u_o/A_u + F u_o} = \frac{u_o}{u_o(1/A_u + F)} = \frac{A_u}{1 + A_u F} \tag{4-3-4}$$

$1+A_uF$ 是反映放大器反馈强弱的重要物理量，称为反馈深度。那么我们可以看出，引入负反馈后，放大器的闭环放大倍数是开环放大倍数的$\dfrac{1}{1+A_uF}$倍，并且$|1+A_uF|$越大，放大倍数降低得越多。

2. 负反馈可提高放大倍数的稳定性

晶体管参数等因素的变化都会使放大器的放大倍数发生变化，引入负反馈后可使这种变化相对变小。如果 $A_uF \gg 1$，则 $A_{uf} \approx \dfrac{1}{F}$，由此可知，深度负反馈时放大器的放大倍数是由反馈网络决定的，与原放大器的放大倍数无关。

为了说明放大器的放大倍数随外界变化的情况，通常用放大倍数的相对变化量来评价其稳定性，若对 $A_f=\dfrac{A_u}{1+A_uF}$进行微分，可得

$$\frac{dA_f}{dA_u} = \frac{1}{(1 + A_u F)^2} = \frac{A_u}{1 + A_u F} \times \frac{1}{A(1 + A_u F)} = \frac{A_f}{A(1 + A_u F)} \tag{4-3-5}$$

于是得

$$\frac{\Delta A_f}{A_f} = \frac{\Delta A_u}{A} \times \frac{1}{1 + A_u F} \tag{4-3-6}$$

可以看出，加入负反馈使放大倍数的相对变化量为无反馈时的$\dfrac{1}{1+A_uF}$。因此，负反馈提高了放大器放大倍数的稳定性，而且反馈愈深，放大倍数的稳定性愈好。

3. 负反馈可展宽放大器的通频带

关于阻容耦合放大器的幅频特性，在中频区放大倍数较高，在高频和低频区放大倍数较低；引入反馈后，放大器的闭环放大倍数是无反馈时的$\dfrac{1}{1+A_uF}$，放大器闭环时的上限和下限截止频率分别为

$$f_{Hf} = |1 + A_u F| f_H \tag{4-3-7}$$

$$f_{Lf} = \frac{f_L}{|1 + A_u F|} \tag{4-3-8}$$

所以，引入反馈后，f_{Hf} 向高频端扩展了$|1+A_uF|$倍，f_{Lf} 向低频端扩展了$|1+A_uF|$倍。

4. 负反馈对输入、输出阻抗的影响

不同的反馈形式对阻抗的影响是不一样的。一般串联负反馈可以增大输入阻抗，并联负反馈可以减小输入阻抗；电压负反馈将减小输入阻抗，电流负反馈将增大输出阻抗。它们增加和减小的程度与反馈深度 $1+A_uF$ 有关，一般输入阻抗比基本放大器增大 $1+A_uF$

倍，输出阻抗降为基本放大器的 $1/(1+A_uF)$。

输入电阻 R_{if}：

$$R_{if}=(1+A_uF)R_i \tag{4-3-9}$$

输出电阻 R_{of}：

$$R_{of}=\frac{R_o}{1+A_uF} \tag{4-3-10}$$

5. 电路仿真分析

如图 4.3.2 所示，这是一个带有负反馈的两级阻容耦合放大电路。在电路中通过 R_f 把输出电压 u_o 引回到输入端，加在晶体管 VT_1 的发射极上，在发射极电阻 R_{F1} 上形成反馈电压 u_f。根据反馈的判断法可知，它属于电压串联负反馈。

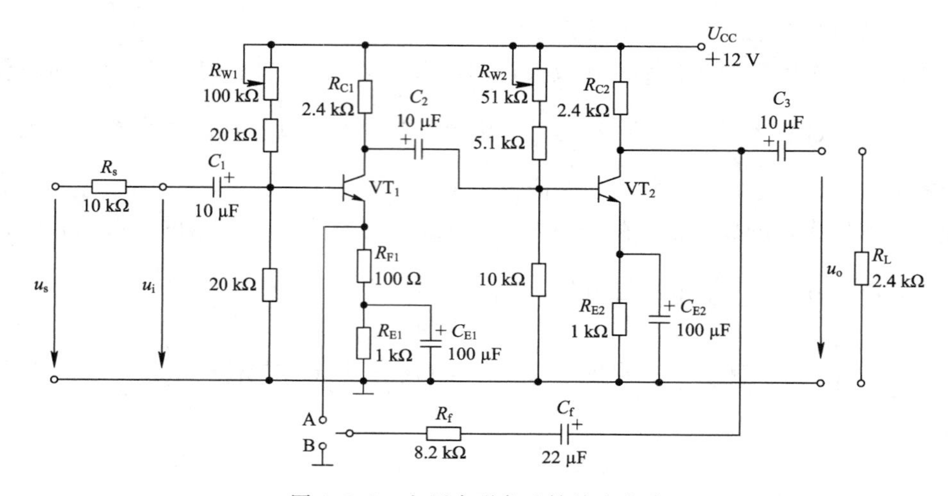

图 4.3.2　电压串联负反馈放大电路

利用 Multisim 仿真软件对电路进行仿真，使 $u_s=20$ mV(有效值)，$f=10$ kHz，观察接入反馈(图 4.3.2 开关接 A)与不接入反馈(图 4.3.2 开关接 B)时输出信号的变化，仿真结果如图 4.3.3(a)、图 4.3.3(b)所示。

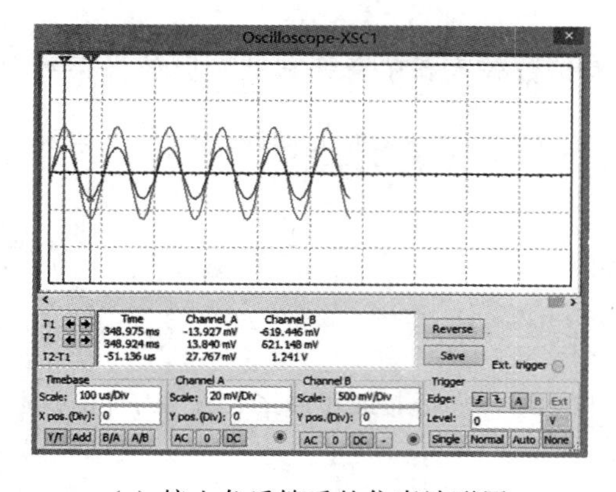

(a) 接入负反馈后的仿真波形图

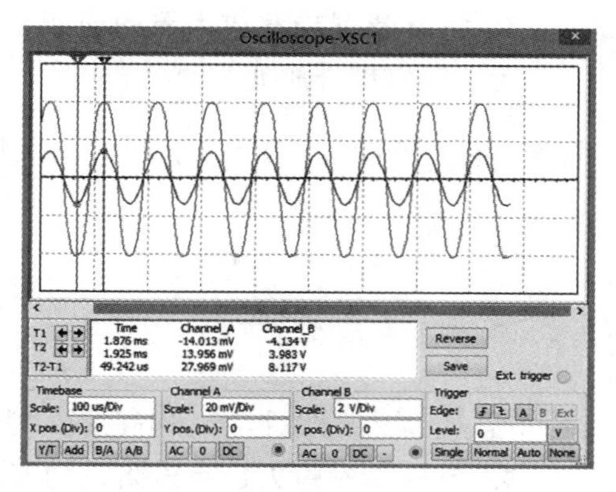

(b) 未接负反馈的仿真波形图

图 4.3.3　仿真波形图

从图 4.3.3 可以看出接入负反馈后电压放大倍数相对于开环放大器有明显降低。

三、实验仪器及器件

- DS1052E 型数字示波器；
- DG1022 型双通道函数/任意波形发生器；
- SP1931 型数字交流毫伏表；
- VC51 型数字万用表；
- 模拟电路综合实验箱。

四、实验内容及步骤

1. 静态工作点的测量

在模拟电路综合实验箱上选择负反馈放大电路，接通 $U_{CC}=+12$ V，使放大器的输入电压 $u_i=0$，用数字万用表的直流电压挡分别测量第一、二级的静态工作点，为使放大器处于放大状态，$I_{C1}=I_{C2}=2$ mA，记入表 4.3.1 中。

表 4.3.1　静态工作点测量记录

测量值				计算值		
静态值	U_B/V	U_E/V	U_C/V	U_{BE}/V	U_{CE}/V	I_C/mA
第一级						2
第二级						2

2. 基本放大电路的测量

(1) 测量中频电压放大倍数 A_u、输入电阻 R_i 和输出电阻 R_o。将负反馈放大电路改接成图 4.3.4 所示的基本放大电路，$R_L=\infty$，在 u_s 端加入 $f=10$ kHz 的正弦信号(u_s 的大小应在输出不失真的前提下尽可能大)，用示波器观察输出波形 u_o，在 u_o 不失真的条件下，用交流毫伏表测量 U_s、U_i 和 U_o。

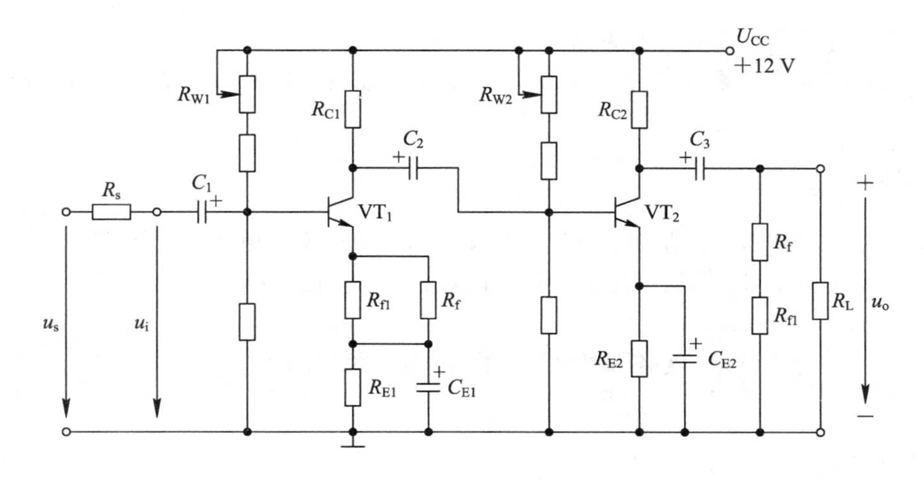

图 4.3.4　基本放大电路

接入负载电阻 $R_L=2.4\ \text{k}\Omega$，测量输出电压 U_L。将以上测量结果记入表 4.3.2 中，计算基本放大器的放大倍数 A_u、输入电阻 R_i 和输出电阻 R_o。

表 4.3.2　基本放大电路与反馈放大电路动态测量记录

测量及计算值			基本放大电路	反馈放大电路
测量值	电压	U_s/mV		
		U_i/mV		
		U_L/V		
		U_o/V		
	频率	f_{Hf}/kHz		
		f_{Lf}/Hz		
		Δf/kHz		
计算值	放大倍数	$A_u(A_{uf})$		
	输入电阻	$R_f(R_{if})$/kΩ		
	输出电阻	$R_o(R_{of})$/kΩ		

(2) 测量通频带。在上述条件下(即保持输出波形无失真)，增加和减小输入信号的频率，找出上限频率 f_H、下限频率 f_L，计算通频带 Δf，记入表 4.3.2 中。

3. 负反馈放大电路的测量

(1) 测量负反馈电压放大倍数 A_{uf}、输入电阻 R_i 和输出电阻 R_o。将实验电路恢复为图 4.3.1 所示的电压串联负反馈放大电路，在 u_s 端加入 $f=10$ kHz 的正弦信号，在输出波形不失真的条件下，测量负反馈放大器的 U_s、U_i、U_o 及 U_L，记入表 4.3.2 中，计算负反馈放大器的放大倍数 A_{uf}、输入电阻 R_{if} 和输出电阻 R_{of}。

(2) 测量 f_{Hf}、f_{Lf}，记入表 4.3.2 中，与无反馈时比较。

五、预习报告要求

(1) 预习有关负反馈放大器的内容。

(2) 估算基本放大器的 A_u、R_i 和 R_o；估算负反馈放大器的 A_{uf} 和 R_{of}，并验算它们之间的关系。

六、思考题

(1) 列表比较基本放大器和负反馈放大器动态参数的实测值和理论估算值。

(2) 根据实验结果，总结电压串联负反馈对放大器性能的影响。

实验四　差分放大电路

一、实验目的

(1) 加深对差分放大器性能及特点的理解。

(2) 学习差分放大器主要性能指标的测试方法。

二、实验原理

差分放大电路是模拟电路基本单元电路之一，是直接耦合放大电路的最佳电路形式，具有放大差模信号、抑制共模干扰信号和零点漂移的功能。图 4.4.1 是差分放大电路的基本结构。它由两个元件参数相同的基本共射极放大电路组成。当开关 S 拨向 C 时(S 接 R_E)，构成典型的差分放大器。调零电位器 R_W 用来调节 VT_1、VT_2 管的静态工作点，使得输入信号 $u_i=0$ 时，双端输出电压 $u_o=0$。R_E 为两管共用的发射极电阻，它对差模信号无反馈作用，因此不影响差模电压放大倍数，但对共模信号有较强的负反馈作用，故可以有效地抑制零漂，稳定静态工作点。

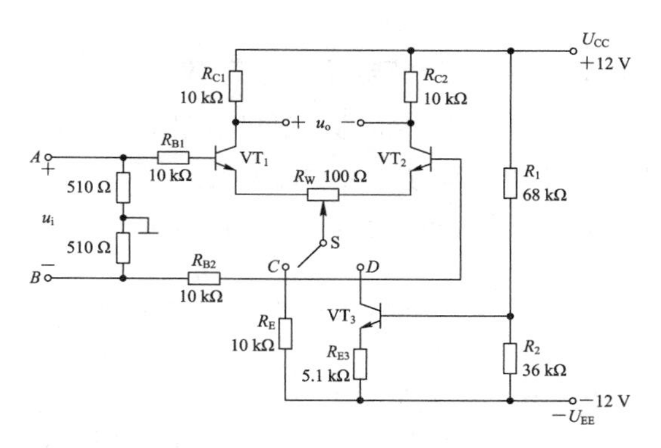

图 4.4.1 差分放大电路的基本结构

当开关拨向 D 时(S 接 VT_3)，构成具有恒流源的差分放大器，VT_3 代替 R_E，VT_3 的交流等效电阻 r_{CE3} 远远大于 R_E 的电阻，可以进一步提高差分放大器对共模信号的抑制能力。

当差分放大器的电路结构对称，元件参数和特性相同时，两个三极管集电极的直流电位相同。但在实验过程中，由于三极管特性和电路参数不可能完全对称，导致差分放大电路在输入信号为零时双端输出却不为零。故需要对差分放大电路进行零点调节。

当 VT_1、VT_2 的基极分别接入幅度相等、极性相反的差模信号时，两管发射极产生大小相等、方向相反的变化电流。当两个电流同时流过发射极电阻 R_E(S 拨向 C)时，其作用互相抵消，即 R_E 中没有差模信号电流流过。但对 VT_1、VT_2 而言，一个管子集电极电流增大，另一个管子集电极电流减小，于是两管集电极之间的输出电压就得到被放大了的差模输出电压。

当共模信号作用于电路时，VT_1、VT_2 的发射极电流的变化量相等，显然，R_E 上电流的变化量为 $2\Delta I_E$，由此而引起的 R_E 上的电压变化量 Δu_E 的变化方向与输入共模信号的变化方向相同，使 B－E 间的电压变化方向与之相反，导致基极电流变化，从而抑制了集电极电流的变化。

集成运算放大器几乎都采用差分放大器作为输入级。这种对称的电压放大器有两个输入端和两个输出端，根据电路的结构可分为双端输入双端输出、双端输入单端输出、单端输入双端输出及单端输入单端输出。若电路参数完全对称，则双端输出时的共模电压放大倍数 $A_c=0$，共模抑制比 K_{CMR} 越大，说明电路抑制共模信号的能力越强。

1. 静态工作点的估算

典型电路(S 接 R_E)：

$$I_E=\frac{|U_{EE}|-U_{BE}}{R_E}\quad (\text{认为 } U_{B1}=U_{B2}\approx 0) \tag{4-4-1}$$

$$I_{C1}=I_{C2}=\frac{1}{2}I_E \tag{4-4-2}$$

恒流源电路(S 接 VT_3)：

$$I_{C3}\approx I_{E3}\approx\frac{\dfrac{R_2}{R_1+R_2}\times(U_{CC}+|U_{EE}|)-U_{BE}}{R_{E3}} \tag{4-4-3}$$

$$I_{C1}=I_{C2}=\frac{1}{2}I_{C3} \tag{4-4-4}$$

2. 差模、共模电压放大倍数

当差分放大电路的发射极电阻 R_E 足够大，或采用恒流源时，差模电压放大倍数由输出方式决定，而与输入方式无关。

双端输出：$R_E=\infty$，R_W 在中心位置，则

$$A_d=\frac{\Delta u_o}{\Delta u_i}=-\beta\frac{R_C}{R_{B1}+r_{be}+\frac{1}{2}(1+\beta)R_W} \tag{4-4-5}$$

单端输出：

$$A_{d1}=\frac{\Delta u_{C1}}{\Delta u_i}=\frac{1}{2}A_d \tag{4-4-6}$$

$$A_{d2}=\frac{\Delta u_{C2}}{\Delta u_i}=-\frac{1}{2}A_d \tag{4-4-7}$$

当输入共模信号时，若为单端输出，则有

$$A_{c1}=A_{c2}=\frac{\Delta u_{C1}}{\Delta u_i}=\frac{\Delta u_{C2}}{\Delta u_i}=-\beta\frac{R_C}{R_{B1}+r_{be}+(1+\beta)\left(\frac{1}{2}R_W+2R_E\right)}\approx\frac{R_C}{2R_E} \tag{4-4-8}$$

若为双端输出，在理想情况下：

$$A_c=\frac{\Delta u_o}{\Delta u_i}\approx 0 \tag{4-4-9}$$

实际上由于元件不可能完全对称，因此 A_c 也不会绝对等于零。

使用 Multisim 软件对图 4.4.1 恒流源电路(S 接 VT_3)进行仿真，输入 $u_{irms}=100$ mV、$f=100$ Hz 的正弦波信号，如图 4.4.2 所示，对此电路进行仿真，得到单端输出和双端输出的仿真结果，如图 4.4.3 所示。

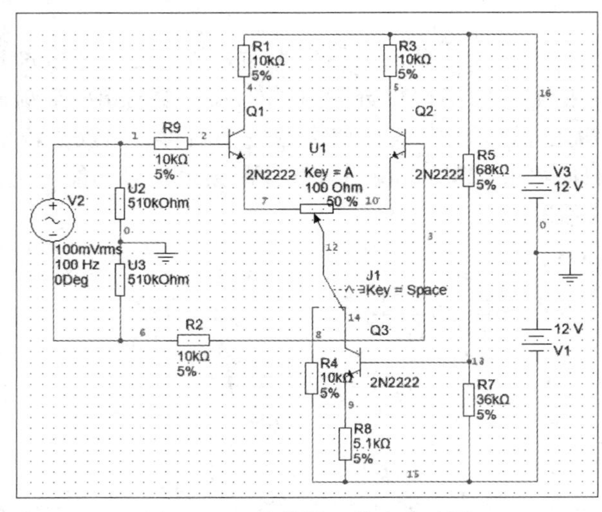

图 4.4.2　差模输入仿真电路图

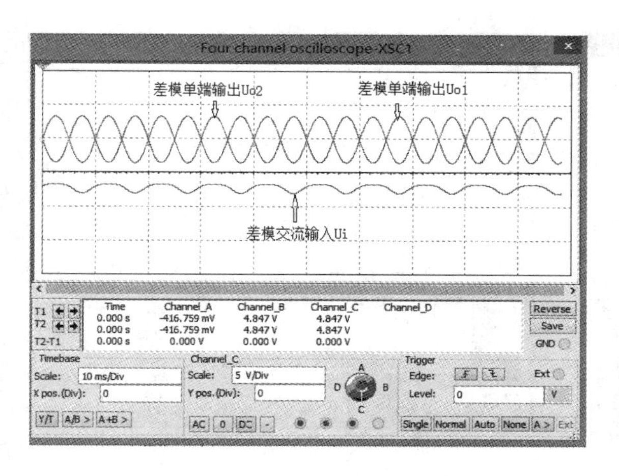

(a) 差模输入单端输出仿真结果图

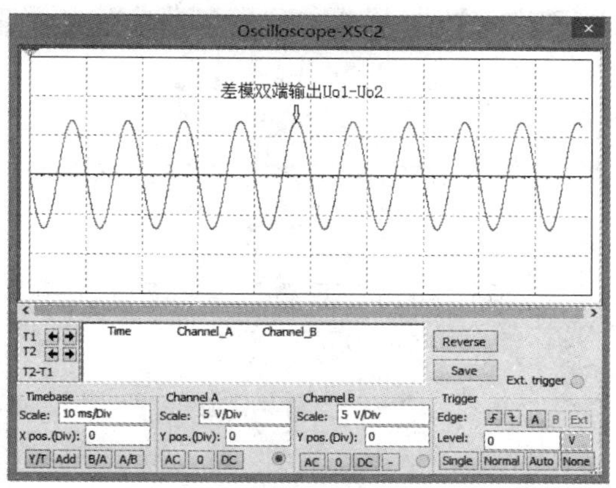

(b) 差模输入双端输出仿真结果图

图 4.4.3　差模输入仿真电路图

其中输入信号的电压量程是 1 V/Div，输出信号的电压量程是 5 V/Div，由此可以看出，差分放大电路中，差模信号的双端输出放大倍数为单端输出的两倍。

对图 4.4.1 恒流源电路(S 接 VT_3)进行仿真，输入 $u_{irms}=1$ V、$f=100$ Hz 的正弦波信号，如图 4.4.4 所示，对此电路进行仿真，得到单端输出和双端输出的仿真结果，如图 4.4.5 所示。

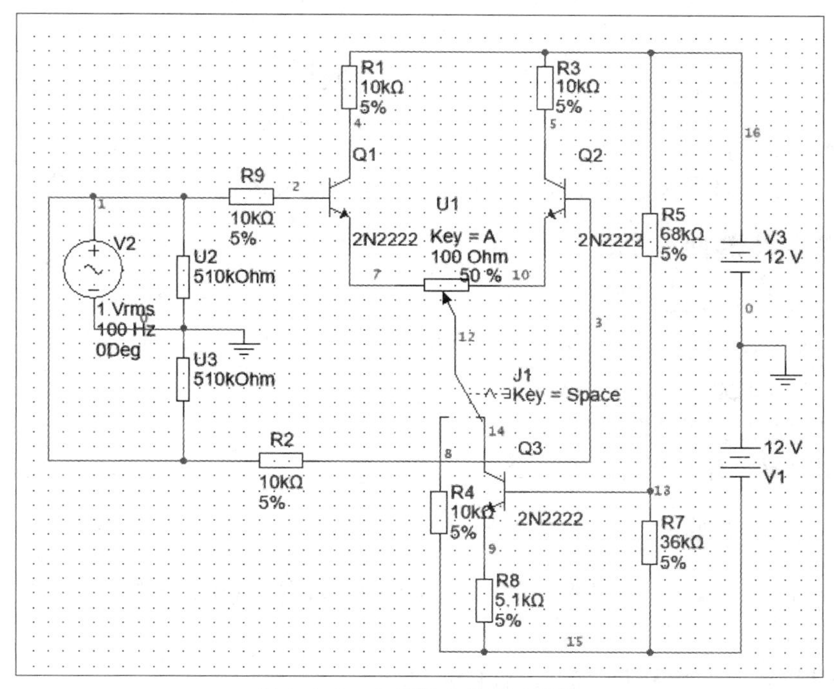

图 4.4.4　共模输入仿真电路图

其中输入信号的电压量程是 5 V/Div，为区别出 U_{o1} 与 U_{o2}，输出信号的电压量程分别为 5 V/Div 及 10 V/Div，使用另一示波器一端接 U_{o1}、一端接 U_{o2}，得到双端输出信号为 0，由此可以看出，差分放大电路对共模信号具有抑制作用。

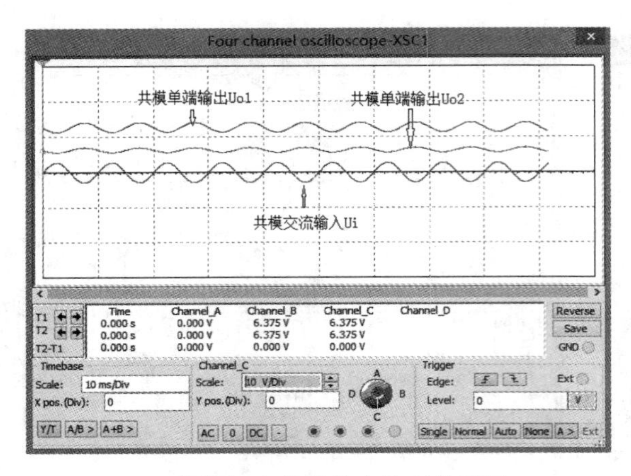

(a) 共模输入单端输出仿真结果图

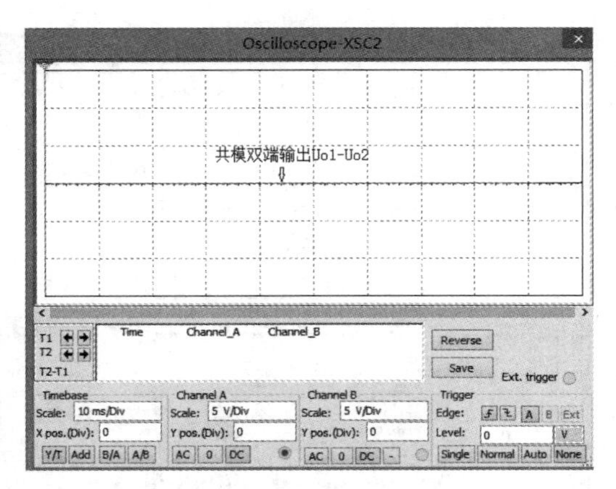

(b) 共模输入双端输出仿真结果图

图 4.4.5　共模输入仿真结果

3. 共模抑制比 K_{CMR}

为了表征差分放大器对有用信号(差模信号)的放大作用和对共模信号的抑制能力，通常用一个综合指标来衡量，即共模抑制比：

$$K_{CMR}=\left|\frac{A_d}{A_c}\right| \tag{4-4-10}$$

或

$$K_{CMR}=20\lg\left|\frac{A_d}{A_c}\right| \tag{4-4-11}$$

其单位为分贝(dB)。

差分放大电路的输入信号可采用直流信号，也可用交流信号。

三、实验仪器及器件

- DS1052E 型数字示波器；
- DG1022 型双通道函数/任意波形发生器；
- SP1931 型数字交流毫伏表；
- VC51 型数字万用表；
- 模拟电路综合实验箱。

四、实验内容及步骤

注： 进行以下测量时，交流毫伏表后面板上的浮置/接地开关应置于“浮置”状态，否则实验无法正常进行。

1. 典型差动放大电路(S 接 R_E)性能测试

在模拟电路综合实验箱上找到实验电路，开关 S 拨向 C，构成典型差分放大器。

(1) 测量静态工作点。将差分放大器的输入电压接地，接通 ±12 V 直流电源，用直流电压挡测量双端输出电压 U_o，调节调零电位器 R_W，使 $U_o=0$。再分别测量 VT_1、VT_2 管的 U_{C1}、U_{B1}、U_{E1}、U_{C2}、U_{B2}、U_{E2}，及发射极电阻 R_E 上的电压 U_{RE}，将所测数据记入表 4.4.1

中，并按表中要求计算出相应数据。

表 4.4.1　差分放大电路静态工作点测量记录

测　量　项　目			S 接 R_E	S 接 VT_3
测量值	VT_1	U_{C1}/V		
		U_{B1}/V		
		U_{E1}/V		
	VT_2	U_{C2}/V		
		U_{B2}/V		
		U_{E2}/V		
	VT_3 或 R_E	U_{E3}/V		
		U_{RE}/V		
计算值		I_E 或 I_{E3}/mA		
		I_{C1} 或 I_{C2}/mA		
		U_{BE1}/V		
		U_{BE2}/V		
		U_{CE1}/V		
		U_{CE2}/V		

(2) 测量差模电压放大倍数 A_d。

① 输入交流信号。用函数信号发生器在输入端 A、B 间输入 $f=1$ kHz、$u_{i\,rms}=100$ mV 的正弦信号(即双端输入方式。注意，此时信号源浮地)，两个输出端接示波器。在输出波形不失真的条件下，测量 U_i、U_{C1}、U_{C2} 及双端输出电压 U_{od}，记入表 4.4.2 中。同时观察记录输入/输出信号之间的相位关系及 U_{RE} 随 U_i 改变而变化的情况(要求画出波形图，如测 U_i 时因浮地有干扰，可分别测 A 点和 B 点对地间的电压，两者之差为 U_i)。

② 输入直流信号。在模拟电路实验仪上选取 −5～+5 V 可调直流信号源，接入差分放大器的输入端 A 和 B，调节信号源的旋钮，使差分放大器的输入信号 $u_i=0.1$ V，用直流电压挡测量 U_i、U_{C1}、U_{C2} 及双端输出电压 U_{od}，记入表 4.4.2 中(此时应注意，U_{C1} 及 U_{C2} 端的输出量，必须减去 U_{C1}、U_{C2} 的静态值)。

(3) 测量共模电压放大倍数 A_c。

① 输入交流信号。将差分放大器的输入端 A、B 短接，用函数信号发生器在 A、B 和地之间输入 $f=1$ kHz、$U_{irms}=100$ mV 的共模正弦信号(双端输入方式，注意，此时信号源浮地)，测量 U_i、U_{C1}、U_{C2} 及 U_{oc} 之值，记入表 4.4.2 中(测量 U_{oc} 时，可用 U_{C1} 及 U_{C2} 的测量值计算出来)。

② 输入直流信号。在差分放大器的输入端 A、B 与地之间输入 $U_i=0.1$ V 的直流共模信号，测量方法与上面“测量差模电压放大倍数”中的②相同。

表 4.4.2　差分放大电路动态测量记录

测量项目			交流输入		直流输入	
			S接 R_E	S接 VT_3	S接 R_E	S接 VT_3
差模输入	测量值	U_i/mV				
		U_{C1}/V				
		U_{C2}/V				
		U_{od}/V				
	计算值	A_{d1}				
		A_{d2}				
		A_d				
共模输入	测量值	U_i/mV				
		U_{C1}/V				
		U_{C2}/V				
		U_{oc}/V				
	计算值	A_{c1}				
		A_{c2}				
		A_c				
		K_{CMR}				

2. 具有恒流源的差分放大电路(S 接 VT_3)性能测试

将图 4.4.1 电路中的开关 S 拨向 D，构成具有恒流源的差分放大电路，重复以上实验内容，将测量结果记入表 4.4.1、4.4.2 中，并比较两种电路的性能。

五、预习报告要求

根据实验电路参数，估算典型差动放大器和具有恒流源的差动放大器的静态工作点及差模电压放大倍数(取 $\beta_1=\beta_2=100$，$r_{be}\approx 1\ k\Omega$)。

六、思考题

(1) 根据实验电路参数，比较典型差分电路单端输出时的 K_{CMR} 实测值与具有恒流源的差分放大器的 K_{CMR} 实测值，分析原因。

(2) 说明电阻 R_E 和恒流源的作用。

实验五　信号运算电路

一、实验目的

(1) 掌握由集成运算放大器组成的基本运算电路的功能。

(2) 了解运算放大器在实际应用中应考虑的问题。

(3) 进一步掌握正确使用电子仪器的方法。

二、实验原理

集成运算放大器是一种具有高增益、高输入阻抗的直接耦合多级放大电路，当外部接入不同的线性或非线性元器件组成输入和负反馈电路时，可以灵活地实现各种特定的函数关系。在分析运算放大器(简称运放)电路时，通常都将运放看成理想运放，理想运放的工作区域有两个，一个是线性区，一个是非线性区。

1. 理想运放性能参数

(1) 开环差模增益 $A_{od}=\infty$，A_{od} 是在集成运放无外加反馈时的差模放大倍数，称为开环差模增益，即

$$A_{od}=\frac{\Delta u_o}{\Delta(u_P-u_N)} \tag{4-5-1}$$

因此 $u_P-u_N=0$，即

$$u_P=u_N \tag{4-5-2}$$

称两个输入端“虚短路”。

(2) 差模输入电阻 $R_{id}=\infty$，R_{id} 是集成运放在输入差模信号时的输入电阻。因为输入电压 $u_P-u_N=0$，所以两个输入端的输入电流也均为零，即

$$i_P=i_N=0 \tag{4-5-3}$$

称两个输入端“虚断路”。

(3) 共模抑制比 $K_{CMR}=\infty$，共模抑制比等于差模放大倍数与共模放大倍数之比的绝对值，即

$$K_{CMR}=\left|\frac{A_{od}}{A_{oc}}\right| \tag{4-5-4}$$

(4) 输出电阻 $R_o=0$。

(5) 输入失调电压 U_{IO}、输入失调电流 I_{IO} 都为零。

本实验对比例、加法、减法、积分集中模拟运算电路进行分析。

2. 反相比例运算电路

如图 4.5.1 所示，对于理想运放，该电路的输出电压与输入电压之间的关系为

$$u_o=-\frac{R_f}{R_1}u_i \tag{4-5-5}$$

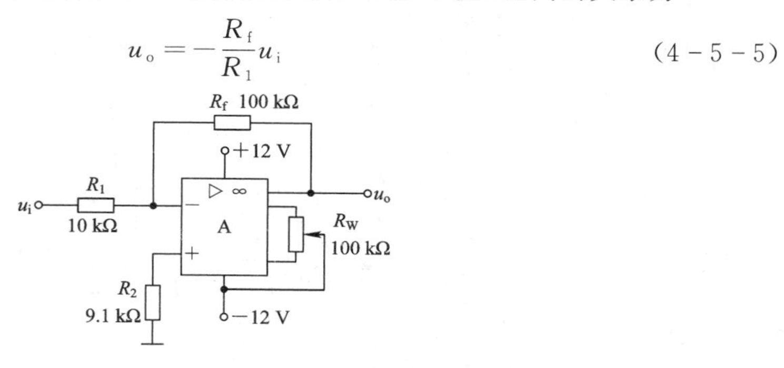

图 4.5.1　反相比例运算电路

为了减小输入级偏置电流引起的运算误差，在同相输入端应接入平衡电阻 R_2，而 $R_2 = R_1 // R_f$。

3. 同相比例运算电路

图 4.5.2 是一个同相比例运算电路，它的输出电压与输入电压之间的关系为

$$u_o = \left(1 + \frac{R_f}{R_1}\right) u_i \tag{4-5-6}$$

平衡电阻 $R_2 = R_1 // R_f$。

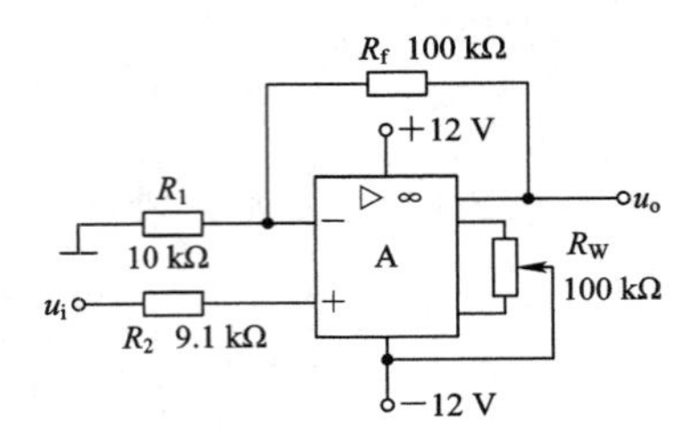

图 4.5.2　同相比例运算电路

4. 反相加法运算电路

如图 4.5.3 所示，该电路的输出电压与输入电压之间的关系为

$$u_o = -\left(\frac{R_f}{R_1} u_{i1} + \frac{R_f}{R_2} u_{i2}\right) \tag{4-5-7}$$

平衡电阻 $R_3 = R_1 // R_2 // R_f$。

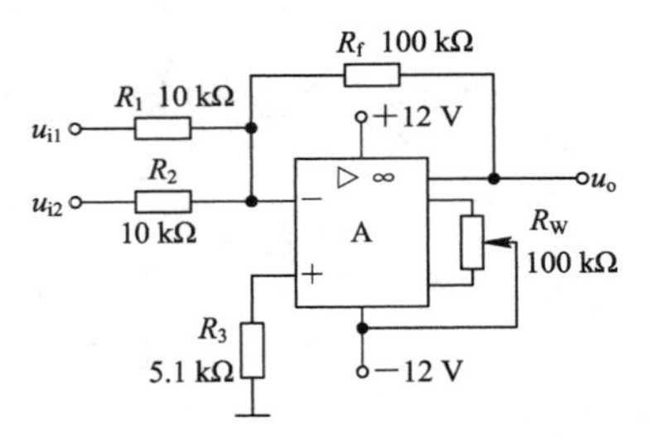

图 4.5.3　反相加法运算电路

5. 减法运算电路(差分放大电路)

如图 4.5.4 所示，当 $R_1 = R_2$，$R_3 = R_f$ 时，其输出与输入的关系为

$$u_o = \frac{R_f}{R_1}(u_{i2} - u_{i1}) \tag{4-5-8}$$

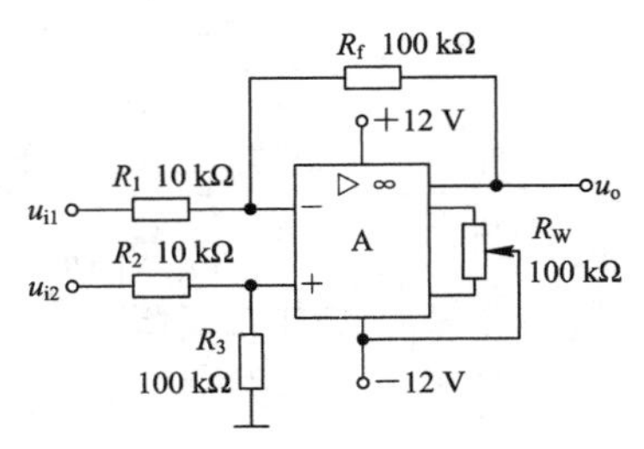

图 4.5.4　减法运算电路

6. 电压跟随器

如图 4.5.5 所示，图中 $R_2=R_f$，用以减小漂移和起保护作用。一般 R_f 取 10 kΩ，R_f 太小起不到保护作用，太大则影响跟随性。其输出与输入的关系为

$$u_o=u_i \tag{4-5-9}$$

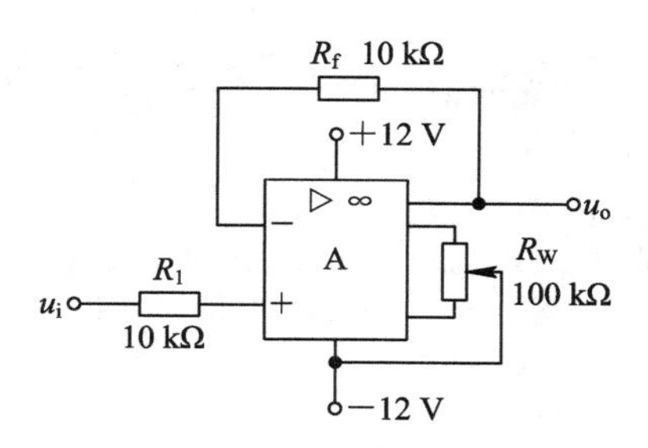

图 4.5.5　电压跟随器

注意： 以上电路都需要对运放进行调零。

7. 积分运算电路

反相积分运算电路如图 4.5.6 所示，在理想化条件下，输出电压 u_o 等于

$$u_o(t)=-\frac{1}{R_1C}\int_0^t u_i\mathrm{d}t+u_C(0) \tag{4-5-10}$$

式中，$u_C(0)$是 $t=0$ 时刻电容 C 两端的电压值，即初始值。

如果 $u_i(t)$是幅值为 E 的阶跃电压，并设 $u_C(0)=0$，则

$$u_o(t)=-\frac{1}{R_1C}\int_0^t E\mathrm{d}t=-\frac{E}{R_1C}t \tag{4-5-11}$$

即输出电压 $u_o(t)$随时间增长而线性下降。RC 的数值越大，达到给定值所需的时间就越长。积分输出电压所能达到的最大值受集成运放最大输出范围的限制。

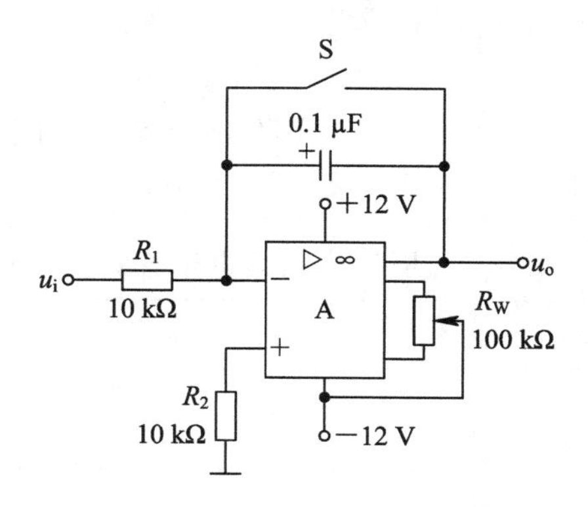

图 4.5.6　反相积分运算电路

利用 Multsim 仿真软件对积分运算电路进行仿真，输入信号 u_i 为频率 100 Hz、幅值 1 V(有效值)的方波信号，得到仿真结果如图 4.5.7 所示，方波经过积分电路后变成了三角波，与理论分析一致。

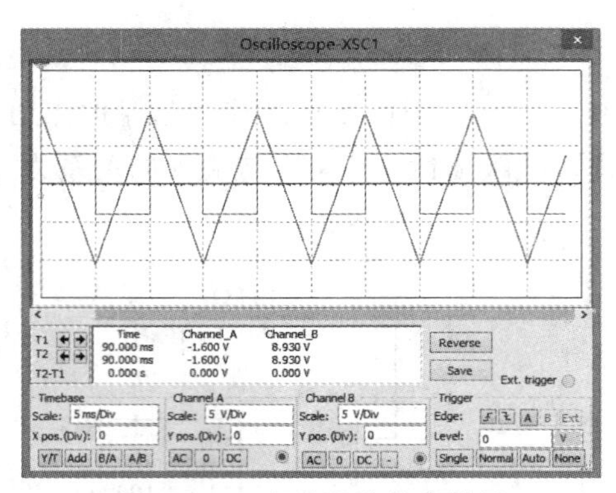

图 4.5.7　积分电路仿真结果

三、实验仪器及器件

- DS1052E 型数字示波器；
- DG1022 型双通道函数/任意波形发生器；
- SP1931 型数字交流毫伏表；
- VC51 型数字万用表；
- 模拟电路综合实验箱。

四、实验内容及步骤

实验前要熟悉运放组件各引脚的位置；切忌正、负电源极性接反和输出端短路，否则将会损坏器件。

1. 反相比例运算电路

（1）按图 4.5.1 连接实验电路，使 $u_i=0$；接通±12 V 直流电源，进行调零。

（2）在放大器的输入端输入 $f=100$ Hz、$u_{irms}=0.5$ V 的正弦交流信号，用交流毫伏表测量 u_o，并用示波器观察 u_o 和 u_i 的相位关系，记入表 4.5.1 中。计算放大倍数 A_u，与理论值比较。

（3）在实验仪上取一路－5 V～＋5 V 可调直流信号源，给放大器输入 0.5 V 的直流信号，用直流电压挡测量相应的 u_o 值，记入表 4.5.1 中。计算放大倍数 A_u，并与理论值比较。

表 4.5.1　反相比例运算电路测量记录

输入	u_i/V	u_o/V	u_i、u_o 波形	放大倍数 A_u	
				实测值	理论值
交流输入	0.5		u_i O t u_o O t		
直流输入	0.5				

2. 同相比例运算电路

(1) 按图 4.5.2 连接实验电路，然后调零。

(2) 在放大器的输入端输入 $f=100$ Hz、$u_{irms}=0.5$ V 的正弦交流信号，用交流毫伏表测量相应的 u_o，并用示波器观察 u_o 和 u_i 的相位关系，记入表 4.5.2 中。计算放大倍数 A_u，并与理论值比较。

表 4.5.2　同相比例运算电路测量记录

输入	u_i/V	u_o/V	u_i、u_o 波形	放大倍数 A_u	
				实测值	理论值
交流输入	0.5		u_i ↑ O → t u_o ↑ O → t		
直流输入	0.5				

(3) 将 0.5 V 的直流电压加在电路的输入端，测量 u_o 值，记入表 4.5.2 中。计算放大倍数 A_u，并与理论值进行比较。

3. 反相加法运算电路

(1) 按图 4.5.3 连接实验电路，接通电源，然后调零。

(2) 在反相加法器的两个输入端分别输入直流电压 $u_{i1}=+0.5$ V，$u_{i2}=-0.2$ V，再测量 u_o 值，记入表 4.5.3 中。

表 4.5.3　反相加法、减法运算电路测量记录

电路形式	输　　入		输　　出
	u_{i1}/V	u_{i2}/V	u_o/V
反相加法运算电路	+0.5	−0.2	
减法运算电路	+0.2	+0.5	

4. 减法运算电路(差分放大电路)

(1) 按图 4.5.4 连接实验电路，接通电源，然后调零。

(2) 将两路直流电压 $u_{i1}=+0.2$ V，$u_{i2}=+0.5$ V 分别加在电路的两个输入端上，再测量 u_o 值，记入表 4.5.3 中。

5. 电压跟随器

(1) 按图 4.5.5 连接实验电路，接通电源，然后调零。

(2) 在放大器的输入端输入 $f=100$ Hz、$u_{irms}=0.5$ V 的正弦交流信号，测量 u_o，用示波器观察 u_o 和 u_i 的相位关系，记入表 4.5.4 中。计算放大倍数 A_u，并与理论值比较。

表 4.5.4 电压跟随器测量记录

输入	u_i/V	u_o/V	u_i、u_o 波形
交流输入	0.5		
直流输入	0.5		

(3) 将 0.5 V 的直流电压加在电路的输入端，测量 u_o 值，记入表 4.5.4 中。

6. 积分运算电路

(1) 输入阶跃信号。按图 4.5.6 连接实验电路，将积分电路改为 10 μF，开关 S 闭合；分别将 $u_i = +1.5$ V 及 $u_i = -1.5$ V 的直流信号接入积分电路的输入端，示波器的输入探头接在积分电路的输出端，将示波器 Y 轴输入耦合置于“直流”状态，逆时针调节示波器水平系统的“SCALE”旋钮，直至在示波器屏幕上明显看到扫描过程；接通±12 V 直流电源，断开开关 S，观察并描绘积分轨迹于图 4.5.8 中。

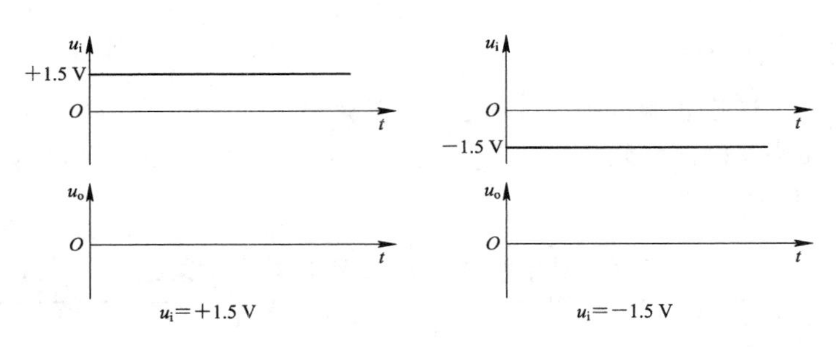

图 4.5.8 积分电路输入、输出信号波形

(2) 输入方波信号。在积分运算电路(图 4.5.6)中，将积分电容改为 0.1 μF，断开 S，在输入端分别输入 f=100 Hz、有效值为 1 V 的方波和正弦波信号，然后用示波器分别观察并记录 u_i、u_o 的波形，测量 u_o 的幅度。

五、预习报告要求

复习集成运放的有关内容，并根据实验电路的参数，计算各电路输出电压的理论值。

六、思考题

(1) 在反相加法器中，如 u_{i1} 和 u_{i2} 均采用直流信号，并选定 $u_{i2} = -1$ V，考虑到运算放大器的最大输出幅度(±12 V)，$|u_{i1}|$的大小不应超过多少伏？

(2) 在积分电路中，如 R_1=100 kΩ，C = 4.7 μF，求时间常数。假设 u_i= 0.5 V，问：

如果输出电压 u_o 要达到 −6 V，需多长时间(设 $u_o(0)=0$)?

实验六 有源滤波电路

一、实验目的

(1) 熟悉由运算放大器和电阻、电容构成的有源滤波器及其特性。

(2) 掌握有源滤波器的幅频特性的测试方法。

二、实验原理

滤波器是一种信号处理电路，其功能是使有用频率信号通过，同时抑制(或大大衰减)无用频率信号。由 RC 元件与运算放大器组成的有源滤波器与无源滤波器(由 LC 组成)相比，免除了电感元件，具有体积小、重量轻、功耗低、线性度好等优点；但因受运放带宽的影响，不适用于高频信号。

滤波器分为无源滤波器和有源滤波器。滤波电路仅由无源元件(电阻、电容、电感)组成则为无源滤波电路；滤波电路不仅含有无源元件，还含有有源元件(双极型管、单极型管、集成运放)则称为有源滤波电路。

有源滤波器形式很多，根据所通过的频率范围，可分为低通(LPF)、高通(HPF)、带通(BPF)、带阻(BEF)滤波器等。

1. 低通(LPF)滤波器

频率低于截止频率的信号可以通过，而高于截止频率的信号被衰减的滤波电路称为低通滤波器。它可以作为直流电源整流后的滤波电路，以便得到平滑的直流电压。

用一级 RC 网络组成的低通滤波器称为一阶 RC 有源低通滤波器；为了改善滤波效果，在一阶有源低通滤波器的基础上再加一级 RC 网络，构成了二阶有源低通滤波器电路。典型的二阶有源低通滤波器电路如图 4.6.1 所示。

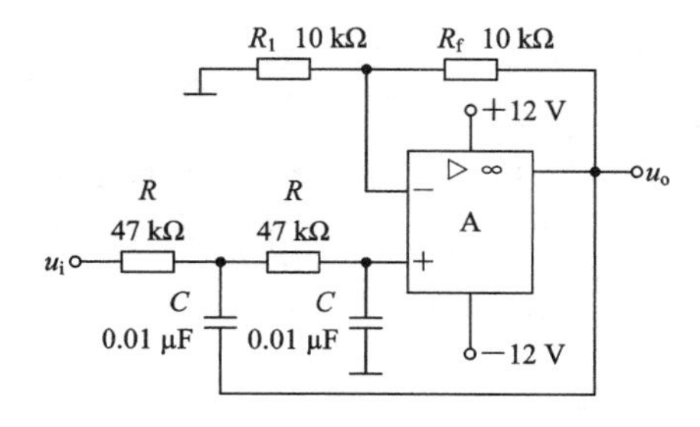

图 4.6.1 二阶有源低通滤波器电路

电路中为了克服在截止频率附近的通带范围内幅度下降过多的缺点，通常采用将第一级电容 C 的接地端改接到输出端的方式。典型的二阶有源低通滤波器的电压传输函数为

$$A_u(s)=\frac{A_{up}(s)}{1+[3-A_{up}(s)]sRC+(sRC)^2} \tag{4-6-1}$$

式中，令 $s=j\omega$，$\omega_0=\dfrac{1}{RC}$，$Q=\dfrac{1}{3-A_{up}}$，其中 $A_{up}=1+\dfrac{R_f}{R_1}=2$，为电路闭环放大倍数，品质

因数 $Q=1$。

则转移函数为

$$A_u(j\omega)=\frac{2}{1-\frac{\omega^2}{\omega_0^2}+j\frac{1}{Q}\frac{\omega}{\omega_0}} \tag{4-6-2}$$

幅频特性函数为

$$|A(j\omega)|=\frac{2}{\sqrt{\left[1-\left(\frac{\omega}{\omega_0}\right)^2\right]^2+\frac{\omega^2}{\omega_0^2Q^2}}} \tag{4-6-3}$$

当 $\omega=0$ 时，$|A(j0)|=2$；当 $\omega=\omega_0$ 时，$|A(j\omega_0)|=2Q=2$；当 $\omega=\infty$时，$|A(j\infty)|=0$ 所示。

利用 Multisim 仿真软件对图 4.6.1 进行仿真，频率范围从 1 Hz 到 100 kHz，结果如图 4.6.2 所示。

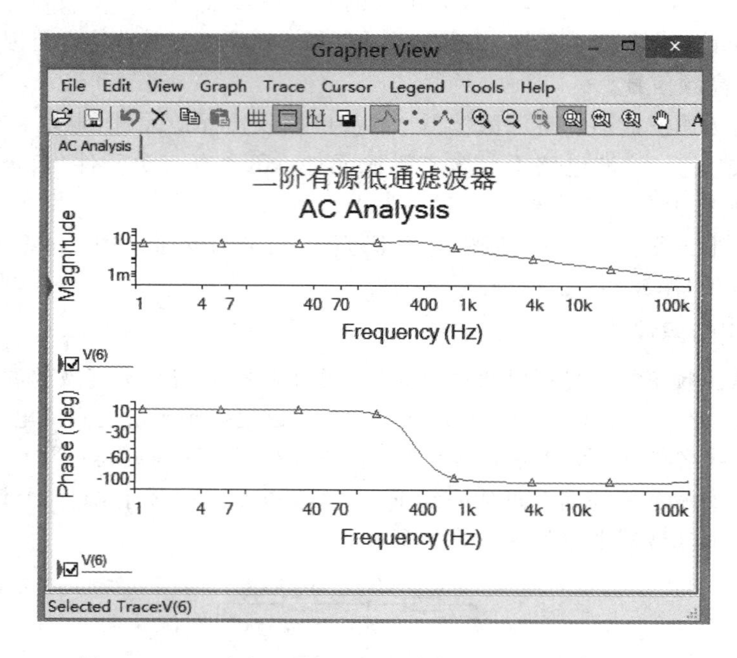

图 4.6.2　二阶有源低通滤波器幅频、相频特性仿真结果

从图 4.6.2 可以看出，当输入信号频率增加到一定程度后，输出信号的幅度会随输入信号频率的增加而减小，即验证了低通滤波器的特性。

2. 高通(HPF)滤波器

频率高于截止频率的信号可以通过，而频率低于截止频率的信号被衰减的滤波电路称为高通滤波器。它可以作为交流放大电路的耦合电路，隔离直流成分，削弱低频信号，只放大频率高于截止频率的信号。

高通滤波、电路与低通滤波、电路具有对偶性，如将图 4.6.1 电路中滤波环节的电阻、电容互换，即得到如图 4.6.3 所示的高通滤波器电路。

高通滤波器的性能与低通滤波器相反，其频率响应特性与低通滤波器是“镜像”关系。使用同样的分析方法，得到图 4.6.3 的电压转移函数：

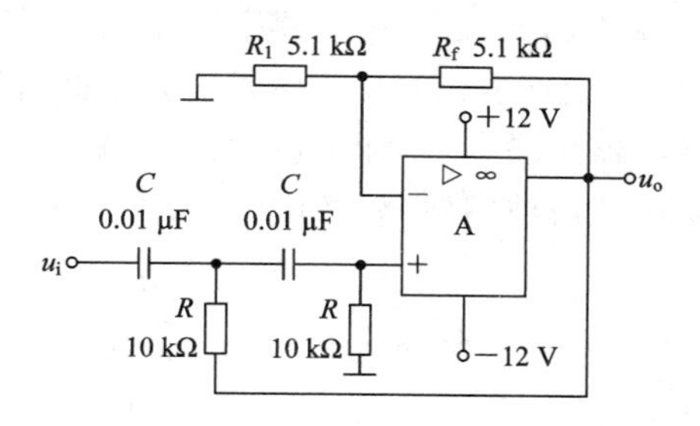

图 4.6.3　二阶有源高通滤波器电路

$$A_u(j\omega)=\frac{2}{1-\frac{\omega_0^2}{\omega^2}-j\frac{1}{Q}\frac{\omega_0}{\omega}} \tag{4-6-4}$$

式中，$\omega_0=\frac{1}{RC}$，$Q=\frac{1}{3-A_{up}}=1$。

则幅频特性为

$$|A(j\omega)|=\frac{2}{\sqrt{\left[\left(\frac{\omega_0}{\omega}\right)^2-1\right]^2+\left(\frac{\omega_0}{\omega Q}\right)^2}} \tag{4-6-5}$$

当 $\omega=0$ 时，$|A(j0)|=0$；当 $\omega=\omega_0$ 时，$|A(j\omega_0)|=2Q=2$；当 $\omega=\infty$时，$|A(j\infty)|=2$。

利用 Multisim 仿真软件对图 4.6.3 进行仿真，频率范围从 10 Hz 到 1 MHz，结果如图 4.6.4 所示。

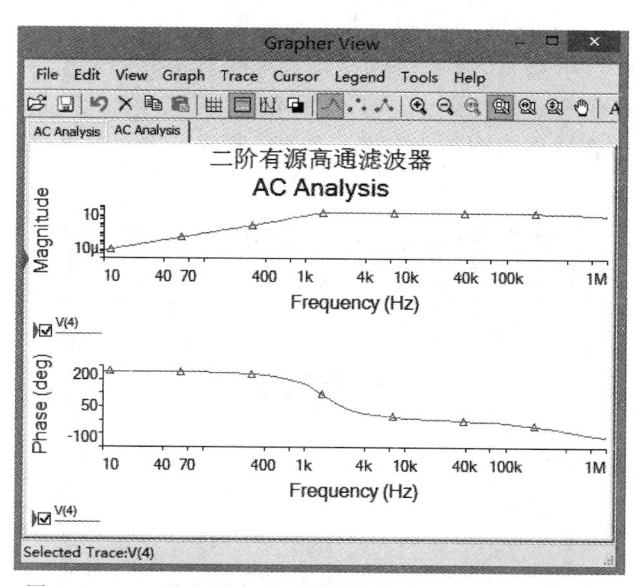

图 4.6.4　二阶有源高通滤波器幅频、相频特性仿真结果

从图 4.6.4 可以看出，当输入信号频率较低时，输出信号幅度增益较小，验证了高通滤波器的特性。

3. 带通(BPF)滤波器

频率高于低频段的截止频率，又低于高频段的截止频率，这个区间的信号可以通过；

而低于低频段的截止频率、高于高频段的截止频率的信号被衰减的滤波电路，称为带通(BPF)滤波器。它常用于载波通信或弱信号提取等场合，以提高信噪比。

将低通滤波器与高通滤波器串联，即可得到带通滤波器。实用电路中也常采用单个集成运放构成压控电压源二阶带通滤波器电路，如图 4.6.5 所示。

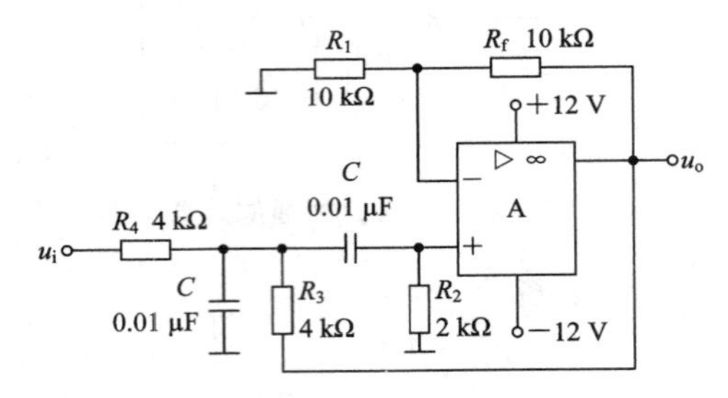

图 4.6.5　压控电压源二阶带通滤波器电路

使用同样的分析方法，得到图 4.6.5 的电压转移函数：

$$A_u(j\omega)=\frac{2}{1+jQ\left(\frac{\omega^2}{\omega_0}-\frac{\omega_0}{\omega}\right)^2} \tag{4-6-6}$$

式中，$\omega_0=\frac{1}{RC}$，$Q=\frac{1}{3-A_{up}}=1$，闭环增益 $A=1+\frac{R_f}{R_1}=2$。

则幅频特性为

$$|A(j\omega)|=\frac{2}{\sqrt{1+Q^2\left(\frac{\omega}{\omega_0}-\frac{\omega_0}{\omega}\right)^2}} \tag{4-6-7}$$

当 $\omega=0$ 时，$|A(j0)|=0$；当 $\omega=\omega_0$ 时，$|A(j\omega_0)|=2Q=2$；当 $\omega=\infty$时，$|A(j\infty)|=0$。

利用 Multisim 仿真软件对图 4.6.1 进行仿真，频率范围从 1 Hz 到 100 kHz，结果如图 4.6.6 所示。

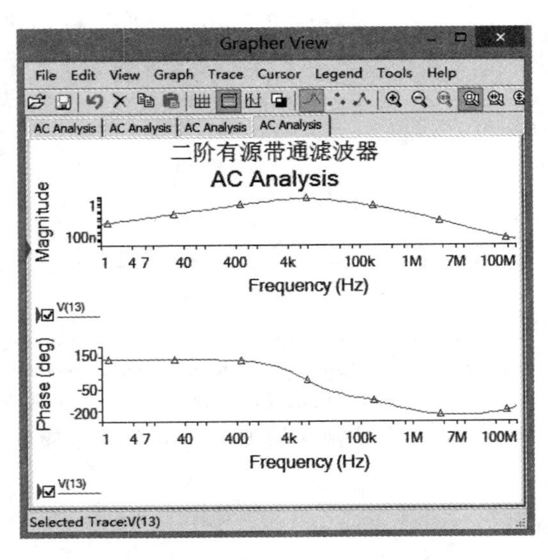

图 4.6.6　二阶有源带通滤波器幅频、相频特性仿真结果

从图 4.6.6 可以看出，当输入信号频率在某个频率点附近时，输出信号增益较大，在其他情况下，增益较小，验证了带通的特性。

4. 带阻(BEF)滤波器

频率低于低频段的截止频率及高于高频段的截止频率的信号可以通过，而频率在低频段的截止频率和高频段的截止频率之间的信号被衰减的滤波电路，称为带阻(BEF)滤波器。它常用于在已知干扰或噪声频率的情况下，阻止此种干扰或噪声频率通过。

三、实验仪器及器件

- DS1052E 型数字示波器；
- DG1022 型双通道函数/任意波形发生器；
- SP1931 型数字交流毫伏表；
- VC51 型数字万用表；
- 模拟电路综合实验箱。

四、实验内容及步骤

1. 二阶有源低通滤波器

实验电路如图 4.6.1 所示，按图连接电路。

(1) 接通±12 V 直流电源，在低通滤波器电路的输入端输入 $u_{irms}=0.5$ V 的正弦信号。

(2) 改变输入信号的频率，频率范围为 10 Hz～10 kHz，并保持 $u_{irms}=0.5$ V 不变，测量不同频率下的输出电压 u_o。

将测量结果记录于表 4.6.1 中，并根据所测数据画出二阶有源低通滤波器的幅频特性曲线。

表 4.6.1　二阶有源低通滤波器测量记录

f/Hz								
u_o/V								

2. 二阶有源高通滤波器

实验电路如图 4.6.3 所示，按图连接电路。

(1) 测试二阶有源高通滤波器的幅频特性。实验步骤同二阶有源低通滤波器，频率范围为 10 Hz～100 kHz。

测量完毕，将测量结果记录于表 4.6.2 中，并根据所测数据画出二阶有源高通滤波器的幅频特性曲线。

表 4.6.2　二阶有源高通滤波器测量记录

f/Hz								
u_o/V								

3. 带通滤波器

实验电路如图4.6.5所示，按图连接电路。

(1) 测试二阶有源带通滤波器的幅频特性。实验步骤同二阶有源低通滤波器，频率范围为10 Hz～1 MHz。

将测量结果记录于表4.6.3中，根据所测数据画出二阶有源带通滤波器的幅频特性曲线。

表4.6.3　二阶有源带通滤波器测量记录

f/Hz								
u_o/V								

五、预习报告要求

预习有关有源滤波器的内容。

六、思考题

(1) 怎样用简便方法判别滤波电路属于哪种类型(低通、高通、带通、带阻)?

(2) 根据实测数据，计算截止频率、中心频率、带宽及品质因数。

实验七　RC桥式正弦波振荡器

一、实验目的

(1) 掌握RC桥式电路的振荡条件，了解正弦波产生的方法，了解振幅稳定的原理。

(2) 学习波形发生器的调整和主要性能指标的测试方法。

二、实验原理

1. 振荡器的振荡条件

电路振荡的产生是因为电路受到微小的干扰，这个微扰经过反馈后强于原输入信号，则经过多次循环反馈后，振幅越来越大，直到电源电压限制了它的振幅为止。通常情况下，反馈为F，放大器增益为A，电路起振的条件为

(1) 振幅条件：

$$|F|\cdot|A|\geqslant 1 \tag{4-7-1}$$

(2) 相位条件：

$$\Phi F+\Phi A=2n\pi,\ n=0,1,2,\cdots \tag{4-7-2}$$

2. 正弦波振荡电路

正弦波振荡电路由放大电路、选频网络、正反馈网络及稳幅环节组成，其中放大保证电路能够有从起振到动态平衡的过程；选频可以确定电路的振荡频率，保证产生单一的正弦波信号；引入正反馈，使输入信号等于反馈信号；稳幅电路是非线性环节，可以稳定输出

信号的幅值。

常见的正弦波振荡器为RC桥式正弦波振荡器，也称文氏桥振荡器，如图4.7.1所示电路由两部分组成，即放大电路和选频网络。其中RC串、并联网络构成正反馈支路，同时兼作选频网络；R_1、R_2、R_W及二极管等元件构成负反馈和稳幅环节，调节R_W，可以改变负反馈深度，以满足振荡的振幅条件和改善波形。

电路的负反馈放大倍数为

$$A_u = 1 + \frac{R_W + R_2 + (R_3 /\!/ r_D)}{R_1} \tag{4-7-3}$$

其中r_D为二极管正向导通电阻。

RC串、并联选频网络的频率特性为

$$F = \frac{1}{3 + j\left(\omega RC - \dfrac{1}{\omega RC}\right)} \tag{4-7-4}$$

当$\omega = \omega_0 = \dfrac{1}{RC}$时，$F = \dfrac{1}{3}$，因此起振条件是放大倍数$A_u \geqslant 3$，当$A_u > 3$时，放大器工作于非线性区，波形将产生失真。利用两个反向并联二极管VD_1、VD_2正向电阻的非线性特性来实现稳幅，当放大器输出幅值很小时，二极管接近于开路，二极管与R_3组成的并联支路的等效电阻近似为R_3，放大倍数A_u增大，有利于起振；但当输出幅值很大时，二极管导通，二极管与R_3组成的并联支路的等效电阻减小，A_u下降，输出波形的幅值趋于稳定。VD_1、VD_2采用硅管(温度稳定性好)，且要求特性匹配，才能保证输出波形正、负半周对称。R_3的接入是为了削弱二极管非线性的影响，以改善波形失真。调整反馈电阻R_f(调R_W)，使电路起振，波形失真最小。如不能起振，则说明负反馈太强，应适当加大R_f。如波形失真严重，则应适当减小R_f。

利用Multisim仿真软件对图4.7.1进行仿真，分别得到R_W=2.5 kΩ，R_W=3 kΩ，R_W=5 kΩ，三种情况下电路的输出情况如图4.7.2所示。

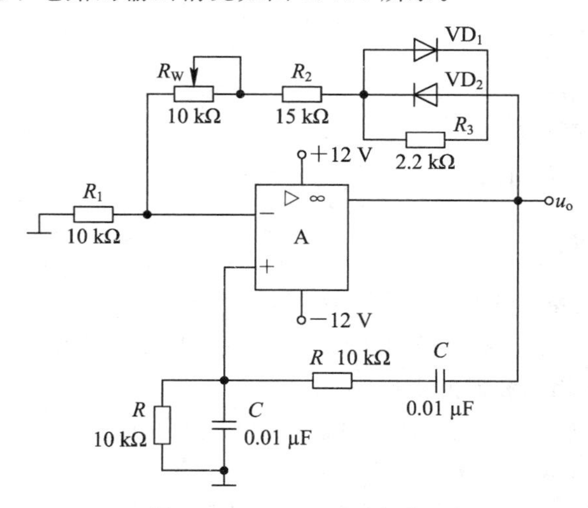

图4.7.1　RC正弦波振荡器

由图可以看出，当R_W=2.5 kΩ时，代入公式(4-7-3)，$A_u \approx 2.97$，振荡器没有起振；当R_W=3 kΩ时，$A_u \approx 3.02$，振荡器经过几秒后开始产生正弦波；当R_W=5 kΩ时，$A_u \approx$

3.22，振荡器起振并出现失真。这即验证了理论分析。

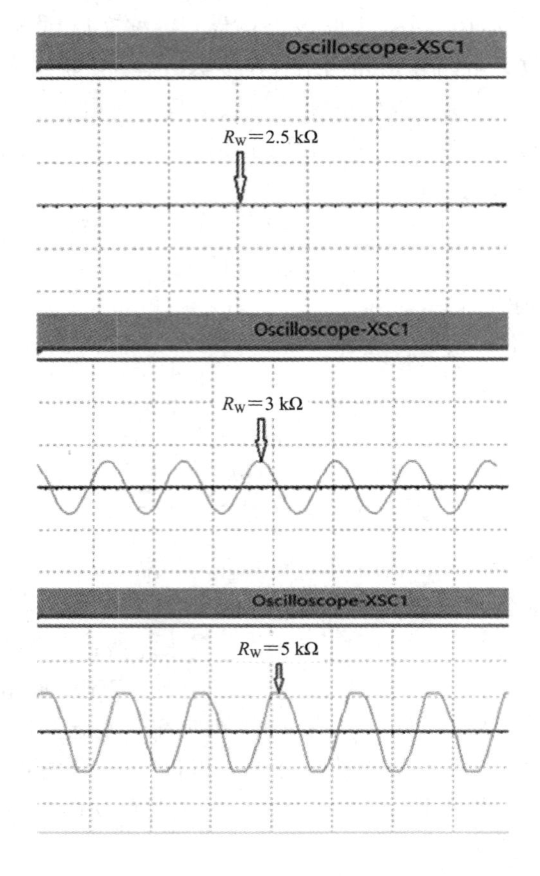

图 4.7.2　RC 正弦波振荡器仿真结果

三、实验仪器及器件

- DS1052E 型数字示波器；
- VC51 型数字万用表；
- 模拟电路综合实验箱。

四、实验内容及步骤

按图 4.7.1 连接电路，输出端接示波器。

(1) 接通±12 V 直流电源，调节电位器 R_W，使输出波形从无到有，从正弦波到出现失真。观察负反馈强弱对输出波形的影响。

(2) 调节电位器 R_W，使输出电压 u_o 幅值最大且不失真，用示波器分别测量输出电压 u_o 的幅值(峰峰值)及振荡频率 f_o。

(3) 在选频网络的两个 $R=10$ kΩ 电阻上并联同一阻值的电阻，观察并测量振荡频率，记录此时的振荡频率 f_o'，与理论值进行比较。

(4) 断开二极管 VD_1、VD_2，观察并记录输出波形的变化，要求标明波形幅度，说明

VD_1、VD_2 的稳幅作用。

将以上测量结果记录于表 4.7.1 中。

表 4.7.1　RC 正弦波振荡器测量记录

u_o 波形	u_o 幅值/V	f_o/Hz		f_o'/Hz		断开 VD_1、VD_2 后 u_o 波形
	实测值	理论值	实测值	理论值	实测值	

五、预习报告要求

预习有关 RC 正弦波振荡器的工作原理，估算图 4.7.1 中的振荡频率。

六、思考题

为什么在 RC 正弦波振荡电路中要引入负反馈支路？为什么要增加二极管 VD_1、VD_2？

实验八　电压比较器

一、实验目的

（1）掌握比较器电路的构成及电路特点。

（2）学习并掌握比较器的测试方法。

二、实验原理

电压比较器是对输入信号进行鉴幅与比较的电路，是组成非正弦波发生电路的基本单元电路。电压比较器的种类有单限比较器、滞回比较器和窗口比较器。

1. 单限比较器

信号幅度比较就是将一个模拟量的电压信号和一个参考电压相比较，在二者幅度相等的附近输出电压将产生跃变。如图 4.8.1 所示，单限比较器将输入信号 u_i 和参考电压 U_{REF} 进行比较，这时集成运算放大器处于开环状态，具有很高的开环电压增益，当 u_i 在参考电压 U_{REF} 附近有微小的变化时，运算放大器的输出电压将会从一个饱和值过渡到另一个饱和值。通常把比较器输出电压 u_o 从一个电平跳变到另一个电平时相应的输入电压 u_i 值称为“门限电压”或“阈值电压”U_{th}。

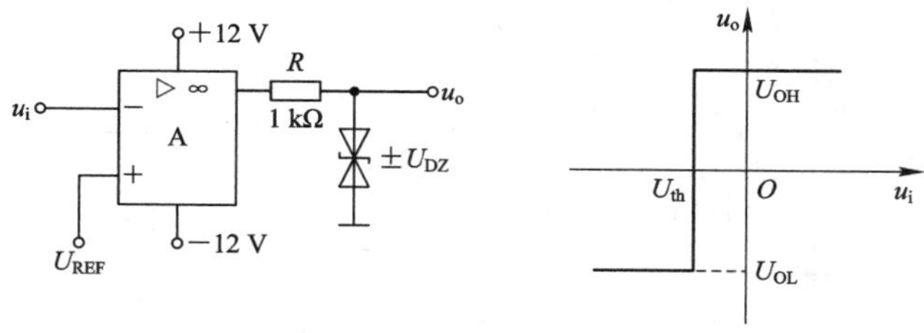

图 4.8.1　单限比较器及电压传输特性

单限比较器电路只有一个阈值电压，输入电压 u_i 逐渐增大或减小的过程中，当通过 U_{th} 时，输出电压 u_o 产生跃变，从高电平 U_{OH} 跃变为低电平 U_{OL}，或者从 U_{OL} 跃变为 U_{OH}。单限比较器的电压传输特性见图 4.8.1。

当输入信号 u_i 从同相端输入时，参考电压 U_{REF} 接在反相端，且只有一个门限电压，此种电路称为同相输入单门限电压比较器；而当输入信号 u_i 从反相端输入时，参考电压 U_{REF} 接在同相端的电路称为反相输入单门限电压比较器。单限比较器可构成过零比较器、固定电平比较器，常用于超限报警、模/数转换及波形变换等场合。

2. 滞回比较器

单限比较器虽然有电路简单、灵敏度高等优点，但抗干扰能力较差。滞回比较器具有迟滞回环传输特性，大大提高了抗干扰能力。

滞回比较器电路有两个阈值电压，如图 4.8.2 所示，输入电压 u_i 从小变大的过程中，使输出电压 u_o 产生跃变的阈值电压 U_{th1}，不等于从大变小过程中使输出电压 u_o 产生跃变的阈值电压 U_{th2}，电路具有滞回特性。输出 u_o 在两个极限值之间转换，当 $u_o=-U_{DZ}$ 时，$U_{th1}=\dfrac{R_2U_{REF}-R_1U_{DZ}}{R_1+R_2}$，当 u_i 小于 U_{th1} 后，u_o 转换为 $+U_{DZ}$，$U_{th2}=\dfrac{R_2U_{REF}+R_1U_{DZ}}{R_1+R_2}$，当 u_i 大于 U_{th2} 后，u_o 又转换为 $-U_{DZ}$。

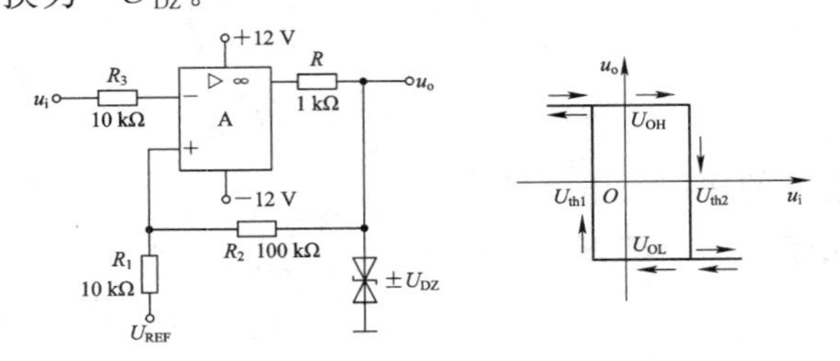

图 4.8.2 滞回比较器及电压传输特性

3. 窗口比较器

单限比较器和滞回比较器在输入电压单一方向变化时，输出电压只跃变一次，因而不能检测出输入电压是否在两个给定电压之间，而窗口比较器具有这一功能，如图 4.8.3 所示。简单的比较器仅能鉴别输入电压 u_i 比参考电压 U_{REF} 高或低的情况，窗口比较电路由两个简单比较器组成，能够指示出输入电压 u_i 的值是否处于两个阈值电压 U_{th1} 和 U_{th2} 之间。

窗口比较电路有两个阈值电压，输入电压 u_i 从小变大或从大变小的过程中，使输出电压 u_o 产生两次跃变。它与前面两种比较器的区别在于：输入电压向单一方向变化的过程中，输出电压跃变两次。窗口比较器的电压传输特性如图 4.8.3 所示。

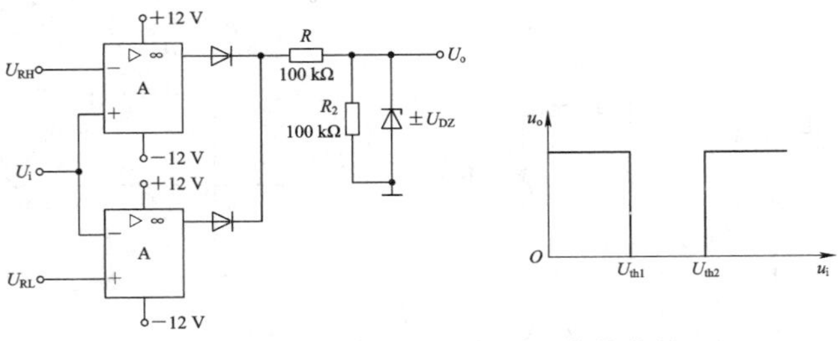

图 4.8.3 窗口比较器及电压传输特性

三、实验仪器及器件

- DS1052E 型数字示波器；
- DG1022 型双通道函数/任意波形发生器；
- SP1931 型数字交流毫伏表；
- VC51 型数字万用表；
- 模拟电路综合实验箱。

四、实验内容及步骤

1. 单限比较器

（1）按图 4.8.1 连接实验电路，构成反相输入单限比较器。输入电压 u_i 由实验仪器中的一路－5 V～ ＋5 V 可调直流信号源提供，参考电压 U_{REF} 则由另一路－5 V～ ＋5 V 可调直流信号源提供，使参考电压 $U_{REF}=1$ V，调节 u_i 的大小，用直流电压挡测量输入、输出电压，观察当 $u_i>U_{REF}$ 及 $u_i<U_{REF}$ 时，输出电压发生的变化，记录实验数据于表 4.8.1 中。

表 4.8.1　单限比较器测量记录

单限比较器		单限反相输入过零比较器
u_i	u_o/V	u_i O t u_o O t
$u_i>U_{REF}$		
$u_i<U_{REF}$		

（2）按图 4.8.1 连接实验电路，取参考电压 $U_{REF}=0$ V，构成反相输入过零比较器。用函数信号发生器在电路的输入端输入 $u_{irms}=1$ V、$f=500$ Hz 的正弦信号，观察输入、输出波形，测量两波形的幅度并标在图中，将实验数据记录于表 4.8.1 中。

2. 滞回比较器

实验电路如图 4.8.2 所示，按图连接好电路，使 $U_{REF}=0$ V，在输入端输入 $u_{irms}=1$ V、$f=500$ Hz 的正弦信号，将 u_i 送至示波器的 CH1 通道(X 轴)，u_o 送至 CH2 通道(Y 轴)。示波器由 Y－T 状态转至 X－Y 状态，观察滞回比较器电路的电压传输特性，并记录于图 4.8.4 中，然后测量并在图中标注出比较器的上门限电压 U_{th+} 和下门限电压 U_{th-} 及 U_{OH}、U_{OL}。

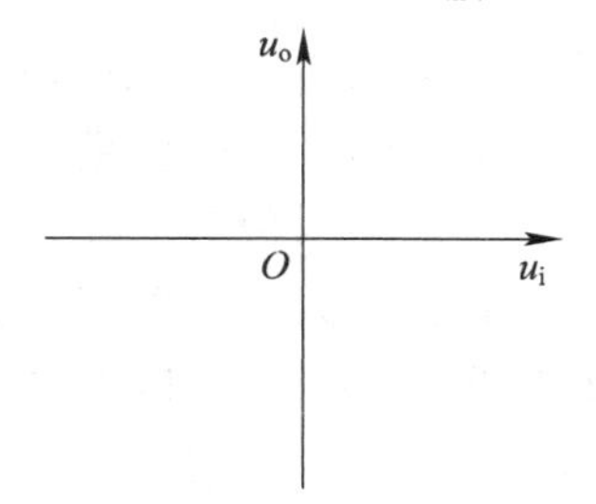

图 4.8.4　滞回比较器电压传输特性

五、预习报告要求

预习由运算放大器组成的电压比较器和迟滞比较器的工作原理。

六、思考题

(1) 计算图 4.8.2 电路的上门限电压 U_{th+} 和下门限电压 U_{th-}，其中 $U_{DZ}=7$ V。

(2) 滞回比较器主要的应用场合有哪些?

实验九　集成功率放大器

一、实验目的

(1) 了解集成功率放大器的特点和应用。

(2) 学习集成功率放大器的基本技术指标及测量方法。

二、实验原理

功率放大器的作用是给负载提供所需的功率。能够向负载提供足够信号功率的放大电路称为功率放大电路。功率放大器是追求在电源电压确定的情况下，输出尽可能大的功率。

与电压放大器不同的是，功率放大器主要考虑的是最大输出功率、非线性失真、减小管子功耗以提高放大器的效率及使管子安全可靠工作等。功率放大电路的主要技术指标为最大输出功率和转换效率。

1. 最大输出功率 P_{om}

功率放大电路提供给负载的信号功率称为输出功率。而最大功率 P_{om} 是在电路参数确定的情况下负载上可能获得的最大交流功率。

2. 转换效率 η

功率放大电路的最大输出功率与电源所提供的功率之比称为转换效率。电源提供的功率是直流功率，其值等于电源输出电流平均值及其电压的乘积。

功率放大器分为分立元件构成的功率放大器和集成功率放大器。若按输出方式分，有变压器耦合乙类推挽功率放大电路、无输出变压器(OTL)的功率放大电路、无输出电容(OCL)的功率放大电路和桥式推挽(BTL)功率放大电路，其中 OTL、OCL 和 BTL 电路中晶体管均工作在乙类状态。

集成功率放大器由集成功放块和一些外部阻容元件构成。它具有线路简单、性能优越、工作可靠、调试方便等优点，已经成为音频领域中应用十分广泛的功率放大器。电路中最主要的组件为集成功放块，它的内部电路与一般分立元件功率放大器不同，通常包括前置级、推动级和功率放大级等几部分；有些还具有一些特殊功能(消除噪声、短路保护等)的电路。集成功率放大器的电压增益较高(不加反馈时，电压增益达 70 dB～80 dB，加典型负反馈时电压增益在 40 dB 以上)。

集成功放块的种类很多，本实验采用的是 LM386，它具有自身功耗低、电压增益可调整、电源电压范围大、外接元件少和总谐波失真小等优点。其内部电路如图 4.9.1 所示。

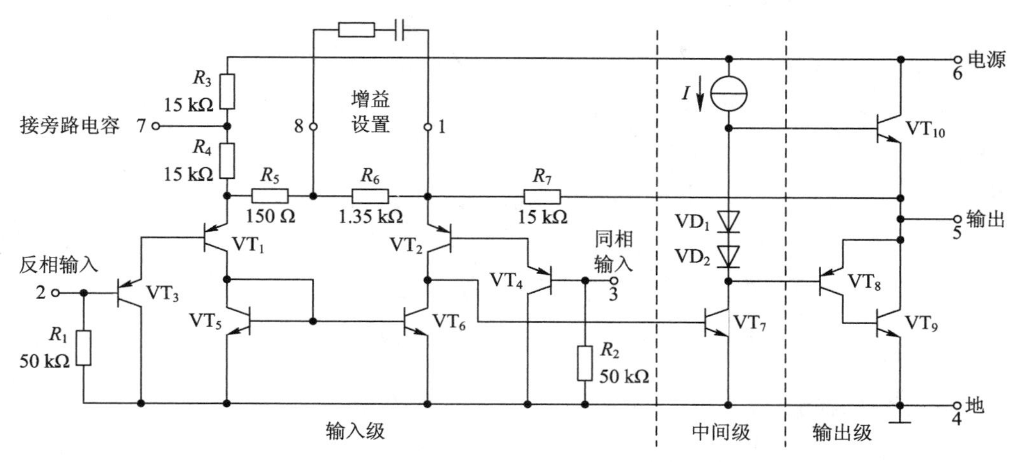

图 4.9.1 LM386 集成功率放大器内部电路

该电路由三级电压放大电路组成。

第一级为差分放大电路，VT_1 和 VT_3、VT_2 和 VT_4 分别构成复合管，作为差分放大电路的放大管；VT_5 和 VT_6 组成镜像电流源，作为 VT_1 和 VT_2 的有源负载；信号从 VT_3 和 VT_4 管的基极输入，从 VT_2 管的集电极输出，为双端输入单端输出差分电路。

第二级为共射极放大电路，VT_7 为放大管，恒流源作为有源负载，以增大放大倍数。

第三级中的晶体管 VT_8 和 VT_9 复合成 PNP 型管，与 NPN 型管 VT_{10} 构成准互补输出级。二极管 VD_1 和 VD_2 为输出级提供合适的偏置电压，可以消除交越失真。

利用瞬时极性法可以判断出，2 脚为反相输入端，3 脚为同相输入端。电路由单电源供电，为 OTL 电路。输出端 5 脚应外接输出电容后再接负载。电阻 R_7 从输出端连接到 VT_2 的发射极，形成反馈通路，并与 R_5 和 R_6 构成反馈网络，从而引入了深度电压串联负反馈，使整个电路具有稳定的电压增益。

LM386 集成功率放大器的外形和引脚图如图 4.9.2 所示。使用时需在引脚 7 和地之间接入旁路电容，通常取为 10 μF。LM386 集成功率放大器的主要参数见表 4.9.1。

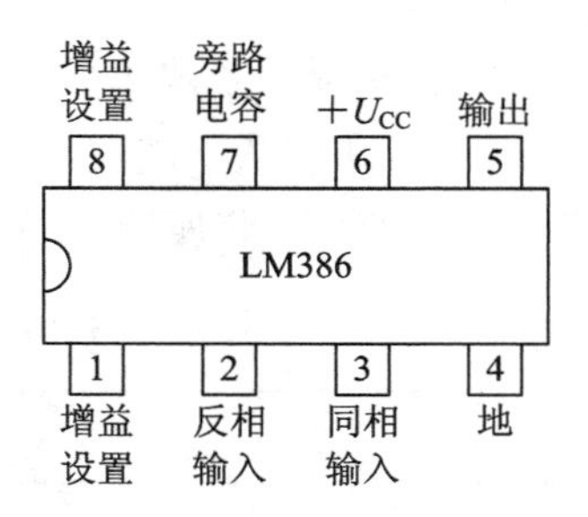

图 4.9.2 LM386 集成功率放大器的外形和引脚图

表 4.9.1 LM386 集成功率放大器的主要参数

型 号	电路类型	电源电压范围	静态电源电流	输入阻抗	输出功率	电压增益	频带宽度	总谐波失真
LM386－4	OTL	5.0 V～18 V	4 mA	50 kΩ	1 W(U_{CC}＝16 V，R_L＝32 Ω)	26 dB～46 dB	300 kHz（1、8 开路）	0.2%

LM386 集成功率放大器的典型电路如图 4.9.3 所示，此电路为 LM386 集成功率放大

器电压放大倍数最大的接法，放大倍数约为200。

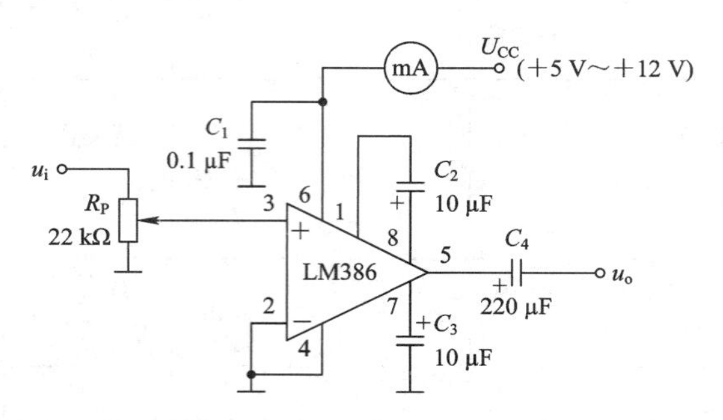

图 4.9.3　LM386 集成功率放大器的典型电路

三、实验仪器及器件

- DS1052E 型数字示波器；
- DG1022 型双通道函数/任意波形发生器；
- SP1931 型数字交流毫伏表；
- VC51 型数字万用表；
- HG1943A 型直流数字电流表；
- 模拟电路综合实验箱。

四、实验内容及步骤

1. 静态测试

选择一块集成功放块 LM386 并按图 4.9.3 连接实验电路。令 $u_i=0$，接通电源电压 U_{CC}，取 $U_{CC}=+12$ V，用数字万用表的直流电压挡测量集成块各引脚的对地电压值，并读取电路的总电流值，将所测结果记入表 4.9.2 中。

表 4.9.2　LM386 功率放大器各引脚电压测量记录

测　量　值							
U_1/V		U_3/V		U_5/V		U_7/V	
U_2/V		U_4/V		U_6/V		U_8/V	
总电流 I_{DC}/mA							

2. 动态测试

(1) 最大输出功率 P_{om}。在输入端加入 $f=1$ kHz 的正弦信号，用示波器观察输出电压 u_o 的波形，逐渐加大输入信号 u_i 的幅度，使之达到最大不失真输出，用交流毫伏表测量此时的输出电压 u_{om}，则最大不失真功率 $P_{om}=\frac{u_{om}^2}{R_L}$(取 $R_L=8\ \Omega$)。

(2) 转换效率 η。当输出电压达到最大不失真时，记下此时直流毫安表显示的电流值，此电流即为直流电源供给的平均电流 I_{DC}(有一定误差)，由此可近似求得 $P_E=U_{CC}\times I_{DC}$，

再根据上面测得的 P_{om}，即可求出

$$\eta = \frac{P_{om}}{P_E}$$

(3) 频率响应。在输入端输入频率为 1 kHz 的正弦信号，用示波器观察输出波形，使之不失真，测输出电压 U_o，改变输入信号的频率，记录不同频率时所对应的输出电压，分别找出 f_L、f_H，则功率放大器的通频带为

$$f_B = f_H - f_L$$

注意： 在改变频率的过程中必须保持输入信号的电压不变。

五、预习报告要求

预习集成功率放大器的分类及工作原理。

六、思考题

在图 4.9.3 电路中，若 $U_{CC} = +12\ V$，$R_L = 8\ \Omega$，估算该电路的 P_{om} 值。

实验十　直流稳压电源

一、实验目的

(1) 研究单相桥式整流、电容滤波电路的特性。

(2) 掌握串联型晶体管稳压电源的主要技术指标的测试方法。

(3) 掌握三端集成稳压电源的原理及应用电路。

(4) 掌握稳压电源各项指标的物理意义及其测量方法。

二、实验原理

电子设备一般都需要直流电源供电。这些直流电除了少数直接利用电池和直流发电机外，大多数是采用把交流电(市电)转变为直流电的直流稳压电源。

直流稳压电源由电源变压器、整流电路、滤波电路和稳压电路四部分组成，其原理框图如图 4.10.1 所示。电网供给的交流电压 u_1(220 V，50 Hz)经电源变压器降压后，得到符合电路需要的交流电压 u_2，然后由整流电路变换成方向不变、大小随时间变化的脉动电压，稳压电源的整流部分一般由单相桥式整流电路实现，再用电容滤波器滤去交流分量，就可得到比较平直的直流电压 U_{DI}。但这样的直流输出电压，还会随交流电网电压的波动或负载的变动而变化。因此在对直流供电要求较高的场合，还需要使用稳压电路，以保证输出直流电压更加稳定。稳压电路分为串联型稳压电路和二集成稳压电路。

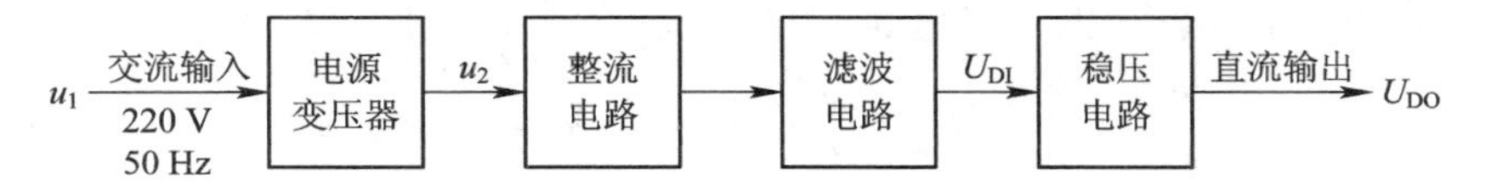

图 4.10.1　直流稳压电源原理框图

1. 串联型稳压电路

实用的串联型稳压电路至少包含调整管、基准电压电路、采样电路和比较放大电路四个部分。除此之外，为使电路安全工作，还常在电路中添加保护电路。串联型稳压电路的框图如图4.10.2所示。

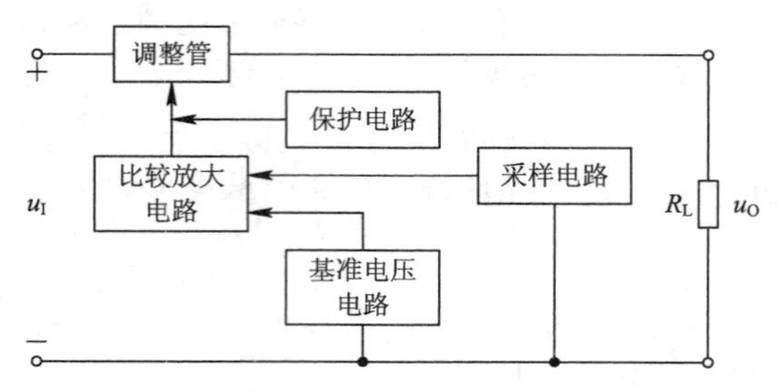

图4.10.2　串联型稳压电路框图

图4.10.3是由分立元件组成的串联型稳压电源的电路图。其整流部分为单相桥式整流、电容滤波电路；稳压部分为串联型稳压电路，它由调整元件(晶体管 VT_1)、比较放大器(VT_2、R_4)、采样电路(R_1、R_2、R_W)、基准电压电路(R_3、VD_Z)等组成。整个稳压电路是一个具有电压串联负反馈的闭环系统，其稳压过程为：当电网电压波动或负载变动引起输出直流电压发生变化时，采样电路取出输出电压的一部分送入比较放大器，并与基准电压进行比较，产生误差的信号经 VT_2 放大后送至调整管 VT_1 的基极，使调整管改变其管压降，以补偿输出电压的变化，从而达到稳定输出电压的目的。

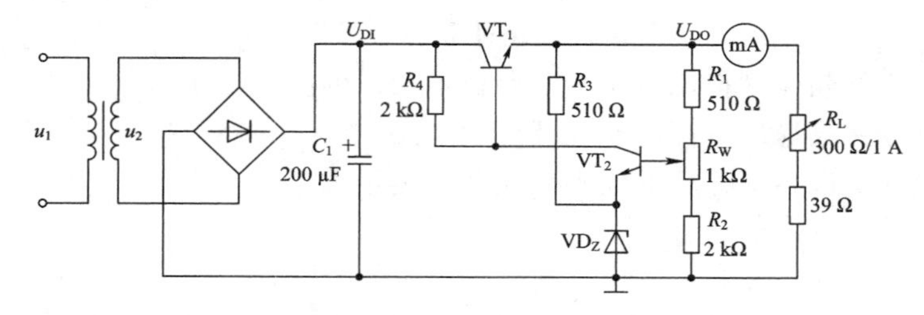

图4.10.3　串联型稳压电源电路

由于在稳压电路中调整管与负载串联，因此流过它的电流与负载电流一样大。当输出电流过大或发生短路时，调整管会因电流过大或电压过高而损坏，所以需要对调整管加以保护。

稳压电源的主要性能指标：

(1) 输出电压 U_{DO} 和输出电压调节范围。输出电压 U_{DO} 为

$$U_{DO}=\frac{R_1+R_W+R_2}{R_2+R_W}(U_Z+U_{BE2})$$

调节 R_W 可以改变输出电压 U_{DO}。

(2) 输出电阻 R_O。输出电阻 R_O 定义为：当输入电压 U_{DI}(稳压电路输入)保持不变时，由于负载变化而引起的输出电压变化量与输出电流变化量之比，即

$$R_O=\frac{\Delta U_{DO}}{\Delta I_L}\Big|_{U_{DI}=常数}$$

(3) 稳压系数 S(电压调整率)。稳压系数 S 定义为：当负载保持不变时，输出电压相对变化量与输入电压相对变化量之比，即

$$S=\frac{\Delta U_{\mathrm{DO}}/U_{\mathrm{DO}}}{\Delta U_{\mathrm{DI}}/U_{\mathrm{DI}}}\Big|_{R_{\mathrm{L}}=\text{常数}}$$

由于工程上常把电网电压波动±10%作为极限条件，因此也有将此时的输出电压的相对变化量$\frac{\Delta U_{\mathrm{DO}}}{U_{\mathrm{DO}}}$作为衡量指标的，称为电压调整率。

(4) 电流调整率。在输入电压一定且负载电流产生最大变化的条件下，输出电压产生的变化量 ΔU_{DO} 称为电流调整率。

(5) 输出纹波电压。输出纹波电压是指在额定负载条件下，输出电压中所含交流分量的有效值(或峰值)。

2. 集成稳压器

集成稳压器具有体积小、外接线路简单、使用方便、工作可靠和通用性强等优点，因此在各种电子设备中应用得十分普遍，基本上取代了由分立元件构成的稳压电路。集成稳压器的种类很多，应根据所用设备对直流电源的要求来进行选择。对于大多数电子仪器、设备和电子线路来说，通常是选用串联线性集成稳压器，而在这种类型的器件中，又以三端式稳压器应用最为广泛。

78、79 系列三端式集成稳压器的输出电压是固定的，在使用中不能进行调整。78 系列三端式稳压器广泛用于各种整机或电路板电源，输出正极性电压，一般有 5 V、6 V、9 V、12 V、15 V、18 V、24 V 共 7 挡，输出电流最大可达 1.5 A(加散热片)，稳压器内部具有过流、过热和安全工作区保护电路，一般不会因过载而损坏；如在外部接少量元件还可构成可调式稳压器和恒流源。78 系列三端式稳压器的外形及引脚图见图 4.10.4。它的 3 个引出端为：塑料封装，1—输入端，2—接地端，3—输出端；金属封装，1—输入端，2—输出端，3—接地端。

若要求负极性输出电压，则可选用 79 系列稳压器。79 系列三端式稳压器与 78 系列基本相同，只是输出电流较小，加装散热器后，输出额定电流只达到 500 mA 左右。79 系列三端式稳压器的外形及引脚图见图 4.10.4。它的 3 个引出端为：塑料封装，1—接地端，2—输入端，3—输出端；金属封装，1—接地端，2—输出端，3—输入端。

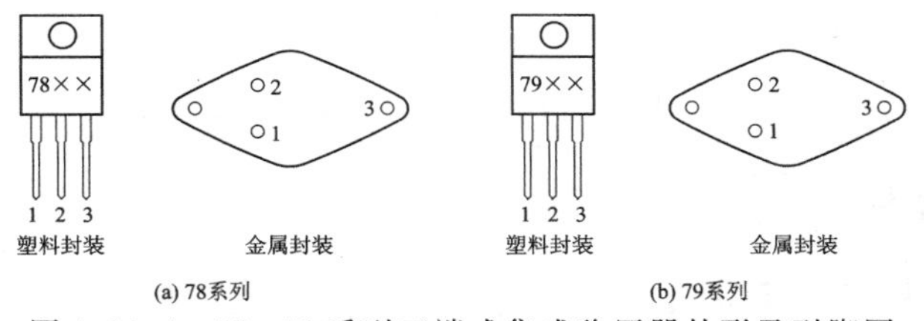

图 4.10.4　78、79 系列三端式集成稳压器外形及引脚图

图 4.10.5 为用三端式稳压器 W7812 构成的单电源电压输出串联型稳压电源的实验电路图，其整流部分也是由单相桥式整流、电容滤波。

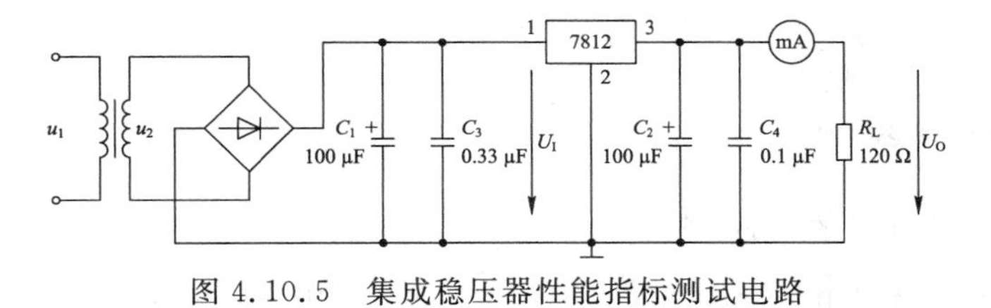

图 4.10.5　集成稳压器性能指标测试电路

图 4.10.6 为正、负双电压输出电路，如需 $U_{O1}=+18\ V$，而 $U_{O2}=-18\ V$ 时，可同时选用 7818 和 7918 稳压器来组成电路，但这时的 U_I 应为单电压输出时的两倍。

当集成稳压器本身的输出电压或输出电流不能满足要求时，可通过外接电路来进行性能扩展。

图 4.10.7 是一种简单的输出电压扩展电路。如 7812 稳压器的 3、2 端之间的输出电压为 12 V，因此只要适当选择 R 的数值，使稳压管 VD_Z 工作在稳压区，其输出电压 U_O 为 12 V$+U_Z$，可以高于稳压器本身的输出电压。

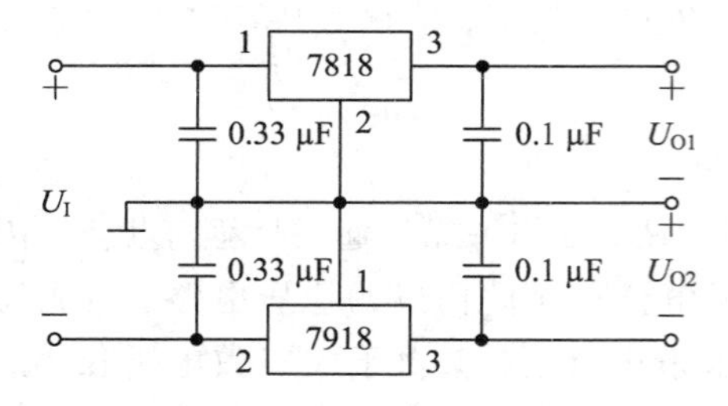

图 4.10.6　正、负双电压输出电路

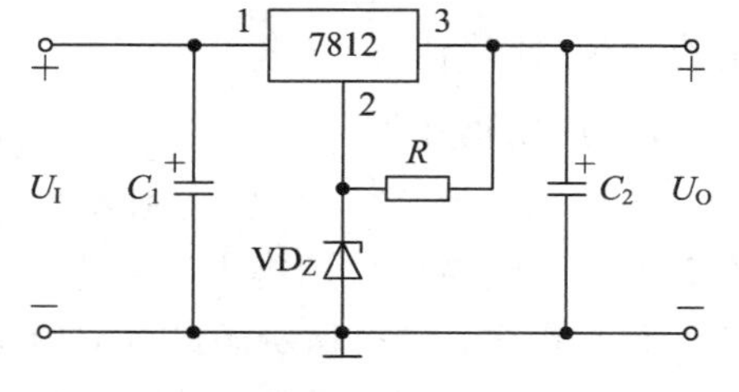

图 4.10.7　一种简单的输出电压扩展电路

图 4.10.8 是通过外接晶体管 VT 及电阻 R_1 来进行电流扩展的电路。电阻 R_1 的阻值由外接晶体管的发射结导通电压 U_{BE}、三端式稳压器的输入电流 I_i（近似等于三端式稳压器的输出电流 I_{O1}）和 VT 的基极电流 I_B 来决定，即

$$R_1=\frac{U_{BE}}{I_R}=\frac{U_{BE}}{I_i-I_B}=\frac{U_{BE}}{I_{O1}-I_C/\beta}$$

式中，I_C 为晶体管 VT 的集电极电流，$I_C=I_O-I_{O1}$。β 为晶体管 VT 的电流放大系数，对于锗管，U_{BE} 可按 0.3 V 估算；对于硅管，U_{BE} 可按 0.7 V 估算。

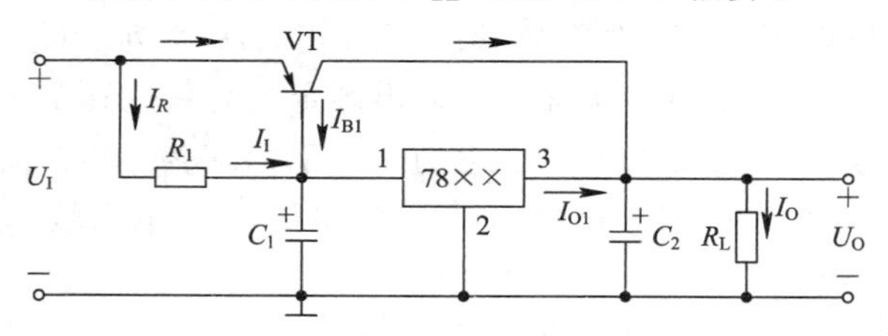

图 4.10.8　集成稳压器电流扩展电路

三、实验仪器及器件

- DS1052E 型数字示波器；
- SP1931 型数字交流毫伏表；
- VC51 型数字万用表；
- 模拟电路综合实验箱；
- HG1943A 型直流数字电流表。

四、实验内容及步骤

1. 串联型稳压电路的性能测试

(1) 测量输出电压可调范围。按图 4.10.3 连接实验电路，将变压器次级的 0 V 和 14 V

两个端子接入整流电路的输入端，作为整流电路的输入电压 u_2，即取 $u_2=14$ V。

接通电源 $u_2=14$ V，接入滤波电容 $C_1=200$ μF，并断开毫安表和负载电阻 R_L 与电路的连线。调节电位器 R_W 使其左旋到底(逆时针)和右旋到底(顺时针)，用直流电压挡测量稳压电源的输出电压范围 $U_{DOmin}\sim U_{DOmax}$，并记录相应的整流滤波电压 U_{DI}、调整管 VT_1 的管压降 U_{CE1}，验证三者之间的关系。将以上所测结果记入表 4.10.1 中。

表 4.10.1　串联型稳压电路输出电压可调范围测量记录

R_W 位置	U_{DI}/V	U_{DO}/V	U_{CE1}/V
R_W 左旋到底			
R_W 右旋到底			
U_{DOmin}/V			
U_{DOmax}/V			

(2) 观察输出波形 U_{DO} 及滤波电容 C_1 的作用。

① 接入滤波电容 C_1，调节 R_W 使 $U_{DO}=9$ V，用示波器观察并记录 u_2、U_{DI} 及 U_{DO} 的电压波形，并用交流毫伏表测量各端相应的纹波电压值。

② 断开滤波电容 C_1，重复①的步骤，比较有无滤波电容 C_1 时各点波形及纹波电压的变化。

将以上测量结果记录于表 4.10.2 中。

表 4.10.2　不同滤波电容时的输出波形及纹波电压测量记录

测量值	接入滤波电容 C_1		不接入滤波电容 C_1	
	波形	纹波电压	波形	纹波电压
u_2/V	u_2 O t		u_2 O t	
U_{DI}/V	U_{DI} O t		U_{DI} O t	
U_{DO}/V	U_{DO} O t		U_{DO} O t	

注意：

① 每次改接电路时，必须切断交流电源。

② 在观察输出电压 U_{DO} 的波形时，不要随意变动示波器的“Y 轴灵敏度”旋钮的位置，以比较各点波形幅度的变化。

③ 用双踪示波器观测波形时，禁止用两根探头同时观测 u_2 和 U_{DI}。

(3) 测量稳压电源的外特性及输出电阻 R_O。接入滤波电容 C_1，调节 R_W 使 $U_{DO}=9$ V，再接入负载电阻 R_L(300 Ω 滑线变阻器及 39 Ω 电阻)，调节 R_L，分别记录负载电流 I_L 为 0 mA、30 mA、60 mA、90 mA、120 mA、150 mA 时相应的输出电压 U_{DO} 和稳压电路的输入电压 U_{DI} 的值，将所测数据记入表 4.10.3 中，并根据所测数据画出稳压电源的外特性，计算稳压电源内阻 R_O(任取两值进行计算)。

表 4.10.3 稳压电源的外特性及输出电阻 R_O 测量记录

I_L/mA	0	30	60	90	120	150
U_{DI}/V						
U_{DO}/V						
R_O						

(4) 测量稳压电源的稳压系数 S(电压调整率)和电流调整率。

① 接入滤波电容 C_1，调节 R_W 使 $U_{DO}=9$ V，接入负载电阻 R_L，调节 R_L 使负载电流 $I_L=100$ mA，然后改变整流电路的输入电压 u_2，使 u_2 分别为 10 V、14 V 和 17 V(模拟电网电压波动)，再分别记录稳压电路的输入电压 U_{DI} 及输出电压 U_{DO}，记入表 4.10.4 中，计算稳压系数 S(电压调整率)。

② 仍然使 $u_2=14$ V，测量负载电流 $I_L=0$ mA 和 $I_L=100$ mA 时，相对应的输出电压 U_{DO}，将数据记入表 4.10.4 中，计算电流调整率。

表 4.10.4 稳压系数 S 和电流调整率、纹波电压测量记录

<table>
<tr><td>u_2/V</td><td>10</td><td colspan="2">14</td><td>17</td><td colspan="2">条　件</td><td>U_{DO}/V</td></tr>
<tr><td>U_{DI}/V</td><td></td><td colspan="2"></td><td></td><td rowspan="3">$u_2=14$ V</td><td>$I_L=0$ mA</td><td></td></tr>
<tr><td>U_{DO}/V</td><td></td><td colspan="2"></td><td></td><td>$I_L=100$ mA</td><td></td></tr>
<tr><td>S(电压调整率)</td><td colspan="2">$S_{12}=$</td><td colspan="2">$S_{23}=$</td><td>电流调整率</td><td></td></tr>
<tr><td>测量纹波电压</td><td colspan="4">$u_2=14$ V，$U_{DO}=9$ V，$I_L=100$ mA</td><td colspan="3">纹波电压 $U_{DO}=$</td></tr>
</table>

(5) 测量纹波电压。取 $u_2=14$ V，$U_{DO}=9$ V，$I_L=100$ mA，用交流毫伏表测量稳压电路输出端(U_{DO} 端)的纹波电压，记录于表 4.10.4 中，计算纹波系数。

2. 集成稳压器性能测试

按图 4.10.5 连接实验电路，选取输出端负载电阻 $R_L=\infty$，$u_2=14$ V，作为整流电路的输入电压。

(1) 初测。接通电源后，用交流毫伏表测量整流电路的输入电压 u_2，再用数字万用表测量稳压电路的输入电压 U_I 及集成稳压器的输出端电压 U_O，所测数值应与理论值基本符合，否则说明电路出了故障。

电路经初测进入正常工作状态后，方可进行各项指标的测试。

(2) 性能指标测试。

① 输出电压 U_O 和最大输出电流 I_{Omax}。在输出端接入负载电阻 $R_L=120$ Ω，由于 7812

稳压器输出电压 $U_O=12$ V，因此流过负载电阻 R_L 的电流 $I_{Omax}=\frac{12\ \text{V}}{120\ \Omega}=100$ mA。这时 U_O 应基本保持不变，若变化较大，则说明集成块性能不良。

② 按照串联稳压器的测量方法，测量稳压系数 S、输出电阻 R_O、输出纹波电压并把测量结果记录下来，表格自拟。

五、预习报告要求

（1）预习桥式整流、电容滤波电路的特点。

（2）预习串联稳压电路及集成稳压器的工作原理。

六、思考题

（1）根据实验电路参数估算 U_{DO} 的可调范围及 $U_{DO}=9$ V 时 VT_1、VT_2 管的静态工作点(假设调整管的饱和压降 $U_{CE1S}=1$ V)。

（2）在桥式整流电路中，能否用双踪示波器同时观察 u_2 和 U_{DO} 波形，为什么？

（3）在桥式整流电路中，如果某个二极管发生开路、短路或反接 3 种情况，将会出现什么问题？

第5章　数字电子技术基础性实验

实验一　基本逻辑门逻辑功能测试及应用

一、实验目的

（1）掌握集成逻辑门的逻辑功能及其测试方法。

（2）掌握器件的使用规则。

（3）熟练使用DS1052E型数字示波器。

二、实验原理

门电路是构成各种复杂数字电路的基本逻辑单元，掌握各种门电路的逻辑功能和电气特性，对于正确使用数字集成电路是十分必要的。目前应用最广泛的集成电路是TTL和CMOS。

TTL集成电路是由晶体三极管和电阻构成的，根据其型号的不同，有不同的内部结构和引脚，在本实验中我们只选取了常用的与非门、与或非门来进行测试。与非门是门电路中应用较多的一种，与非门的逻辑功能为，当输入端中有一个或一个以上是低电平时，输出为高电平；只有当输入端全部为高电平时，输出才为低电平。利用Multisim仿真软件对二输入与非门的逻辑功能进行仿真，得到结果如图5.1.1所示。

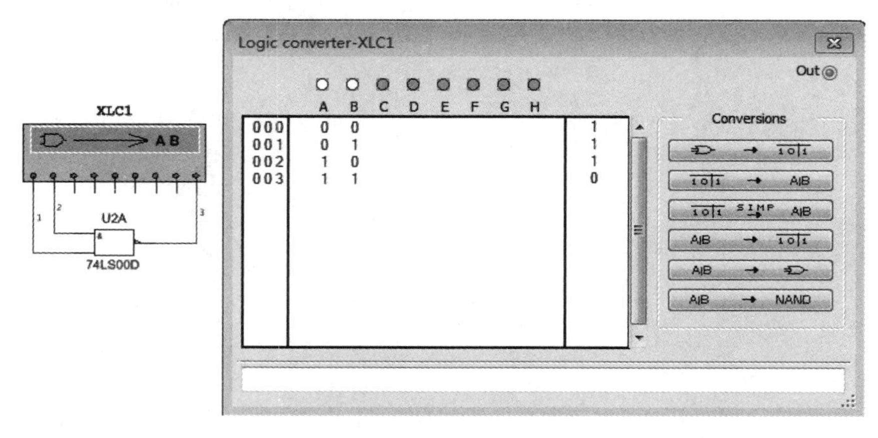

图5.1.1　TTL与非门的逻辑功能仿真结果

CMOS集成电路是将N沟道MOS晶体管和P沟道MOS晶体管同时用于一个集成电路中，成为组合两种沟道MOS管性能的更优良的集成电路。尽管CMOS与TTL电路内部结构不同，但它们的逻辑功能完全一样，CMOS 集成电路具有功耗低、输入阻抗大的优点。

1. 逻辑门的主要参数

（1）低电平输出电源电流 I_{CCL} 和高电平输出电源电流 I_{CCH}。与非门处于不同的工作状态，电源提供的电流是不同的。I_{CCL} 是指所有输入端悬空，输出端空载时，电源提供给器件的电流。I_{CCH} 是指输出端空载，每个门各有一个以上的输入端接地，电源提供给器件的电流。通常 $I_{CCL}>I_{CCH}$，它们的大小标志着器件静态功耗的大小。

（2）电压传输特性。门的输出电压 u_o 随输入电压 u_i 而变化的曲线 $u_o=f(u_i)$ 称为门的电压传输特性，通过它可读得门电路的一些重要参数，如输出高电平 U_{OH}、输出低电平 U_{OL}、关门电平 U_{OFF}、开门电平 U_{ON} 及阈值电平 U_T 等值。利用 Multisim 仿真软件对 TTL 反相器的电压传输进行仿真，得到如图 5.1.2 所示的结果。

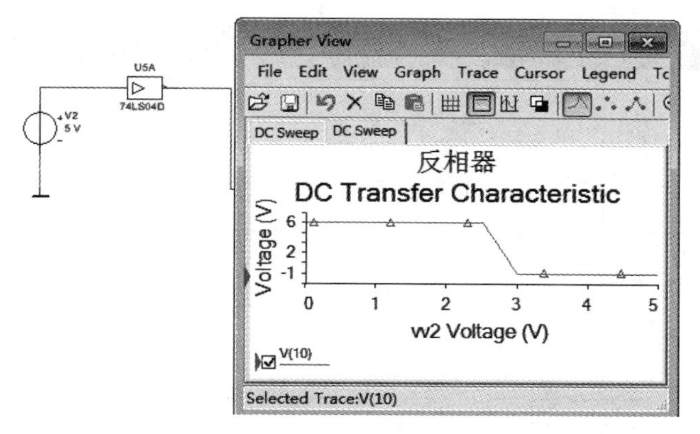

图 5.1.2　反相器电压传输仿真图

（3）平均传输延迟时间 t_{pd}。t_{pd} 是衡量门电路开关速度的参数，它是指输出波形边沿的 0.5 U_m 至输入波形对应边沿 0.5 U_m 点的时间间隔，如图 5.1.3 所示。

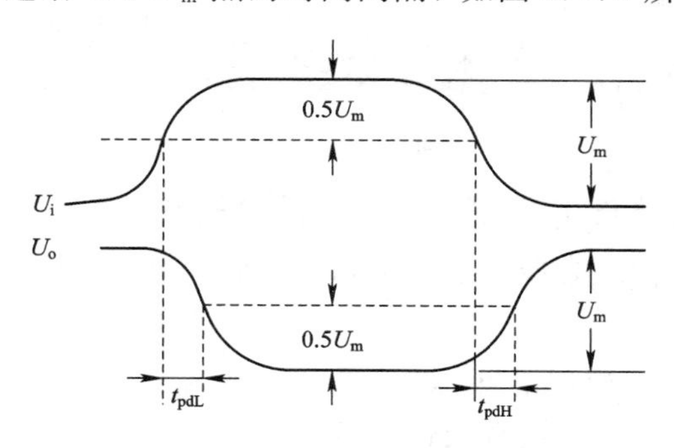

图 5.1.3　传输延迟特性

图 5.1.3 中的 t_{pdL} 为导通延迟时间，t_{pdH} 为截止延迟时间，平均传输延迟时间为

$$t_{pd}=\frac{1}{2}(t_{pdL}+t_{pdH}) \tag{5-1-1}$$

t_{pd} 可通过测量由 3 个与非门组成的环形振荡器的振荡周期 T 来求得。其工作原理是：假设电路在接通电源后某一瞬间，经过三级门的延迟后，使原来的逻辑“1”变为逻辑“0”；再经过三级门的延迟后，又重新回到逻辑“1”，总共经过 6 级门的延迟时间。因此平均传输

延迟时间为

$$t_{pd}=\frac{T}{6} \tag{5-1-2}$$

利用 Multisim 仿真软件对 TTL 与非门的环形振荡器进行仿真，得到如图 5.1.4 所示的结果。

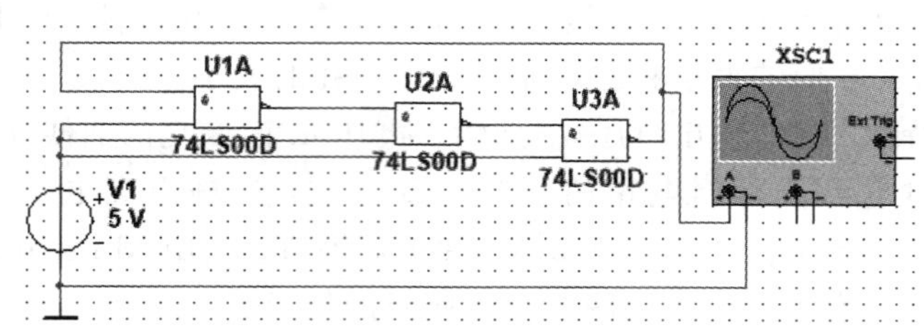

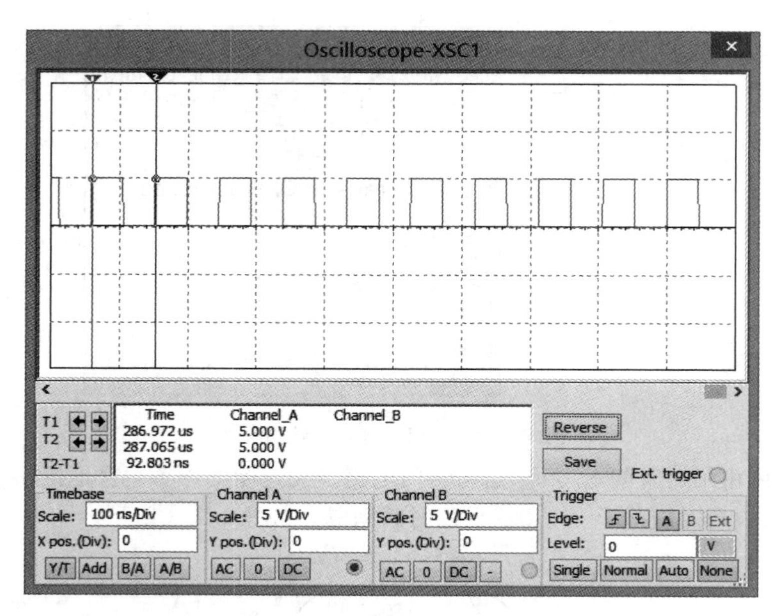

图 5.1.4　与非门电路传输延迟仿真结果

2. CMOS 逻辑门电路与 TTL 逻辑门电路的电气性能

CMOS 逻辑门电路与 TTL 逻辑门电路具有不同的电气性能，导致在使用的时候需要注意以下几个方面：

(1) 电源电压。TTL 逻辑门电路的电源电压一般为 4.5 V～5.5 V，CMOS 逻辑门电路的电源电压一般为 5 V～15 V，电源极性都不允许接错。

(2) 不使用的输入端的处理。对于小规模的 TTL 逻辑门电路，不使用的输入端允许悬空(相当于逻辑高电平)，但容易受到外界干扰，导致电路的逻辑功能不正常。对于 TTL 中规模及以上的逻辑门电路，所有输入端必须按逻辑关系接入电路。

COMS 逻辑门电路具有很高的输入阻抗，因此外来的干扰信号很容易在一些悬空的输入端上感应出很高的电压，这将导致器件的损坏，因此 COMS 逻辑门电路的所有输入端一律不允许悬空，应该按逻辑关系接入电路。根据电路的逻辑关系，不使用的输入端在“或”逻辑中接地，在“与”逻辑中接电源。

3. 数字电路综合实验箱

数字电路综合实验箱如图 5.1.5 所示，具有以下电路资源：

(1) 信号源。面板上有 5 个频率输出点，分别为 1 MHz、100 kHz、10 kHz、1 kHz、1 Hz，可用作信号源。

(2) 指示灯。L0～L11 共 12 个指示灯可作为输出指示，当输出为高电平时，红灯亮；当输出为低电平时，绿灯亮。

(3) 数码管。面板上共有 6 个数码管，其对应的输入为 8421 码的数据线，分别为 Dx、Cx、Bx、Ax，下标分别对应 6 个数码管，数码管为共阴极，对应的公共端为 LEDx；将 LEDx 接地则对应的数码管点亮；用 Dx、Cx、Bx、Ax 进行编码，得到从“0～9”的显示。

(4) 单脉冲。面板上有单脉冲输出端，分别为 P+、P−，当按下相应按键时 P+由低变高，P−由高变低。

(5) 电源。除+5 V 电源外，在箱子的正上方有两个可调电源输出端口，分别在+5 V～+12 V 及−5 V～−12 V 范围内可调。

(6) 开关。在箱子的右下方有 K_0～K_{11} 共 12 个拨动开关，拨下则输出低电平，拨上则输出高电平。

(7) 其他元器件。实验箱具有 3 mm×18 mm 的铜柱，作为扩展电子创新模块的固定接口，可扩展 13 种电子创新、实训、实习模块。

- 4 组 14Pin 芯片插座；
- 5 组 16Pin 芯片插座；
- 1 组 20Pin 芯片插座；
- 1 组 24Pin 芯片插座，要求宽、窄都可以插；
- 1 组 28Pin 芯片插座，要求宽、窄都可以插；
- 10 k、100 k、1 M 旋钮可调电位器，每只电位器均有输出限流保护；
- 1 路报警指示 LED 及蜂鸣器警示单元。

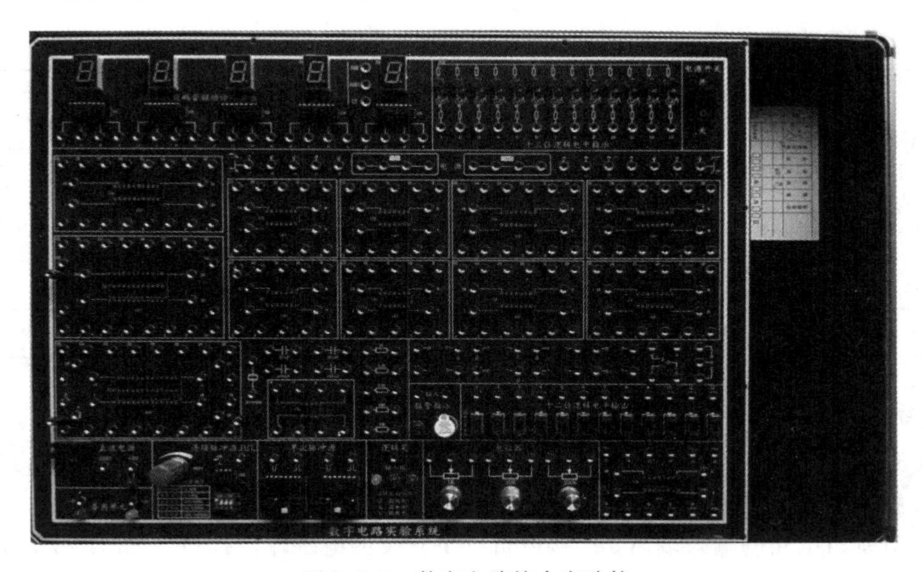

图 5.1.5　数字电路综合实验箱

三、实验仪器及器件

- DS1052E 型示波器；
- 数字电路综合实验箱；
- VC51 型数字万用表；
- 74LS00(74HC00)和 74LS10(74HC10)集成电路芯片。

四、实验内容及步骤

1. 与非门逻辑功能的测试

(1) 选用三输入端与非门芯片 74LS10(74HC10)，按图 5.1.6 连接实验电路，即将与非门的 3 个输入端 A、B、C 分别接至逻辑电平开关的电平输出插口，与非门的输出端 Y 接至显示逻辑电平的发光二极管的电平输入插口，同时将数字万用表调至直流电压挡并连接到门电路的输出端，测量输出电压值。

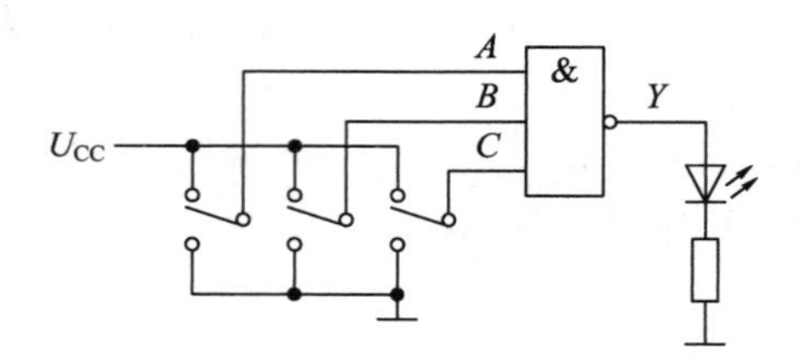

图 5.1.6　与非门逻辑功能测试电路

(2) 参照 74LS10 的引脚图，在芯片相应的引脚上加入 U_{CC} 和 U_{SS}(GND)，检查无误后接通电源，进行实验。

(3) 当与非门的输入端 A、B、C 为表 5.1.1 所列状态时，分别测出输出端电压及逻辑状态，将结果记入表 5.1.1 中。

表 5.1.1　与非门逻辑功能测试记录

输入端			输出端	
A	B	C	电压/V	逻辑状态
0	0	0		
1	0	0		
1	1	0		
1	1	1		

2. 组合逻辑电路的逻辑关系测试

(1) 选取二输入端与非门芯片 74LS00(74HC00)，分别按图 5.1.7 和图 5.1.8 连接实验电路，检查无误后接通电源。

(2) 分别将电路的输入端 A、B 接逻辑电平开关的电平输出插口，输出端 Z_1 及 Z_2 接发光二极管的电平输入插口。

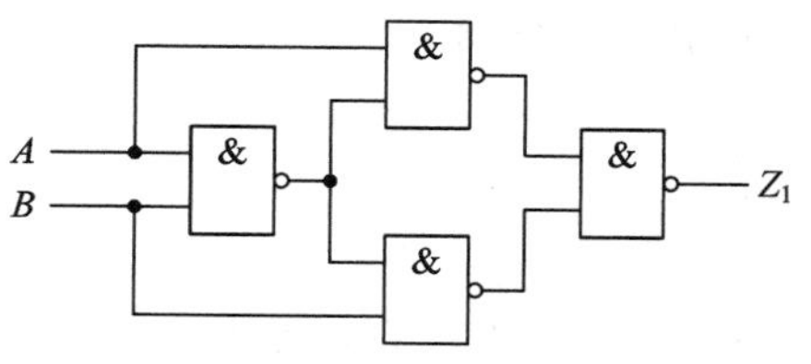

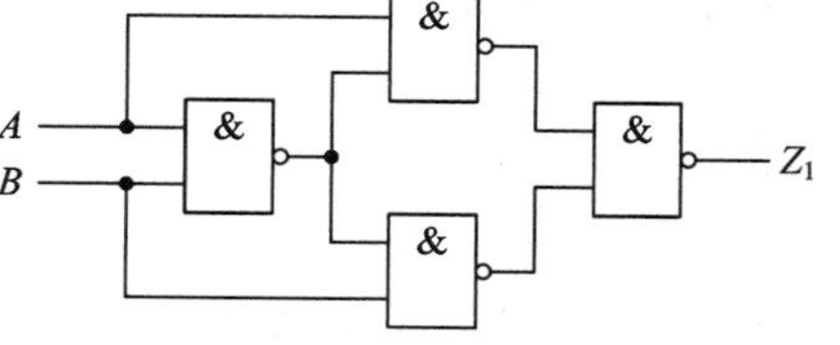

图 5.1.7　组合逻辑电路(Ⅰ)

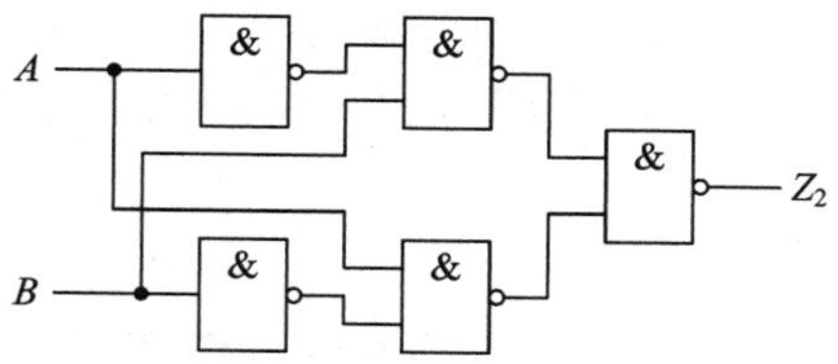

图 5.1.8　组合逻辑电路(Ⅱ)

(3) 当输入端 A、B 为表 5.1.2 所列状态时，分别观察并记录输出端 Z_1 及 Z_2 的逻辑状态，结果记录于表 5.1.2 中。

表 5.1.2　组合逻辑电路功能测试记录

输　入		输　出	
A	B	Z_1	Z_2
0	0		
0	1		
1	0		
1	1		

3. 观察脉冲信号对与非门的控制作用

选取二输入端与非门芯片 74LS00(74HC00)，给输入端 A 接入 1 kHz～10 kHz 的连续方波脉冲信号，另一输入端 B 接逻辑电平开关的电平输出插口，电路如图 5.1.9 所示。用示波器观察并描绘输入端在 $B=0$ 和 $B=1$ 两种情况下，A 和 Z 的波形，将观察到的结果记录于图 5.1.10 中(注意高、低电平的变化和相位关系的对应)。

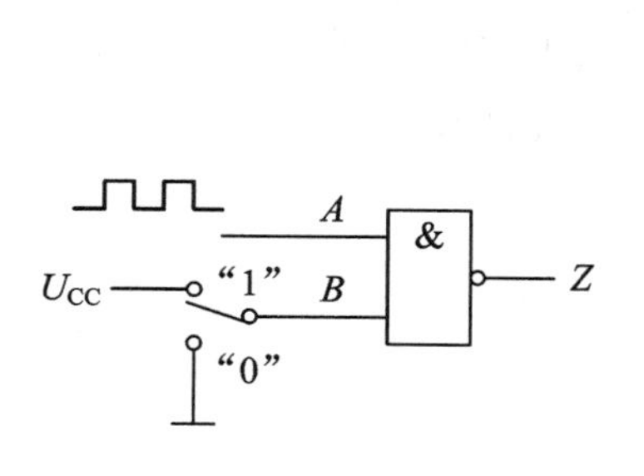

图 5.1.9　与非门对脉冲的控制作用测量电路

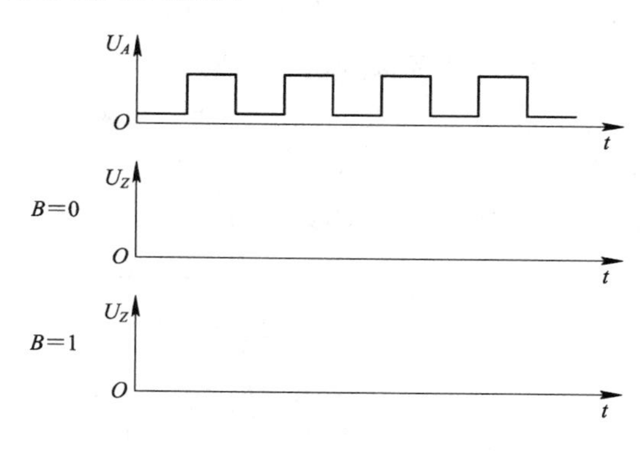

图 5.1.10　与非门输入/输出波形图

五、预习报告要求

(1) 认真阅读有关门电路的内容，掌握与非门、与或非门、异或门的逻辑功能及几种测试电路的测量原理和方法。

(2) 查阅有关集成电路器件手册，熟悉芯片的外形和引脚排列。

(3) 了解 TTL 和 CMOS 集成电路的使用规则。

六、思考题

(1) 欲使一个异或门实现非逻辑，电路如何连接(画图说明)？为什么说异或门是可控反相器？

(2) TTL 门电路和 CMOS 门电路的多余输入端怎么处理？

实验二 OC 门及三态门电路逻辑功能测试及应用

一、实验目的

(1) 掌握集电极开路门(OC 门)和三态门的逻辑功能及应用。

(2) 了解集电极负载电阻 R_L 对集电极开路门的影响。

(3) 掌握三态输出门(3S 门)的典型应用。

二、实验原理

数字系统中有时需要把两个或两个以上集成逻辑门的输出端直接并接在一起完成一定的逻辑功能。对于普通的 TTL 门电路，由于输出级采用了推拉式输出电路，无论输出是高电平还是低电平，输出阻抗都很低。因此，通常不允许将它们的输出端并接在一起使用。

集电极开路门和三态输出门是两种特殊的 TTL 门电路，它们允许把输出端直接并接在一起使用。OC 门(Open Collector Gate)电路即集电极开路的门电路。三态门(Three State Output Gate)电路即输出除了正常的高电平 1 和低电平 0 两种状态外，还有第三种输出状态——高阻态的门电路，是在普通门电路的基础上附加控制电路而构成的。

1. TTL 集电极开路门(OC 门)

集电极开路与非门的电路结构和图形符号如图 5.2.1 所示。由于 OC 与非门的输出管的集电极是悬空的，因此工作时输出端必须通过一只外接电阻 R_L 来和电源相连接，但电阻的阻值和电源电压的数值必须选择得当，以保证输出电平符合电路要求。

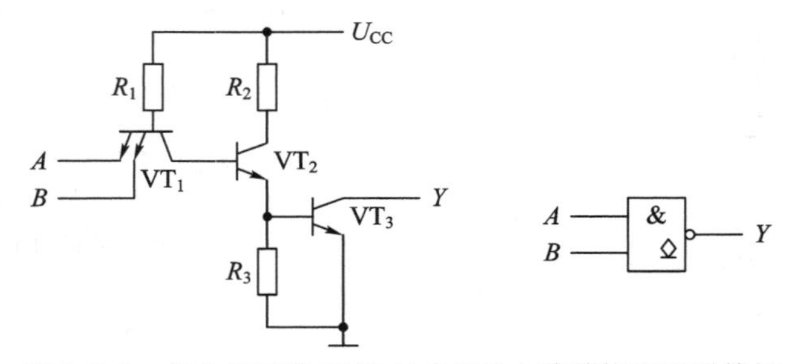

图 5.2.1 集电极开路(OC)与非门的电路结构和图形符号

OC 门的应用主要有以下 3 个方面：

(1) 利用电路的“线与”特性方便地完成某些特定的逻辑功能。

(2) 实现多路信息采集，使两路以上的信息共用一个传输通道(总线)。

(3) 实现逻辑电平的转换，以推动荧光数码管、继电器、MOS 器件等多种数字集成电路。

如图 5.2.1 所示，集电极开路门电路与推拉式输出结构的 TTL 门电路的区别在于：当输出三极管 VT_3 管截止时，OC 门的输出端 Y 处于高阻状态，而推拉式输出结构 TTL 门的输出为高电平。所以，实际应用时，若希望 VT_3 管截止时 OC 门也能输出高电平，必须在输出端外接上拉电阻 R_L 到电源 U_{CC}。R_L 和电源 U_{CC} 的数值选择必须保证 OC 门输出的高、低电平符合后级电路的逻辑要求，同时 VT_3 的灌电流负载不能过大，以免造成 OC 门受损。

两个 OC 与非门的输出端相连时(相与)，其输出为 $Q=\overline{AB+CD}$，完成“与或非”的逻辑功能，称为“线与”。

假设将 n 个 OC 门的输出端并联“线与”，负载是 m 个 TTL 与非门的输入端，为了保证 OC 门的输出电平符合逻辑要求，OC 门外接上拉电阻 R_L 的数值应介于 R_{Lmax} 和 R_{Lmin} 所规定的范围之内。OC 门输出端并联使用时负载电阻 R_L 的选择范围为

$$R_{Lmax}=\frac{U_{CC}-U_{OH}}{nI_{OH}+mI_{IH}} \tag{5-2-1}$$

$$R_{Lmin}=\frac{U_{CC}-U_{OL}}{I_{OLmax}-m'|I_{IL}|} \tag{5-2-2}$$

式中，U_{CC}——R_L 外接电源电压；

I_{OH}——每个 OC 门输出管截止时(输出高电平 U_{OH} 时)的漏电流；

I_{OLmax}——OC 门输出低电平 U_{OL} 时允许最大输入电流的绝对值；

I_{IH}——负载门每个输入端的高电平输入电流；

I_{IL}——负载门每个输入端的低电平输入电流；

n——OC 门个数；

m'——负载门个数；

m——接入电路的负载门输入端总个数。

R_L 取值应为 $R_{Lmin}<R<R_{Lmax}$，如 R_L 的值选得过大，OC 门的输出高电平可能小于 U_{Omin}；R_L 的值选得过小，OC 门输出低电平时的灌电流可能超过最大允许的负载电流 I_{OLmax}。

2. TTL 三态输出门(TS 门)

三态输出门是一种特殊的门电路，它的电路结构是在普通门电路的基础上附加控制电路构成的。它的输出端除了通常的高、低电平外，还有第三种输出状态——高阻状态。处于高阻状态时，电路与负载之间相当于开路。三态输出门按逻辑功能及控制方式来分，有各种不同类型。通常所用的三态输出门除了输入、输出端外，还有一个控制端(又称禁止端或使能端)EN。当 EN=0 时，为正常工作状态(控制端低电平有效)，实现 $Y=\overline{AB}$ 的逻辑功能；当 EN=1 时，为禁止状态，输出 Y 呈现高阻状态。这种控制端加低电平电路才能正常工作的方式称为低电平使能。三态门的电路结构和图形符号如图 5.2.2 所示。

三态门电路的主要用途之一是实现总线传输，即用一个传输通道(总线)以选通方式传送多路信息。三态门在构成总线时，要求只有需要传输信息的三态门控制端处于使能状态(EN=0)，其余各门均处于禁止状态(EN=1)。三态输出门还经常做成单输入、单输出的总线驱动器，并且输入与输出有同相和反相两种类型。利用三态门电路还能实现数据的双向

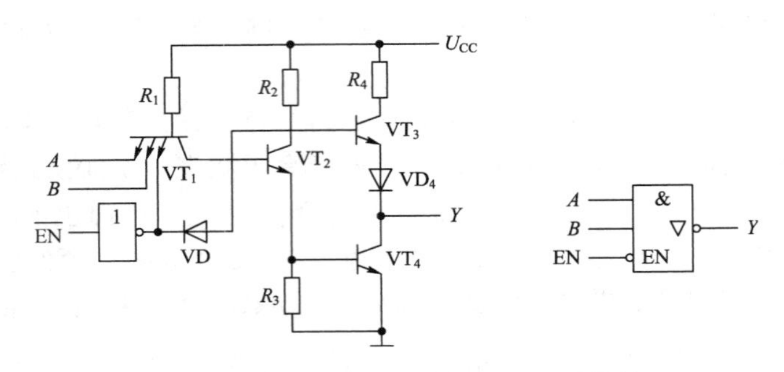

图 5.2.2　三态门的电路结构和图形符号

传输。由于三态门输出电路的结构与普通 TTL 电路相同，显然，若同时有两个或两个以上三态门的控制端处于使能状态，将出现与普通 TTL 门"线与"运用时同样的问题，因而是绝对不允许的。

三、实验仪器及器件

- 数字电路综合实验箱；
- VC51 型数字万用表；
- 74LS03、74LS125 和 74LS04 的集成电路芯片以及 200 Ω 的电阻和 10 kΩ 的电位器。

四、实验内容及步骤

1. TTL 集电极开路与非门负载电阻 R_L 的确定

(1) 选择芯片 74LS03 及 74LS04，按图 5.2.3 连接电路，负载电阻由一个 200 Ω 电阻和一个 10 kΩ 电位器串接而成，将 OC 门的输入端接逻辑电平开关的电平输出插口。

(2) 改变两个 OC 门的输入状态，先使 OC 门"线与"输出高电平，调节 R_W 使 $U_{OH}=3.5$ V，然后切断电源 U_{CC}，用数字万用表的电阻挡测得此时的电阻值，即为 R_{Lmax}。

(3) 接通电源 U_{CC}，使得电路输出低电平 $U_{OL}=0.3$ V，再次切断电源 U_{CC}，用数字万用表的电阻挡测得此时的电阻值，即为 R_{Lmin}。

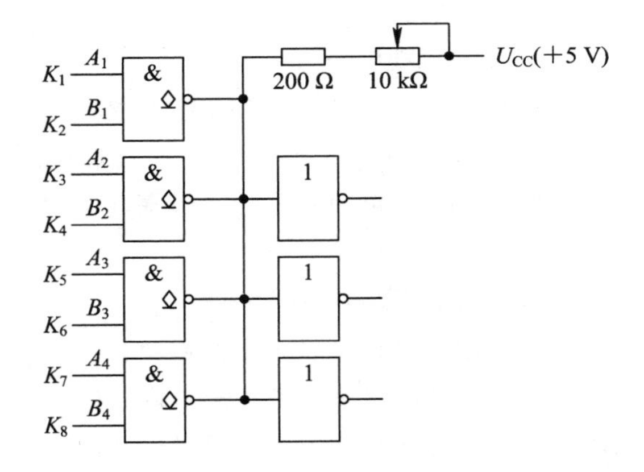

图 5.2.3　OC 门负载电阻 R_L 的确定

2. 集电极开路门的应用

要求：自行设计实验电路并进行测试。

(1) 用 OC 门实现 $F=AB+CD+EF$。实验时输入变量允许用原变量和反变量，外接负载电阻 R_L 自取合适的值。画出电路图并进行测试，同时记录结果。

(2) 用 OC 门电路实现异或逻辑。画出电路图并进行测试，同时记录结果。

3. 三态输出门

(1) 测试三态输出门的逻辑功能。选择芯片 74LS125，对其中的一个三态门进行测试。将三态门的输入端 A 及控制端 EN 分别接两个逻辑开关，输出端 Y 接发光二极管的电平输入插口。测试三态门的逻辑功能，将结果记录于表 5.2.1 中。

表 5.2.1　三态门逻辑功能测试记录

输　　入		输　　出
EN	A	Y
0 0	0 1	
1 1	0 1	

(2) 三态门构成总线的应用。在一片 74LS125 上，将 4 个三态缓冲器的控制端 EN1、EN2、EN3、EN4 分别接 4 个逻辑电平开关，4 个输入端 $1A$、$2A$、$3A$、$4A$ 分别接 1 Hz 连续脉冲源、+5 V 电源、GND 及单脉冲源，4 个输出端 $1Y$、$2Y$、$3Y$、$4Y$ 接成总线形式，并接到一个发光二极管的电平输入插口，电路如图 5.2.4 所示。

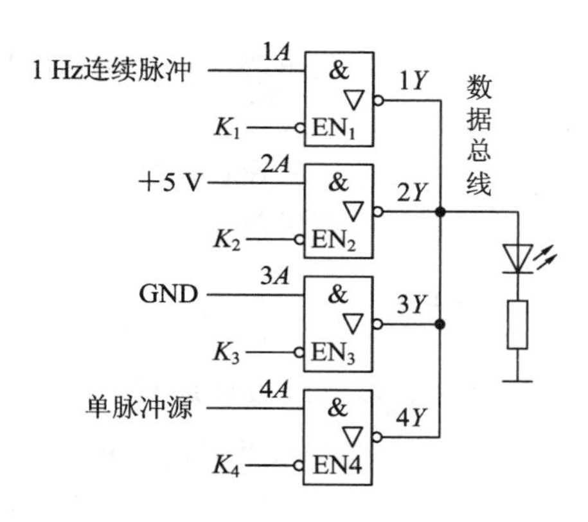

图 5.2.4　三态门构成总线测量电路

先使 4 个三态门的控制端 EN 均为高电平"1"，即处于禁止状态，方可接通电源。然后轮流使其中一个门的控制端 EN 接低电平"0"，观察总线的逻辑状态，将结果记录于表 5.2.2 中。注意，每次测试后，应先使工作的三态门转换至禁止状态，再让另一个门开始传递数据。

表 5.2.2　三态门构成总线测试记录

4 个三态门控制端				输出总线 Y
EN_1	EN_2	EN_3	EN_4	
1	1	1	1	
0	1	1	1	
1	0	1	1	
1	1	0	1	
1	1	1	0	

五、预习报告要求

(1) 预习 TTL 集电极开路门和三态输出门的工作原理。

(2) 熟悉 74LS03 及 74LS125 的功能及外部引脚。

(3) 计算实验中集电极开路门的 R_L 值，并从中确定实验所用 R_L 的数值(选标称值)。

(4) 画出用 OC 与非门实现 $F=AB+CD+EF$ 及实现异或逻辑的逻辑电路图。

六、思考题

(1) 普通与非门输出端为什么不能并联使用?

(2) 在使用总线传输时，总线上能否同时接有 OC 门与三态门？为什么?

(3) 三态门和 OC 门都可以形成总线，它们之间的差异是什么?

(4) 负载门如何同总线连接？负载门的数目是否受到限制?

实验三　组合逻辑电路

一、实验目的

(1) 通过简单的组合逻辑电路设计与调试，掌握采用小规模集成电路(SSI)设计组合逻辑电路的方法。

(2) 用实验验证所设计电路的逻辑功能。

(3) 掌握各种逻辑门的应用。

二、实验原理

1. 组合逻辑电路设计流程

组合逻辑电路是最常见的逻辑电路之一，可以用一些常用的门电路来组合成具有其他功能的门电路。组合逻辑电路在逻辑功能上的特点是任意时刻的输出仅仅取决于该时刻的输入，而与电路过去的状态无关。在电路结构上的特点是只包含门电路，而没有存储(记忆)单元。使用中、小规模集成电路设计组合电路的一般步骤如图 5.3.1 所示。

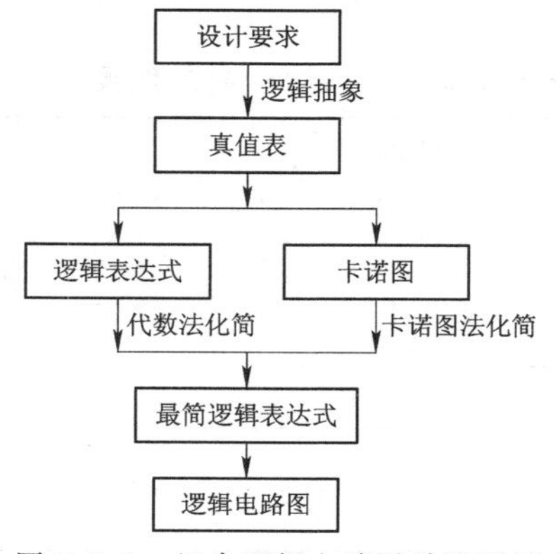

图 5.3.1　组合逻辑电路设计流程图

(1) 进行逻辑抽象，首先根据设计任务的要求建立输入、输出变量，列出其真值表。

(2) 用卡诺图或代数法化简，求出最简逻辑表达式。

(3) 根据简化后的逻辑表达式，画出逻辑电路图。

2. 组合逻辑电路分析步骤

若已知逻辑电路，欲分析组合电路的逻辑功能，则分析步骤为：

(1) 由逻辑电路图写出各输出端的逻辑表达式。

(2) 由逻辑表达式列出真值表。

(3) 根据真值表进行分析，从而确定电路功能。

组合电路的设计过程是在理想情况下进行的，即假设一切器件均没有延迟效应。

三、实验仪器及器件

- 数字电路综合实验箱；
- 74LS00(74HC00)、74LS04(74HC04)、74LS86(74HC86) 等集成电路芯片。

四、实验内容及步骤

1. 测试用异或门和与非门组成的半加器的逻辑功能

如果不考虑来自低位的进位而能够实现将两个 1 位二进制数相加的电路，称为半加器。半加器的符号如图 5.3.2 所示。

半加器的逻辑表达式为

$$S=\overline{A}B+A\overline{B}=A\oplus B \tag{5-3-1}$$

$$\mathrm{CO}=AB \tag{5-3-2}$$

根据半加器的逻辑表达式可知，半加和 S 是输入 A、B 的异或，而进位 CO 则为输入 A、B 相与，故半加器可用一个集成异或门和两个与非门组成，电路如图 5.3.3 所示。

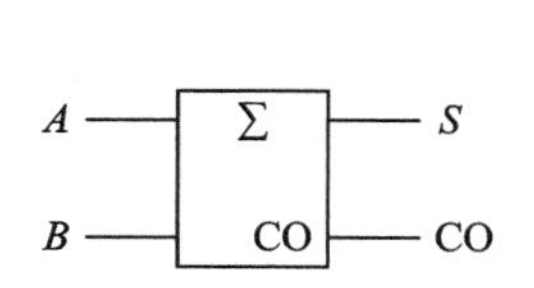

图 5.3.2　半加器的符号

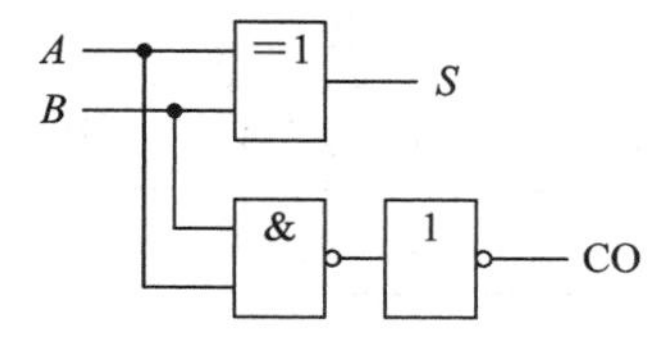

图 5.3.3　异或门和与非门组成的半加器逻辑电路

选择 74LS00(74HC00) 及 74LS86(74HC86)按图 5.3.3 接线，当输入端 A、B 为表 5.3.1 所列状态时，测量输出端 S 及 CO 的逻辑状态，将结果记录于表 5.3.1 中。

表 5.3.1　半加器的逻辑功能测试记录

输入端	A	0	0	1	1
	B	0	1	0	1
输出端	S				
	CO				

2. 由加法器组成的组合逻辑电路的设计与测试

在将两个多位二进制数相加时，除了最低位以外，每一位都应该考虑来自低位的进位，即将两个对应位的加数和来自低位的进位 3 个数相加。能实现这种运算的电路称为全加器。电路的输入有被加数 A、加数 B 以及来自相邻低位的进位数 CI，输出有全加和 S 与向高位的进位 CO。全加器的逻辑表达式为

$$S=\overline{\overline{ABCI}+A\bar{B}CI+\bar{A}BCI+AB\overline{CI}}=A\oplus B\oplus(CI) \tag{5-3-3}$$

$$CO=\overline{\overline{AB}+\overline{BCI}+\overline{ACI}}=\overline{\overline{AB(A\oplus B)CI}} \tag{5-3-4}$$

全加器的符号如图 5.3.4 所示。用异或门和与或非门组成的全加器电路如图 5.3.5 所示。实现多位二进制数相加有多种形式的电路，其中比较简单的一种电路是采用串行相加、逐位进位的方式。

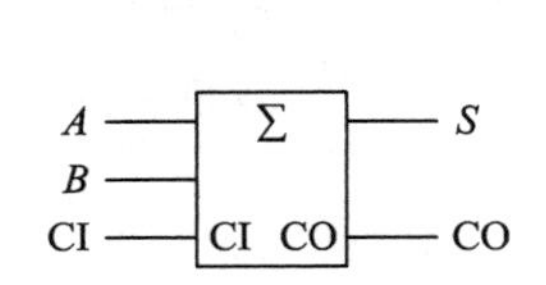

图 5.3.4 全加器的符号

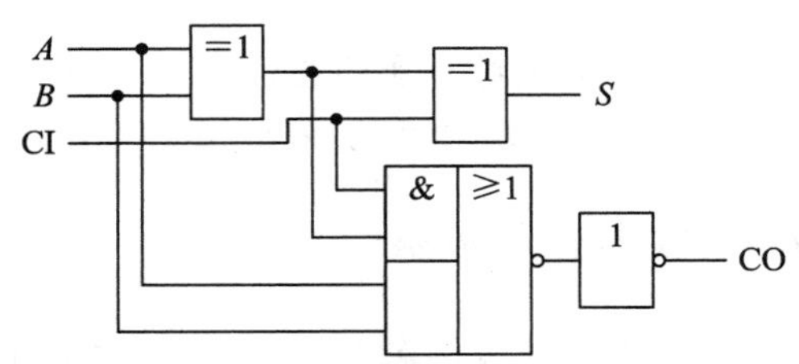

图 5.3.5 异或门和与或非门组成的全加器逻辑电路

(1) 设计一个代码转换电路，将 BCD 码的 8421 码转换为余 3 码。要求使用简单门电路设计电路，并进行仿真，列出真值表，画出逻辑电路图并在实验仪上进行测试，记录测试结果。

(2) 用门电路芯片构成三位加法器电路，要求能进行两个三位二进制数 A_2、A_1、A_0 和 B_2、B_1、B_0 相加。自拟实验电路并进行测试，同时进行仿真，实验结果记录于表 5.3.2 中。

表 5.3.2 三位加法器电路测试记录

加数			被加数			结果			
A_2	A_1	A_0	B_2	B_1	B_0	S_2	S_1	S_0	CO
0	1	1	0	1	0				
0	1	1	1	0	0				
1	0	1	1	1	0				
1	1	1	1	1	1				

3. 组合逻辑电路设计

(1) 设计一个燃油锅炉自动报警器电路，要求燃油喷嘴在开启状态下，如果锅炉水温或压力过高则发出报警信号。

A、B、C 表示开关、水温、压力，$A=1$，开关接通；$A=0$，开关被切断。

B、$C=1$ 表示水温、压力过高；B、$C=0$ 表示水温、压力正常。

输出 F：$F=0$ 为正常，$F=1$ 则报警。

要求：按要求写出逻辑表达式，如需化简则通过卡诺图，得到最简逻辑表达式(按实验

室能提供的器件)，画出逻辑电路图。在实验仪上对所设计的电路进行实验测试，并记录测试结果，数据记录表格自拟。

(2) 在一幢宿舍楼的楼梯间有一盏电灯 L，用 3 个控制开关 A、B、C 来控制电灯 L 的开启和关闭。要求只改变 3 个开关中任意一个开关的状态，都能控制电灯的点亮和熄灭。试设计该电灯的逻辑控制电路。电路要求用与非门及异或门实现，电灯 L 用发光二极管代替。

要求：写出详细的设计过程，画出完整的控制电路图，并在实验仪上选择相应的器件对所设计的电路进行实验测试，并记录实验结果。

五、预习报告要求

(1) 预习有关半加器、全加器的内容，熟悉有关集成电路芯片的引脚及性能。

(2) 预习组合逻辑电路的分析和设计方法。

六、思考题

(1) 什么是组合逻辑电路的竞争冒险现象？如何消除？

(2) 图 5.3.6 是一个数字密码锁的模拟电路，其中 3 个开关 S_1、S_2、S_3 只有按一定顺序闭合，才能在报警灯(红色)不亮的情况下，打开保险柜(开门指示灯亮，绿色)；否则报警灯亮。试分析密码锁的开启顺序。要求写出开门指示灯(绿色)和报警指示灯(红色)的逻辑表达式。

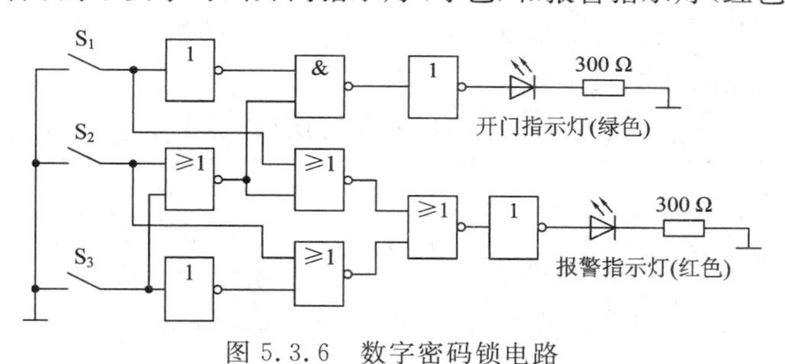

图 5.3.6　数字密码锁电路

实验四　译码器、编码器

一、实验目的

(1) 掌握中规模组合逻辑电路译码器、编码器的工作原理和特点。

(2) 熟悉译码器、编码器的逻辑功能、使用方法及典型应用。

二、实验原理

1. 译码器

译码器是一个多输入、多输出的组合逻辑电路。译码器的逻辑功能是将每个输入的二进制代码译成对应的输出高、低电平信号，即把给定的代码进行“翻译”，变成相应的状态，使输出通道中相应的一路有信号输出。译码器在数字系统中有广泛的用途，不仅用于代码的转换、终端数字显示，还用于数据分配、存储器寻址和组合控制信号等。可根据不同功能选用不同种类的译码器。

译码器可分为通用译码器和显示译码器两大类。而通用译码器又分为变量译码器(又称二进制译码器)和代码交换译码器。

(1) 通用译码器。

① 二进制译码器。二进制译码器用以表示输入变量的状态，如 2—4 线、3—8 线和 4—16 线译码器。若有 n 个输入变量，则有 2^n 个不同的组合状态，就有 2^n 个输出端供其使用。而每一个输出所代表的函数对应于 n 个输入变量的最小项。

如 3—8 线译码器 74LS138，图 5.4.1 为其逻辑图及引脚排列。

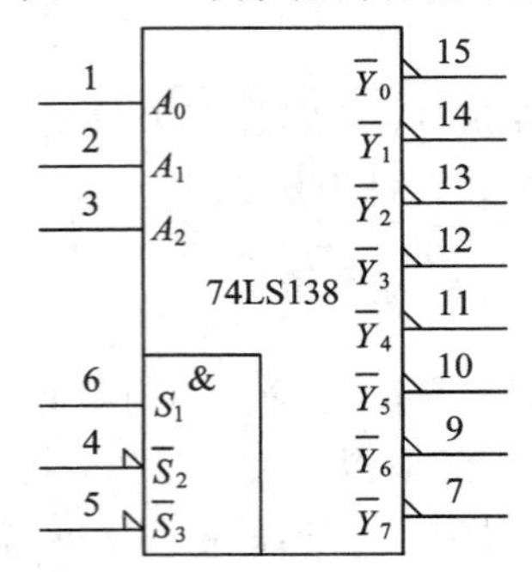

图 5.4.1　74LS138 引脚图

其中 A_2、A_1、A_0 为地址输入端，$\overline{Y_0}\sim\overline{Y_7}$ 为译码输出端，S_1、$\overline{S_2}$、$\overline{S_3}$ 为使能端。74LS138 的逻辑功能见表 5.4.1。

表 5.4.1　74LS138 的逻辑功能表

输入					输出							
S_1	$\overline{S_2}+\overline{S_3}$	A_2	A_1	A_0	$\overline{Y_0}$	$\overline{Y_1}$	$\overline{Y_2}$	$\overline{Y_3}$	$\overline{Y_4}$	$\overline{Y_5}$	$\overline{Y_6}$	$\overline{Y_7}$
1	0	0	0	0	0	1	1	1	1	1	1	1
1	0	0	0	1	1	0	1	1	1	1	1	1
1	0	0	1	0	1	1	0	1	1	1	1	1
1	0	0	1	1	1	1	1	0	1	1	1	1
1	0	1	0	0	1	1	1	1	0	1	1	1
1	0	1	0	1	1	1	1	1	1	0	1	1
1	0	1	1	0	1	1	1	1	1	1	0	1
1	0	1	1	1	1	1	1	1	1	1	1	0
0	×	×	×	×	1	1	1	1	1	1	1	1
×	1	×	×	×	1	1	1	1	1	1	1	1

当 74LS138 的使能端 $S_1=1$，$\overline{S_2}+\overline{S_3}=0$ 时，译码器处于工作状态，地址码所指定的输出端输出低电平“0”，其他所有输出端输出高电平“1”。当 $S_1=0$，$\overline{S_2}+\overline{S_3}=\times$ 或 $S_1=\times$，$\overline{S_2}+\overline{S_3}=1$ 时，译码器处于禁止状态，所有输出端同时输出高电平“1”。

数据分配器是具有使能端的译码器。数据分配器的功能是将唯一源的信息传送给多个

目标中的一个，即使数据由 1 个输入端向多个输出端中的某一个进行传送。至于选通哪一个，由地址决定。其逻辑功能与数据选择器相反。利用译码器组成的数据分配器如图 5.4.2 所示，将 74LS138 的使能控制端 S_1 作为数据输入端，（令 $\overline{S_2}=\overline{S_3}=0$），将 $A_2A_1A_0$ 作为地址输入端，那么从 S_1 送来的数据只能通过由 $A_2A_1A_0$ 所指定的一根输出线送出去，即将译码器的输出端作为数据分配器的输出端，而将译码器的使能输入端作为数据分配器的数据输入端。

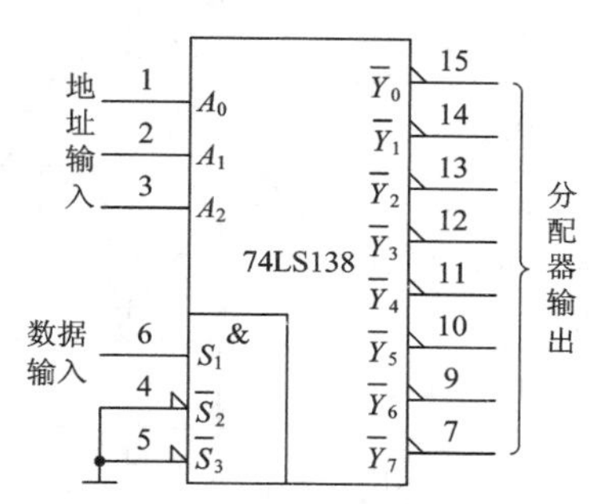

图 5.4.2　74LS138 组成的数据分配器

② 代码交换译码器。代码交换译码器是指将一种代码转换为另一种代码的译码器，如能完成余 3 码、格雷码到 8421BCD 码，BCD 码到十进制码转换的译码器均属此类。

(2) 显示译码器。为了能以十进制数码直观地显示数字系统的运行数据 0～9 和一些字符，LED 数码管(或 LED 七段显示器)是目前最常用的数字显示器，常见的有半导体数码管和液晶显示器两种。半导体数码管的优点是工作电压低、体积小、寿命长、可靠性高、响应时间短(一般不超过 0.1 μs)、亮度高；缺点是工作电流较大。每个二极管的正向压降随显示光的颜色不同而略有差别，一般约为 2 V～2.5 V；每个发光二极管的点亮电流为 5 mA～10 mA。一般同一规格的数码管都有共阴极和共阳极两种类型。

另一种常用的七段字符显示器是液晶显示器(LCD)。其最大的优点是功耗极小，工作电压低，但由于它自身不会发光，仅仅靠反射外界光线显示字形，所以亮度很差，响应速度慢。

半导体数码管和液晶显示器都可以用 TTL 或 CMOS 集成电路直接驱动。显示译码器的作用就是将 BCD 代码译成数码管所需要的驱动信号，使数码管用十进制数字显示出 BCD 代码所表示的数值。它不但要完成译码功能，还要有一定的驱动能力，如 74LS48、CC4511 等都是具有译码驱动功能的译码器。

典型的 BCD 七段显示译码器 74LS48 的逻辑功能如表 5.4.2 所示。功能简要说明如下：

① a～g：输出的 7 位二进制代码，1 表示数码管中线段被点亮，0 表示线段熄灭。

② A、B、C、D：BCD 码输入端。

③ $\overline{\text{RBI}}$：灭零输入端，可把数首和数尾不需要显示的零熄灭，使显示结果更加清晰。

④ $\overline{\text{BI}}/\overline{\text{RBO}}$：灭灯输入/灭零输出端，此端为一个双功能的输入/输出端，作为输入端使用时，为灭灯输入控制端，只要 $\overline{\text{BI}}=0$，则被驱动数码管的各段均被熄灭，可用于闪烁功能或降低功耗；作为输出端使用时，为灭零输出端，$\overline{\text{RBO}}=0$，表示译码器将本来应该显示的零熄灭了，用于级联灭零控制。当显示多位数码时，整数部分的灭零控制顺序是先高位后低位，小数部分则相反，在整数显示时，用高位芯片的 $\overline{\text{RBO}}$ 与低位芯片的 $\overline{\text{RBI}}$ 相连接，可以保证正确的灭零作用。

⑤ $\overline{\mathrm{LT}}$：灯测试输入端，可测试数码管各段能否正常发光，当$\overline{\mathrm{LT}}=0$时，被驱动数码管的七段同时点亮，一般应使$\overline{\mathrm{LT}}=1$。

表 5.4.2　74LS48 的逻辑功能表

十进制数或功能	输入						$\overline{\mathrm{BI}}/\overline{\mathrm{RBO}}$	输出							字型
	$\overline{\mathrm{LT}}$	$\overline{\mathrm{RBI}}$	D	C	B	A		a	b	c	d	e	f	g	
0	1	1	0	0	0	0	1	1	1	1	1	1	1	0	
1	1	×	0	0	0	1	1	0	1	1	0	0	0	0	
2	1	×	0	0	1	0	1	1	1	0	1	1	0	1	
3	1	×	0	0	1	1	1	1	1	1	1	0	0	1	
4	1	×	0	1	0	0	1	0	1	1	0	0	1	1	
5	1	×	0	1	0	1	1	1	0	1	1	0	1	1	
6	1	×	0	1	1	0	1	0	0	1	1	1	1	1	
7	1	×	0	1	1	1	1	1	1	1	0	0	0	0	
8	1	×	1	0	0	0	1	1	1	1	1	1	1	1	
9	1	×	1	0	0	1	1	1	1	1	0	0	1	1	
10	1	×	1	0	1	0	1	0	0	0	1	1	0	1	
11	1	×	1	0	1	1	1	0	0	1	1	0	0	1	
12	1	×	1	1	0	0	1	0	1	0	0	0	1	1	
13	1	×	1	1	0	1	1	1	0	0	1	0	1	1	
14	1	×	1	1	1	0	1	0	0	0	1	1	1	1	
15	1	×	1	1	1	1	1	0	0	0	0	0	0	0	
消隐	×	×	×	×	×	×	0	0	0	0	0	0	0	0	
动态消隐	1	0	0	0	0	0	0	0	0	0	0	0	0	0	
灯测试	0	×	×	×	×	×	1	1	1	1	1	1	1	1	

2. 编码器

所谓编码器，就是为了区分一系列不同的事物，将其中的每个事物用一个二值代码表示。在二值逻辑电路中，信号都是以高、低电平的形式给出的，因此，编码器的逻辑功能是把输入的每一个高、低电平信号编成一个对应的二进制代码，即编码是译码的反操作。编码器有 m 个输入、n 个输出，满足 $m \geqslant n$。对于基本编码器，m 个输入应该只有一个为 1(高电平有效时)，其余全部为 0(低电平无效)；或只有一个为 0(低电平有效时)，其余全部为 1

(高电平无效)。编码器如果按进制分，通常有二进制和二—十进制编码器，目前常用的编码器有普通编码器和优先编码器两种类型。

(1) 普通编码器。二进制编码器是用 N 位二进制代码对 $n=2^N$ 个信号进行编码的电路，编码器在任何时刻只允许有一个编码信号输入，若有多个编码信号输入，输出将会发生混乱。

(2) 优先编码器。在优先编码器电路中，允许同时输入两个以上的编码信号，但必须将所有的输入信号按优先顺序排队，编码器只对优先权最高的一个输入信号进行编码。优先编码器广泛用于计算机的优先中断系统、键盘编码系统中。

74LS147 是一个中规模二—十进制集成优先编码器，表 5.4.3 是 74LS147 的逻辑功能表。从表中可以看出，编码器的输出是反码形式的 BCD 码。其中 $\overline{I_0}$ 的优先权最低，$\overline{I_9}$ 的优先权最高。

表 5.4.3　74LS147 的逻辑功能表

输入									输出			
$\overline{I_1}$	$\overline{I_2}$	$\overline{I_3}$	$\overline{I_4}$	$\overline{I_5}$	$\overline{I_6}$	$\overline{I_7}$	$\overline{I_8}$	$\overline{I_9}$	D	C	B	A
1	1	1	1	1	1	1	1	1	1	1	1	1
×	×	×	×	×	×	×	×	0	0	1	1	0
×	×	×	×	×	×	×	0	1	0	1	1	1
×	×	×	×	×	×	0	1	1	1	0	0	0
×	×	×	×	×	0	1	1	1	1	0	0	1
×	×	×	×	0	1	1	1	1	1	0	1	0
×	×	×	0	1	1	1	1	1	1	0	1	1
×	×	0	1	1	1	1	1	1	1	1	0	0
×	0	1	1	1	1	1	1	1	1	1	0	1
0	1	1	1	1	1	1	1	1	1	1	1	0

三、实验仪器及器件

- 数字电路综合实验箱；
- 74LS138、74LS147、74LS04 和 74LS48 等集成电路芯片及共阴极七段显示器。

四、实验内容及步骤

1. 用 74LS138 构成时序脉冲分配器

二进制译码器 74LS138 实际上也是一个负脉冲输出的脉冲分配器。若将 S_1 端作为输入数据信息，同时 $\overline{S_2}=\overline{S_3}=0$，$A_2A_1A_0$ 作为地址输入端，那不同地址码所对应的输出是 S_1 数据信息的反码，若数据信息是时钟脉冲，则数据分配器便成为时钟脉冲分配器。

在数据输入端输入频率为 10 kHz 的时钟脉冲，要求分配器的输出端 $\overline{Y_0}\sim\overline{Y_7}$ 的信号与 CP 输入信号同相。画出分配器的实验电路，用示波器观察和记录在地址端 $A_2A_1A_0$ 分别取 000～111 八种不同状态时 $\overline{Y_0}\sim\overline{Y_7}$ 端的输出波形，注意输出波形与 CP 输入波形之间的相位关系，并记录波形。

2. 用 74LS138 构成一个 4—16 线译码器

画出实验电路图，连接电路进行实验测试，自拟表格记录实验结果。

3. 用 74LS147 等组成编码、译码、显示电路

按图 5.4.3 连接实验电路，将编码器 74LS147 的输入信号 $\overline{I_1}\sim\overline{I_9}$ 分别接到逻辑开关的电平输出插口，改变逻辑开关的状态，验证编码器 74LS147 及译码器/驱动器 74LS48 的逻辑功能，自拟表格记录实验结果。

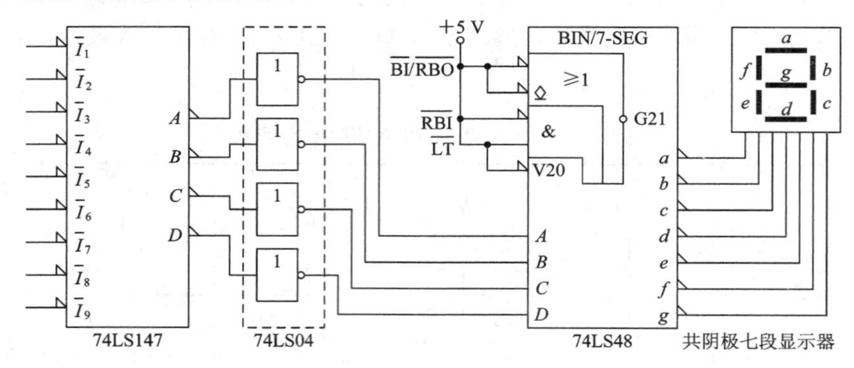

图 5.4.3　编码、译码、显示电路

4. 用 74LS147 设计电路

利用两片 74LS147 接成 20—4 线优先编码器。画出逻辑电路图，连接电路进行实验测试，自拟表格记录实验结果。

五、预习报告要求

(1) 预习有关译码器、编码器的内容。

(2) 查阅 10—4 线中规模集成优先编码器 74LS147、3—8 线译码器 74LS138 及七段显示译码驱动器 74LS48 等芯片的引脚图和逻辑功能。

六、思考题

(1) 用 74LS138 组成一个三变量逻辑函数产生器。输入变量为 A、B、C，输出为 Z。根据 74LS138 的逻辑功能写出输出 Z 的逻辑表达式，画出逻辑电路图。

(2) 用 74LS138 组成一个 1 位全减器。设 1 位全减器的被减数为 A_i，减数为 B_i，来自低位的借位为 C_{i-1}；相减的结果，本位差为 D_i，向高位的借位为 C_i。列出全减器的真值表，写出 D_i 及 C_i 的逻辑表达式，画出逻辑电路图。

实验五　数据选择器、校验器

一、实验目的

(1) 掌握中规模集成数据选择器、校验器的逻辑功能及应用。

(2) 学习用数据选择器构成组合逻辑电路的方法。

二、实验原理

1. 数据选择器

在数字信号的传输过程中，能够从一组输入数据中选出某一个送至输出端的逻辑电路为数据选择器或称多路开关。在使用数据选择器时可以在控制输入端加一组二进制编码程序的信号，使电路按一定要求输出。

数据选择器的集成电路有四“二选一”数据选择器 74LS157(有公共选通端)、双“四选一”数据选择器 74LS153(原码输出)、“八选一”数据选择器 74LS151(原、反码输出，有控制端)、“八选一”数据选择器 74LS152(反码输出，无控制端)、“十六选一”数据选择器 74LS158(有公共选通端，反码输出)等多种类型。

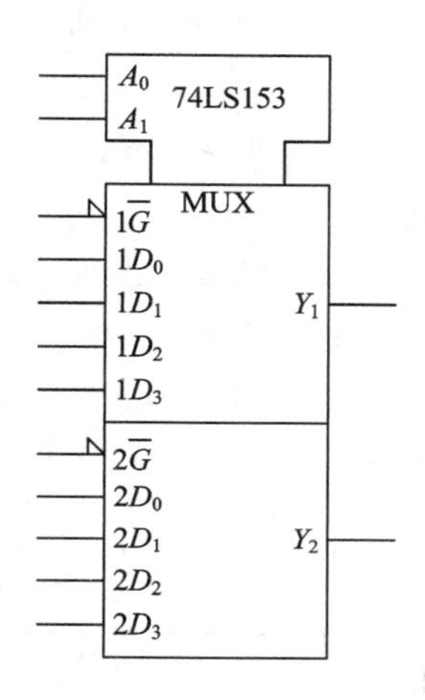

图 5.5.1　74LS153 的逻辑符号

图 5.5.1 为双“四选一”数据选择器 74LS153 的逻辑符号，它包含两个完全相同的“四选一”数据选择器，两个数据选择器有公共的地址输入端 A_0、A_1，而数据输入端和输出端是各自独立的，通过给定不同的地址代码(A_0、A_1 的状态)，即可从 4 个输入数据中选出所要的一个数据信息，送至输出端 Y。A_0、A_1 为公用的地址输入端，D_0、D_1、D_2、D_3 为数据输入端；$\overline{G}$ 为使能控制端，低电平有效，当 $\overline{G}=0$ 时，所对应的数据选择器工作，当 $\overline{G}=1$ 时，所对应的数据选择器被禁止，输出 $Y=0$。74LS153 的逻辑功能见表 5.5.1。

表 5.5.1　74LS153 的逻辑功能表

输入							输出
$\overline{G}$	A_1	A_0	D_0	D_1	D_2	D_3	Y
1	×	×	×	×	×	×	0
0	0	0	D_0	×	×	×	D_0
0	0	1	×	D_1	×	×	D_1
0	1	0	×	×	D_2	×	D_2
0	1	1	×	×	×	D_3	D_3

由 74LS153 的逻辑功能表可得，“四选一”数据选择器的逻辑表达式为

$$Y=\overline{G}(\overline{A_1}\,\overline{A_0}D_0+\overline{A_1}A_0D_1+A_1\overline{A_0}D_2+A_1A_0D_3) \tag{5-5-1}$$

即当输入一个值时，可选择相应的数据送到输出端。

2. 校验器

为了减少和避免计算机与数字系统在数据传输及数码记录中的错误，通常在数字信息

码上附加校验码来进行检测。奇偶校验是常用的校验方法。

所谓奇偶校验，就是在一组二进制数码之后加一位奇偶校验码，以检测数据中包含的“1”的个数是奇数还是偶数。产生奇偶校验码及有奇偶检验能力的电路称为奇偶产生/校验电路。奇偶校验电路广泛用于通信、计算机的内存储器及一些外部设备中。使用异或门电路即可完成奇偶校验功能。

(1) 奇/偶校验位发生器。奇/偶校验位发生器就是根据输入信息码产生相应的校验位。图 5.5.2 是 4 位信息码的奇偶校验位发生器电路。由图可知，当 $B_4B_3B_2B_1$ 中 1 的个数为偶数时此奇偶校验发生器输出的校验位 P 为 1，反之为 0。

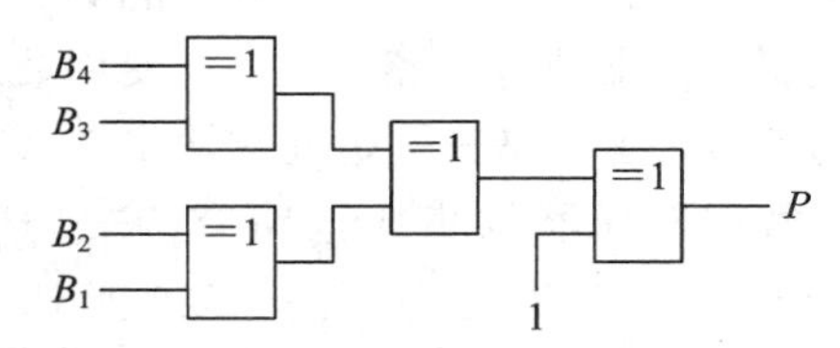

图 5.5.2　4 位信息码的奇偶校验位发生器电路

(2) 奇/偶校验代码校验器。奇/偶校验代码检验器用于检验奇(偶)校验代码在传送和存储中有否出现差错，它具有发现所有奇数个位数出错的能力。

74LS180 为中规模 8 位集成奇偶发生/校验器，表 5.5.2 为 74LS180 的真值表，其逻辑符号如图 5.5.3 所示。其中 $B_0 \sim B_7$ 为八位输入信息码；P_O、P_E 为奇偶控制输入端；O 为奇校验输出端；E 为偶校验输出端。

表 5.5.2　74LS180 的真值表

输　入			输　出	
$B_0 \sim B_7$ 中 1 的个数	P_O	P_E	O	E
偶数	1	0	1	0
奇数	1	0	0	1
偶数	0	1	0	1
奇数	0	1	1	0
×	1	1	0	0
×	0	0	1	1

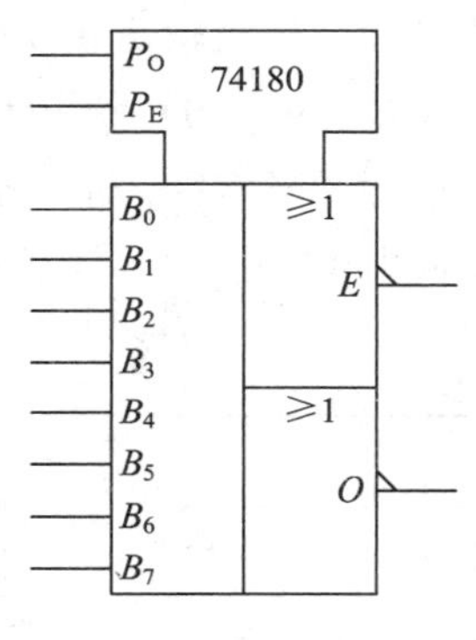

图 5.5.3　74LS180 逻辑符号

三、实验仪器及器件

- 数字电路综合实验箱；
- 74LS153 和 74LS180 等集成电路芯片。

四、实验内容及步骤

1. 数据选择器的使用

(1) 用两个带附加控制端的“四选一”数据选择器 74LS153 组成一个“八选一”数据选择器。

(2) 用“四选一”数据选择器产生逻辑函数 $Y = ABC + AC + BC$。

(3) 用 74LS153 及少量门电路，实现一个全加器。

(4) 用数据选择器设计一个“逻辑不一致”电路，要求 4 个输入逻辑变量取值不一致时输出为 1，一致时输出为 0。

对以上实验，写出电路的设计过程，列出真值表及表达式，画出逻辑电路图，按所设计的电路进行实验并记录实验结果。

2. 奇/偶校验器的使用

(1) 设计一个七位二进制奇/偶校验位发生器，代码分别为 a_0、a_1、a_2、a_3、a_4、a_5、a_6，奇校验位为 P，偶校验位为 E。其逻辑表达式为

$$\overline{P}=E=a_0\oplus a_1\oplus a_2\oplus a_3\oplus a_4\oplus a_5\oplus a_6$$

(2) 用 74LS180 设计一个八位二进制奇校验电路，代码分别为 a_0、a_1、a_2、a_3、a_4、a_5、a_6、a_7，逻辑表达式如下：

$$S=a_0\oplus a_1\oplus a_2\oplus a_3\oplus a_4\oplus a_5\oplus a_6\oplus a_7$$

显然，当校验器的输入代码 $a_0a_1a_2a_3a_4a_5a_6\ a_7$ 中 1 的个数为奇数时，校验器的输出 $S=1$，反之 $S=0$。

画出逻辑电路图及数据记录表，连接电路进行实验，并记录实验结果。

五、预习报告要求

(1) 预习数据选择器、奇/偶校验器的工作原理。

(2) 熟悉实验中所用数据选择器集成电路 74LS153 及奇/偶校验器 74LS180 的引脚排列和逻辑功能。

六、思考题

(1) 说明用数据选择器设计组合逻辑电路的步骤及方法。

(2) 用“八选一”数据选择器设计一个函数发生器电路，其功能如表 5.5.3 所示。

表 5.5.3　函数发生器电路功能表

S_1	S_0	Y
0	0	$A\cdot B$
0	1	$A+B$
1	0	$A\oplus B$
1	1	$\overline{A}$

实验六　触　发　器

一、实验目的

(1) 学习触发器逻辑功能的测试方法。

（2）熟悉基本 RS 触发器的组成、工作原理和性能。

（3）熟悉集成 JK 触发器和 D 触发器的逻辑功能及触发方式。

二、实验原理

触发器是一种具有记忆功能的二进制信息存储器件，它是构成各种时序电路的最基本逻辑单元。触发器具有两个稳定状态，用以表示逻辑状态“1”和逻辑状态“0”，在一定的外界信号作用下，可以从一个稳定状态翻转到另一个稳定状态。一般把对脉冲电平敏感的存储单元电路称为锁存器，而把对脉冲边缘敏感的存储电路称为触发器。

根据逻辑功能不同，触发器分为 RS 触发器、D 触发器、JK 触发器、T 触发器和 T′触发器等类型。描述触发器逻辑功能的方法包括特性表、特性方程、状态图和波形图等。

1. 基本 RS 触发器

基本 RS 触发器是一种无时钟控制的低电平直接触发的触发器。它具有置“0”、置“1”和“保持”三种功能。图 5.6.1 为由两个与非门构成的基本 RS 触发器，其中 $\overline{S_D}$ 端为置“1”端，因为 $\overline{S_D}=0$ 时触发器被置“1”；$\overline{R_D}$ 端为置“0”端，因为$\overline{R_D}=0$ 时触发器被置“0”；当$\overline{S_D}=\overline{R_D}=1$ 时，为“保持”状态。

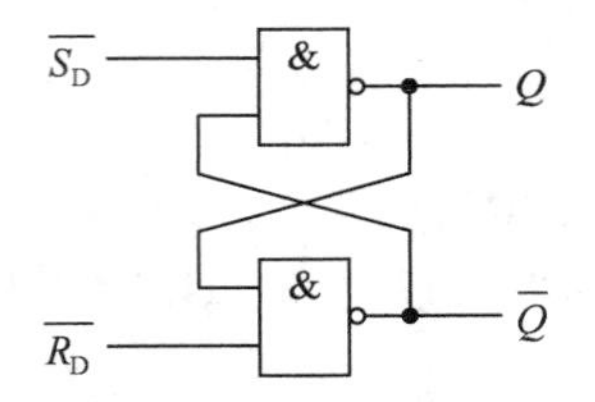

图 5.6.1　基本 RS 触发器电路

基本 RS 触发器的状态方程为

$$Q^{n+1}=\overline{S_D}+\overline{R_D}Q^n \qquad (5-6-1)$$

2. JK 触发器

在输入信号为双端输入的情况下，JK 触发器是功能完善、使用灵活和通用性较强的一种触发器，如图 5.6.2 所示，其状态方程为

$$Q^{n+1}=J\overline{Q^n}+\overline{K}Q^n \qquad (5-6-2)$$

J 和 K 是数据输入端，是触发器状态更新的依据，若 J、K 有两个或两个以上输入端，则组成“与”的关系。Q 与 $\overline{Q}$ 为两个互补输出端，通常把 $Q=0$ 和 $\overline{Q}=1$ 的状态规定为触发器的“0”状态；而把 $Q=1$ 和 $\overline{Q}=0$ 的状态规定为触发器的“1”状态。JK 触发器输出状态的更新发生在 CP 脉冲的下降沿。JK 触发器通常被用作缓冲存储器、移位寄存器和计数器等。

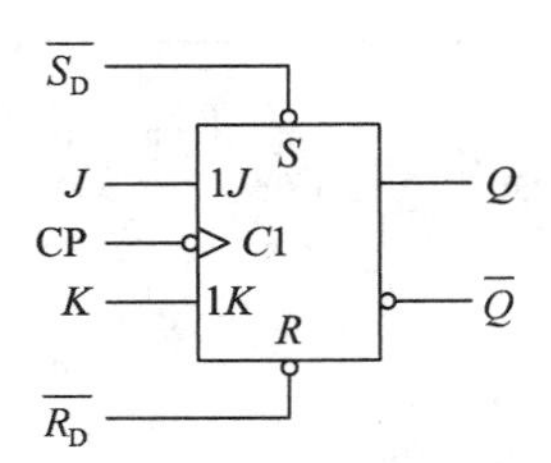

图 5.6.2　JK 触发器电路

3. D 触发器

在输入信号为单端输入的情况下，D 触发器用起来比较方便，如图 5.6.3 所示，它的状态方程为

$$Q^{n+1}=D^{n} \tag{5-6-3}$$

其输出状态的更新发生在 CP 脉冲的上升沿，所以又称为上升沿触发的边沿触发器。触发器的状态只取决于时钟到来前 D 端的状态，D 触发器可用作数字信号的寄存、移位寄存、分频和波形发生等。

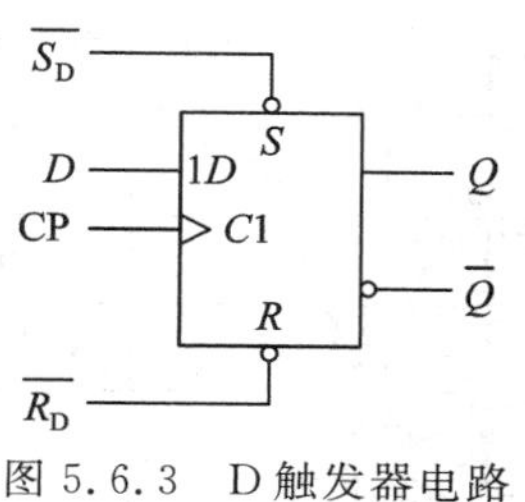

图 5.6.3　D 触发器电路

三、实验仪器及器件

- DS1052E 型示波器；
- 数字电路综合实验箱；
- 74LS00(74HC00)、74LS112(74HC112)和 74LS74(74HC74)等集成电路芯片。

四、实验内容及步骤

1. 基本 RS 触发器的逻辑功能测试

选用 74LS00(74HC00) 芯片，按图 5.6.1 连接实验电路，即为基本 RS 触发器。$\overline{R_D}$ 和 $\overline{S_D}$ 端分别接入两个逻辑电平开关，Q 和 $\overline{Q}$ 端接至两个逻辑电平指示灯的输入端。按表 5.6.1 改变输入端$\overline{R_D}$ 和$\overline{S_D}$ 的状态，观察并记录 Q 和 $\overline{Q}$ 端逻辑电平的变化，测试结果记录于表 5.6.1 中，再根据 Q^{n+1} 和 $\overline{Q^{n+1}}$ 的状态写出触发器所处的状态。

表 5.6.1　基本 RS 触发器逻辑功能测试记录

$\overline{R_D}$	$\overline{S_D}$	Q^{n+1}	$\overline{Q^{n+1}}$	触发器状态
0	1			
1	0			
1	1			
0	0			

2. 集成 JK 触发器逻辑功能测试

(1) 异步置位及复位功能测试。在实验仪上选用 74LS112(74HC112)芯片，按图 5.6.2 将触发器的各输入端分别接到逻辑开关上，触发器的 J、K、CP 端可以为任意状态，分别测试$\overline{R_D}=0$、$\overline{S_D}=1$ 及$\overline{R_D}=1$、$\overline{S_D}=0$ 时触发器 Q^{n+1}、$\overline{Q^{n+1}}$ 端的逻辑状态，将结果记录

于表 5.6.2 中。

表 5.6.2 JK 触发器逻辑功能测试记录

输入					输出	
$\overline{R_D}$	$\overline{S_D}$	CP	J	K	Q^{n+1}	$\overline{Q^{n+1}}$
0	1	×	×	×		
1	0	×	×	×		
1	1	↑	0	0		
1	1	↓	0	0		
1	1	↑	0	1		
1	1	↓	0	1		
1	1	↑	1	0		
1	1	↓	1	0		
1	1	↑	1	1		
1	1	↓	1	1		

(2) 逻辑功能测试。在上述条件下，用单脉冲信号源(⊓或⊔)在触发器的 CP 端输入单脉冲，此时令$\overline{R_D}=\overline{S_D}=1$，当 J、K、CP 端按表 5.6.2 所列状态变化时，观察并记录触发器 Q^{n+1}、$\overline{Q^{n+1}}$ 端的逻辑状态的变化，将结果记录于表 5.6.2 中。

(3) 将 JK 触发器连接成计数状态(即 $J=1$，$K=1$)，然后在时钟 CP 端输入连续脉冲($f=1$ kHz～10 kHz)，用示波器观察 CP、Q 及 $\overline{Q}$ 的波形，将结果记录于图 5.6.4 中。

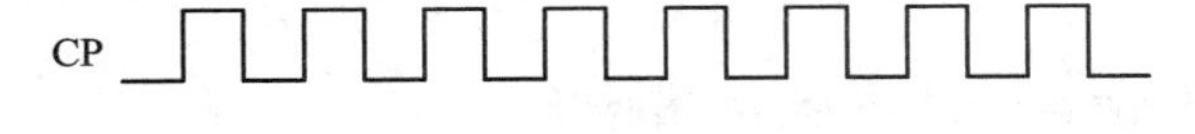

Q

$\overline{Q}$

图 5.6.4 JK 触发器计数状态的波形

3. 集成 D 触发器逻辑功能测试

(1) 异步置位及复位功能测试。选择集成电路芯片 74LS74(74HC74)，参照图 5.6.3 将触发器的 CP、D、$\overline{R_D}$、$\overline{S_D}$ 端分别接到逻辑电平开关上，Q 及 $\overline{Q}$ 端接逻辑电平指示灯的输入端，CP、D 为任意状态，测试当 $\overline{R_D}=0$、$\overline{S_D}=1$ 和$\overline{R_D}=1$、$\overline{S_D}=0$ 时触发器输出端的逻辑状态，记录于表 5.6.3 中。

表 5.6.3 D 触发器逻辑功能测试记录

$\overline{R_D}$	$\overline{S_D}$	CP	D	Q^{n+1}	$\overline{Q^{n+1}}$
0	1	×	×		
1	0	×	×		
1	1	↑	0		
1	1	↓	0		
1	1	↑	1		
1	1	↓	1		

（2）逻辑功能测试。使$\overline{R_D}=\overline{S_D}=1$，在触发器的 CP 端输入单脉冲（⎍或⎎），当 D、CP 按表 5.6.3 所列状态变化时，观察 CP 作用前后触发器输出端和 D 输入信号之间的关系，将测试结果记录于表 5.6.3 中。

4. 触发器之间的转换

使 D 触发器的$\overline{R_D}=\overline{S_D}=1$，将 D 端和 $\overline{Q}$ 端短接，即组成 T′触发器，在其 CP 端加入 $f=1$ kHz～10 kHz 的连续脉冲，用示波器观察 CP、Q 及 $\overline{Q}$ 的波形，将波形记录于图 5.6.5 中（记录波形时必须注意各信号之间的相位关系）。

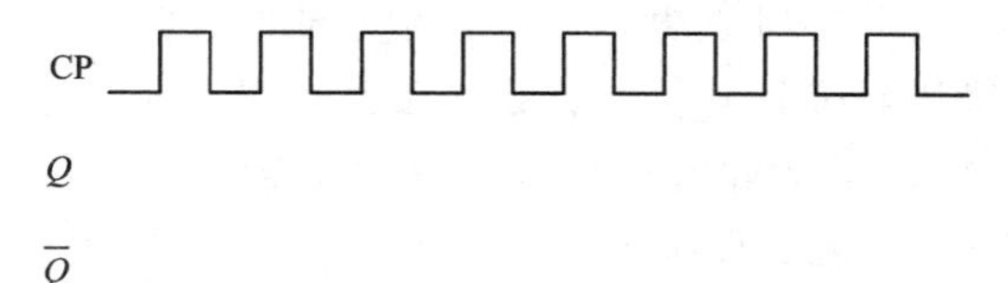

图 5.6.5　D 触发器转换为 T′触发器的波形

五、预习报告要求

（1）预习触发器的基本类型及逻辑功能。

（2）掌握 D 触发器和 JK 触发器的真值表及触发器相互转换的基本方法。

六、思考题

（1）各种触发器的逻辑功能是什么？

（2）利用普通的机械开关组成的数据开关，其所产生的信号，是否可以作为触发器的时钟脉冲信号？为什么？它是否可以作为触发器的其他输入端的信号？原因是什么？

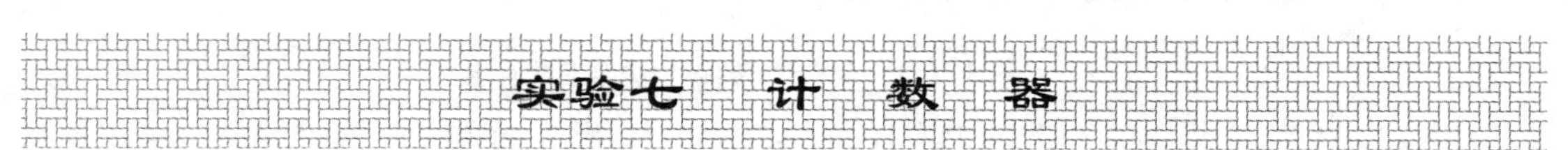

实验七　计　数　器

一、实验目的

（1）熟悉中规模集成计数器的逻辑功能及使用方法。

（2）掌握用中规模集成计数器构成任意进制计数器的方法。

（3）学习用集成触发器构成计数器的方法。

二、实验原理

计数器是一个用以实现计数功能的时序部件，它不仅可以用来对脉冲计数，还常用于数字系统的定时、分频和执行数字运算以及其他特定的逻辑功能。计数器是由基本的计数单元和一些控制门组成的，计数单元则由一系列具有存储信息功能的各类触发器构成，这些触发器有 RS 触发器、T 触发器、D 触发器及 JK 触发器等。计数器在数字系统中应用广泛，如在电子计算机的控制器中对指令地址进行计数，以便顺序取出下一条指令，在运算器中作乘法、除法运算时记下加法、减法次数；又如在数字仪器中对脉冲计数等。

计数器种类很多，按构成计数器中各触发器是否使用一个时钟脉冲源来分，有同步计数器和异步计数器；根据计数进制的不同，分为二进制计数器、十进制计数器和任意进制计数器；根据计数的增减趋势，又分为加法计数器、减法计数器和可逆计数器；如按预置和清除方式来分，则有并行预置、直接预置、异步清除和同步清除等；按权码来分，则有8421码、5421码、余3码等计数器及可编程功能计数器等。目前，无论是TTL还是CMOS集成电路，都有品种较齐全的中规模集成计数电路。使用者只要借助器件手册提供的功能表和工作波形图以及引出端的排列，就能正确地运用这些器件。

1. 十进制计数器74LS90(二、五分频)

74LS90是模2—5—10异步计数器，具有计数、清除、置9功能。74LS90包含$M=2$和$M=5$两个独立的下降沿触发计数器，清除端和置9端两计数器公用，没有预置端。模2计数器的时钟输入端为$A(CP_1)$，输出端为Q_A；模5计数器的时钟输入端为$B(CP_2)$，输出端由高位到低位为Q_D、Q_C、Q_B；异步置9端为S_{91}和S_{92}，高电平有效。即只要$S_{91}\cdot S_{92}=1$，则输出$Q_DQ_CQ_BQ_A$为1001；异步清除端为R_{01}和R_{02}，当$R_{01}\cdot R_{02}=1$，且$S_{91}\cdot S_{92}=0$时，输出$Q_DQ_CQ_BQ_A=0000$；只有当$R_{01}\cdot R_{02}=0$，$S_{91}\cdot S_{92}=0$，即两者全无效时，74LS90才能执行计数操作。图5.7.1是异步十进制计数器74LS90的逻辑电路图。

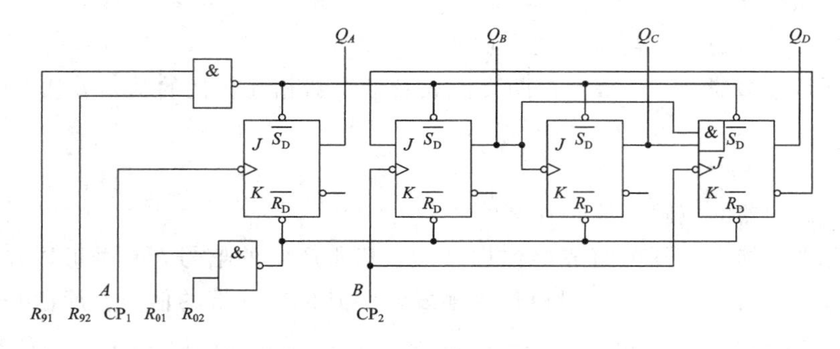

图5.7.1　74LS90的逻辑电路图

根据逻辑功能表(表5.7.1)可将74LS90接成模2、模5和模10计数器。模10计数器有两种接法，如图5.7.2所示。图(a)输出为8421BCD码，高低位顺序是$Q_DQ_CQ_BQ_A$；图(b)输出为5421BCD码，高低位顺序是$Q_AQ_DQ_CQ_B$，最高位Q_A的输出是对称方波。

表5.7.1　74LS90的逻辑功能表

R_{01}	R_{02}	R_{91}	R_{92}	CP_1	CP_2	Q_D	Q_C	Q_B	Q_A	功能
1	1	0	×	×	×	0	0	0	0	异步置0
1	1	×	0	×	×	0	0	0	0	异步置0
0	×	1	1	×	×	1	0	0	1	异步置9
×	0	1	1	×	×	1	0	0	1	异步置9
×	0	×	0	CP	0	二进制计数				由Q_A输出
×	0	0	×	0	CP	五进制计数				由$Q_DQ_CQ_B$输出
0	×	×	0	CP	Q_A	8421码十进制计数				由$Q_DQ_CQ_BQ_A$输出
0	×	0	×	Q_D	CP	5421码十进制计数				由$Q_DQ_CQ_BQ_A$输出

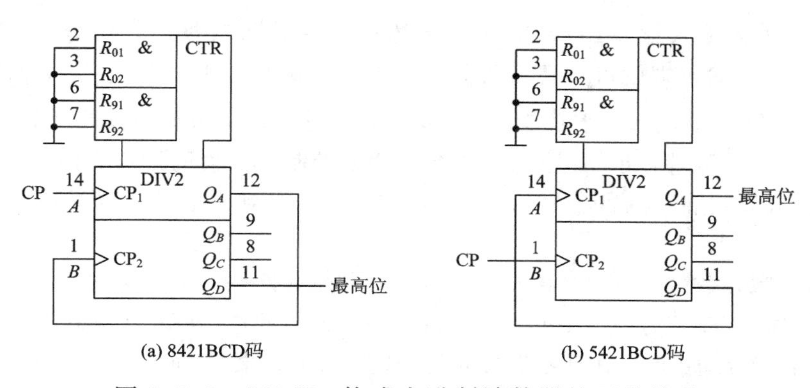

图 5.7.2　74LS90 构成十进制计数器的两种接法

从逻辑图看出，计数器具有如下功能：

(1) $R_{91}\cdot R_{92}=0$，$R_{01}\cdot R_{02}=1$ 时，计数器置全 0。

(2) $R_{01}\cdot R_{02}=0$，$R_{91}\cdot R_{92}=1$ 时，计数器置 9，即 $Q_DQ_CQ_BQ_A=1001$。

(3) $CP_2=0$，CP_1 输入时钟，Q_A 输出，实现模 2 计数器。

(4) $CP_1=0$，CP_2 输入时钟，$Q_DQ_CQ_B$ 输出，实现模 5 计数器。

(5) CP_1 输入时钟，Q_A 输出接 CP_2，实现 8421 码十进制计数器。

(6) CP_2 输入时钟，Q_D 输出接 CP_1，实现 5421 码十进制计数器，即当模 5 计数器由 100→000 时，Q_D 产生一个时钟，使 Q_A 改变状态。

2. 同步十进制双时钟可逆计数器 74LS192

同步加法计数器和减法计数器是数字电路中常用的时序逻辑电路，74LS192 同步十进制可逆计数器可在不同的输入控制信号作用下，实现加法和减法计数。

同步 4 位十进制加/减计数器 74LS192，是双时钟方式的十进制可逆计数器，它可对 8421BCD 码进行加法、减法计数，它有计数使能控制输入、级联脉冲时钟输出、预置数及清零等功能。

图 5.7.3 为 74LS192 的引脚排列图，表 5.7.2 为其逻辑功能表。74LS192 具有如下功能：

(1) A、B、C、D：预置数据输入端。

(2) Q_A、Q_B、Q_C、Q_D：输出端，Q_D 为最高位。

(3) CLR：清除端，此端为高电平时，内部的 4 个触发器被清零，即 Q_A、Q_B、Q_C、Q_D 为 0。

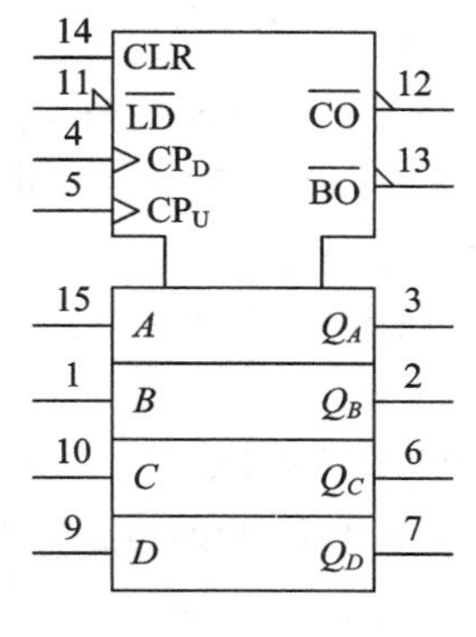

图 5.7.3　74LS192 的引脚排列图

(4) $\overline{LD}$：置入输入端，$\overline{LD}=0$，并在数据输入端输入数据时，则 $Q_A=A$；$Q_B=B$；$Q_C=C$；$Q_D=D$，输出端就可预置为所需的电平，即输出与输入数据一致，而与时钟输入的电平无关。$\overline{LD}=1$，执行计数功能。此端用来预置输入端的数据以修改计数长度。

(5) CP_U：加计数端，即"加"控制信号端，用来控制计数器的计数方向。当在此端输入CP脉冲，且"减计数端"为高电平时，在计数脉冲上升沿到来时，计数器进行十进制加法计数。

(6) CP_D：减计数端，即"减"控制信号端，用来控制计数器的计数方向。当在此端输入CP脉冲，且"加计数端"为高电平时，在计数脉冲上升沿的作用下，计数器进行减计数。

(7) $\overline{BO}$：借位输出端，在计数器做减计数时用于计数器之间的级联。当计数器发生下溢时，借位输出端将产生一个宽度等于减计数输入的脉冲，即在减计数过程中，当低位计数器的输出端由0000变为1001时，此端输出一个上升沿，送至高一位计数器的减计数端 CP_D，使其减1。

(8) $\overline{CO}$：进位输出端，在计数器做加计数时用于计数器之间的级联。当计数器发生上溢时，进位输出端将产生一个宽度等于加计数输入的脉冲，即在加计数过程中，当低位计数器的输出端由1001变为0000时，此端输出一个上升沿，送至高一位计数器的加计数端 CP_U，使其加1。

表 5.7.2　74LS192 的逻辑功能表

输　入								输　出			
CLR	$\overline{LD}$	CP_U	CP_D	A	B	C	D	Q_A	Q_B	Q_C	Q_D
1	×	×	×	×	×	×	×	0	0	0	0
0	0	×	×	a	b	c	d	a	b	c	d
0	1	↑	1	×	×	×	×	加计数			
0	1	1	↑	×	×	×	×	减计数			
0	1	↓	1	×	×	×	×	保持			
0	1	1	↓	×	×	×	×	保持			

3. 任意进制的计数器

同步计数器芯片基本上分为二进制和十进制两种。而在实际的数字系统中，经常需要其他任意进制的计数器，如一百进制、六十进制、十二进制、七进制等。我们可以采用计数器级联的方法来设计任意进制的计数器。

假定已有的是 N 进制计数器，而需要得到的是 M 进制计数器。这时有 $M<N$ 和 $M>N$ 两种可能的情况。

(1) $M<N$ 的情况。在 N 进制计数器的顺序计数过程中，若设法使之跳越 $N-M$ 个状态，就可以得到 M 进制计数器了。实现跳跃的方法有置零法(或称复位法)和置数法(或称置位法)两种。

置零法适用于有异步置零输入端的计数器电路。置数法适用于有预置数功能的计数器电路，它与置零法不同，它是通过给计数器重复置入某个数值的方法跳越 $N-M$ 个状态，从而获得 M 进制计数器的，置数操作可以在电路的任何一个状态下进行，如十进制计数器 74LS160 的编码是 0000、0001、0010、0011、0100、0101、0110、0111、1000、1001。如果用 74LS160 构成一个六进制计数器，我们可以选择 0000 到 0101 这 6 个状态进行编码，也可以用 0001 到 0110 这 6 个状态进行编码，即 M 进制计数器有 M 个状态，设计者需要从若干个编码方案中进行选择。

(2) $M>N$ 的情况。将两片或两片以上计数器按照一定方法前后串联起来就可以构成远大于单一芯片进制的其他进制的计数器。如用两片 74LS160(十进制计数器)级联就可以构成一百以内进制计数器。

级联方法：① 若使用并行时钟脉冲，则把脉冲时钟输出送到下一级计数器的使能输入。② 若使用并行使能，则把脉冲时钟输出送到下一级计数器的时钟输入。③ 高速应用时，可用最大/最小计数输出进行超前进位。

三、实验仪器及器件

- 数字电路综合实验箱；
- 74LS90(74HC90)、74LS192(74HC192)和 74LS08(74HC08)等集成电路芯片。

四、实验内容及步骤

1. 用 74LS90 构成一个十进制的加法计数器

(1) 使用 74LS90，按照图 5.7.2(a)连接实验电路，将实验仪上逻辑笔单元的信号源，通过拨码开关将输出频率设置为 1 Hz，送入 CP_1 端，Q_D、Q_C、Q_B、Q_A 接至发光二极管的电平输入插口，或连接至 LED 数码显示器，R_{01}、R_{02}端接逻辑电平开关。先使 R_{01}、R_{02} 端为高电平 1，计数器清零，然后使 R_{01}、R_{02} 端为低电平，计数器开始计数。

(2) 自拟表格，记录实验结果。

2. 用 74LS90 构成一个三十三进制的加法计数器

(1) 使用 74LS90 构成电路，要求电路能够完成 0～32 计数。

(2) 画出逻辑电路连接图，自拟实验内容和步骤，连接实验电路进行测试。

(3) 自拟表格，记录实验结果。

3. 同步十进制双时钟可逆计数器 74LS192 的应用

(1) 用同步加/减计数器 74LS192 构成 25 s 倒计时计数器，完成 25～0 计数。

(2) 用同步加/减计数器 74LS192 构成与学号相同进制的减法计数器。

以上实验内容均要求画出逻辑电路图，拟定实验内容及步骤，列出使用仪器及元器件清单，用 Multisim 仿真，并打印电路图及输出波形图。在实验仪上连接电路完成测试，自拟表格记录实验结果。

五、预习报告要求

(1) 预习有关异步和同步计数器的工作原理。

(2) 查阅有关资料，熟悉所用集成电路芯片的逻辑功能及引脚图，画出电路接线图。

（3）画出实验数据记录表格。

六、思考题

（1）时序逻辑电路有何特点？与组合逻辑电路有何区别？

（2）同步时序电路和异步时序电路有何区别？

（3）用中规模集成计数器芯片构成任意进制计数器常用的方法有几种？它们各有什么特点？

（4）如何判断计数器能否自启动？

（5）简述时序电路设计的一般过程。

实验八　移位寄存器

一、实验目的

（1）熟悉寄存器的电路结构和工作原理。

（2）掌握中规模4位移位寄存器的逻辑功能和使用方法。

（3）熟悉移位寄存器的逻辑电路和一般应用。

二、实验原理

在数字电路中，常常需要将一些数码、指令或运算结果暂时存放起来，能完成这种功能的部件叫寄存器。寄存器具有清除数码、接收数码、存放数码和传送数码的功能。寄存器分为数据（码）寄存器和移位寄存器两种。这里我们主要介绍移位寄存器。

移位寄存器是一个具有移位功能的寄存器，是指寄存器中所存的代码能够在移位脉冲的作用下依次左移或右移。既能左移又能右移的称为双向移位寄存器，只需要改变左、右移的控制信号便可实现双向移位要求。根据移位寄存器存取信息的方式不同，分为串入串出、串入并出、并入串出、并入并出四种方式。

移位寄存器用途很广，可构成移位寄存器型计数器、顺序脉冲发生器、串行累加器，还可用于数据转换，即把串行数据转换为并行数据，或把并行数据转换为串行数据等。

1. 单向移位寄存器

能使数码单方向移动的寄存器称为单向移位寄存器。图5.8.1所示是利用D触发器组成

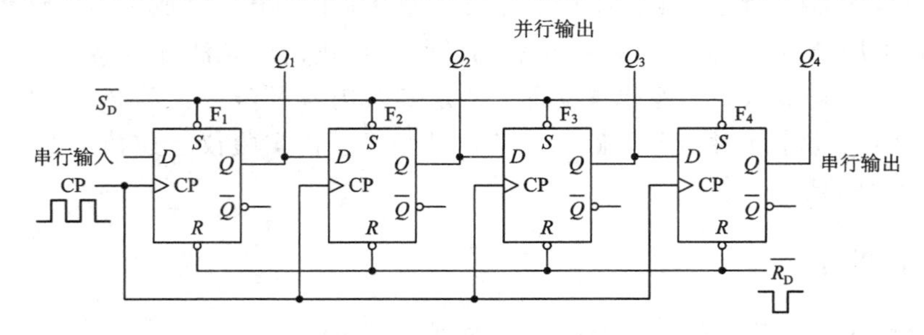

图5.8.1　D触发器组成的单向移位寄存器的逻辑图

的单向移位寄存器的逻辑图。其中每个触发器的输出端 Q 依次接到下一个触发器的 D 端，只有第一个触发器 F_1 的 D 端接收数据。表 5.8.1 是移位寄存器数码移动的情况。当时钟脉冲的上升沿到达时，输入数码移入 F_1，同时每个触发器的状态也移给下一个触发器；假设输入数码为 1101，在移位脉冲作用下，可以看到，当经过 4 个 CP 脉冲以后，1101 被全部移入寄存器中，同时在 4 个触发器的输出端得到了并行输出的代码，即 $Q_4Q_3Q_2Q_1=1101$。

表 5.8.1　移位寄存器数码移动情况

CP	移位寄存器中数码			
顺序	F_1	F_2	F_3	F_4
0	0	0	0	0
1	1	0	0	0
2	1	1	0	0
3	0	1	1	0
4	1	0	1	1

如果需要得到串行的输出信号，可以把触发器 F_4 的 Q 端作为串行输出端，则只需要再输入 4 个移位脉冲，4 位数码便可依次从串行输出端送出去。这就是串行输出方式。移位寄存器的输入同样也可以采用并行输入方式，可以用 D 触发器构成，也可以用 JK 或 RS 触发器构成，其清零方式也有异步和同步之分。

2. 双向移位寄存器

集成移位寄存器的种类很多，74LS194 为 4 位双向移位寄存器。它具有并行输入、并行输出及左移和右移的功能，最高时钟频率为 36 MHz。这些功能均通过操作模式控制输入端 S_1、S_0 来实现，其模式控制功能见表 5.8.2。图 5.8.2 是 74LS194 的逻辑符号，功能如表 5.8.3 所示。其中 A、B、C、D 为数据并行输入端。Q_A、Q_B、Q_C、Q_D 为数据并行输出端。

表 5.8.2　双向移位寄存器 74LS194 模式控制功能

$\overline{R_D}$	S_1	S_0	工作状态
0	×	×	置零
1	0	0	保持
1	0	1	右移
1	1	0	左移
1	1	1	并行输入

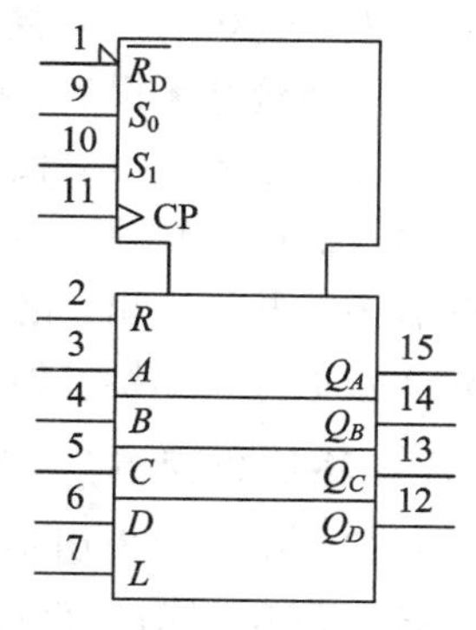

图 5.8.2　74LS194 的逻辑符号

图中，R 为数据右移串行输入端；L 为数据左移串行输入端；S_1、S_0 为操作模式控制输入端；$\overline{R_D}$ 为直接无条件清零端；CP 为时钟脉冲输入端。

74LS194 有 5 种不同的操作模式，即并行送数寄存、右移(方向由 $Q_3 \to Q_0$)、左移(方向由 $Q_0 \to Q_3$)、保持及清零。

表 5.8.3　74LS194 功能表

输入端										输出端				
$\overline{R_D}$	方式		CP	串行		并行				Q_0	Q_1	Q_2	Q_2^n	功能
	S_1	S_0		左	右	D_0	D_1	D_2	D_3					
0	×	×	×	×	×	×	×	×	×	0	0	0	0	清零
1	×	×	0	×	×	×	×	×	×	Q_0^n	Q_1^n	Q_2^n	Q_3^n	保持
1	1	1	↑	×	×	D_0	D_1	D_2	D_3	D_0	D_1	D_2	D_3	送数
1	0	1	↑	×	1	×	×	×	×	1	Q_0^n	Q_1^n	Q_2^n	右移
1	0	1	↑	×	0	×	×	×	×	0	Q_0^n	Q_1^n	Q_2^n	右移
1	1	0	↑	1	×	×	×	×	×	Q_1^n	Q_2^n	Q_3^n	1	左移
1	1	0	↑	0	×	×	×	×	×	Q_1^n	Q_2^n	Q_3^n	0	左移
1	0	0	×	×	×	×	×	×	×	Q_0^n	Q_1^n	Q_2^n	Q_3^n	保持

三、实验仪器及器件

- 数字电路综合实验箱；
- 74LS74 和 74LS194 集成电路芯片。

四、实验内容及步骤

1. 测试 4 位单向移位寄存器的逻辑功能

使用 74LS74（双 D 触发器）组成如图 5.8.1 所示的 4 位单向移位寄存器，将 4 个输入端及$\overline{R_D}$端接逻辑开关，CP 端接单次脉冲源（P_+或P_-），输出端 $Q_1Q_2Q_3Q_4$ 分别接 4 个逻辑电平指示灯，经检查无误后，接通电源进行实验。

首先清零，让$\overline{R_D}=0$，使 $Q_1Q_2Q_3Q_4=0$，然后依次串行输入数据 1101（注：先输入高位数，再输入低位数），每输入一位数，在 CP 端加入一个脉冲。直到加入第 4 个 CP 脉冲时，寄存器将会并行输出，记录 $Q_4Q_3Q_2Q_1$ 的结果。

再输入数据 0000，接着加入 4 个 CP 脉冲，从 Q_4 端串行输出，记录 $Q_4Q_3Q_2Q_1$ 的结果。

2. 双向移位寄存器 74LS194 的逻辑功能测试及应用

（1）测试 4 位双向通用移位寄存器 74LS194 逻辑功能。实验时按 74LS194 的引脚图将$\overline{R_D}$、S_1、S_0、DIR、DIL、D_3、D_2、D_1、D_0 分别接至逻辑开关的电平输出插口；Q_3、Q_2、Q_1、Q_0 接至 LED 的逻辑电平显示输入插口；CP 端接入单脉冲输出插口（⎍或⎎），按表 5.8.3 逐项测试移位寄存器的逻辑功能。

① 清除：令$\overline{R_D}=0$，其他输入均为任意态，这时寄存器输出 Q_3、Q_2、Q_1、Q_0 均应为 0。清除后，置$\overline{R_D}=1$。

② 送数：令$\overline{R_D}=S_1=S_0=1$，送入任意 4 位二进制数，如 $D_3D_2D_1D_0=1101$，加入 CP 脉冲，观察 CP=0、CP 由 0→1、CP 由 1→0 三种情况下寄存器输出状态的变化，观察寄存器输出状态的变化是否发生在 CP 脉冲的上升沿。

③ 右移：清零后，令$\overline{R_D}=S_1=S_0=1$，由右移输入端 DIR 送入一个二进制数码，如 0100，在 CP 端连续加 4 个脉冲，观察输出情况并记录。

④ 左移：先清零或预置，再令$\overline{R_D}=1$，$S_1=1$，$S_0=0$，由左移输入端 DIL 送入二进制数码，如 1111，再连续加 4 个 CP 脉冲，观察输出端的情况并记录。

⑤ 保持：寄存器预置任意 4 位二进制数码 $dcba$，令$\overline{R_D}=1$，$S_1=S_0=0$，加入 CP 脉冲，观察寄存器的输出状态并记录。

⑥ 循环移位：将移位寄存器的 Q_3 端接到右移输入端 DIR，然后用并行送数法预置寄存器为某二进制数码，如 0100，进行右移循环，观察寄存器输出端状态的变化并记录。

(2) 用 74LS194 构成一个 8 分频器。使用 74LS194 设计一个 8 分频器，要求工作之前先清零，加入 CP 为 $f=1$ Hz 的连续脉冲。画出逻辑电路图，列出状态表并自拟表格记录实验结果。

(3) 扩展移位寄存器位数。若需要大于 4 位的双向移位寄存器，可将 74LS194 级联使用，使用两片 74LS194 构成 8 位双向移位寄存器。画出逻辑电路图，列出状态表并自拟表格记录实验结果。

五、预习报告要求

(1) 预习寄存器的有关内容。

(2) 查阅 74LS74、74LS194 的逻辑线路，熟悉其逻辑功能及引脚排列。

(3) 画出实验内容⑥中 4 位环形计数器的状态转换图及波形图。

六、思考题

(1) 在对 74LS194 进行送数后，若要使输出端改变为另外的数码，是否一定要使寄存器清零？

(2) 要使寄存器清零，除采用在$\overline{R_D}$端输入低电平外，可否采用右移或左移的方法？可否使用并行送数法？若可行，如何进行操作？

(3) 实验内容⑥中循环移位采用的是循环右移，若进行循环左移，电路应如何改接？画出电路图。

实验九　555 时基电路

一、实验目的

(1) 熟悉 555 集成时基电路的电路结构、工作原理及其特点。

(2) 掌握 555 集成时基电路的典型应用。

二、实验原理

集成定时器是一种模拟、数字混合型的中规模集成电路，在波形产生、整形、变换、定时及控制系统中有着十分广泛的应用。只要外接适当的电阻、电容等元件，就可方便地构成单稳态触发器、多谐振荡器和施密特触发器等脉冲产生或波形变换电路，由于内部电压标准使用了3个5 kΩ电阻，故取名555电路。定时器有双极型和CMOS两大类，其结构和工作原理基本相似。通常双极型定时器具有较大的驱动能力，而CMOS定时器则具有功耗低、输入阻抗高等优点。几乎所有的双极型产品型号最后的三位数码都是555和556；所有的CMOS产品型号最后四位数码都是7555和7556，二者的逻辑功能和引脚排列完全相同，易于互换。双极型集成时基电路的电源电压$U_{CC}=+5$ V～+15 V，输出的最大电流可达200 mA；CMOS型的集成时基电路电源电压$U_{CC}=+3$ V～+18 V。

555时基电路的内部电路框图如图5.9.1所示，从图中可见，它含有两个高精度电压比较器A_1、A_2，一个基本RS触发器(G_1、G_2)及放电晶体管VT。比较器的参考电压由三个5 kΩ的电阻的分压提供，它们使比较器A_1的同相输入端和A_2的反相输入端的电位分别为$\frac{1}{3}U_{CC}$和$\frac{2}{3}U_{CC}$。如果在引脚5外加控制电压，就可以方便地改变两个比较器的比较电平，控制电压端5不用时需在该端与地之间接入约0.01 μF的电容，以清除外界干扰，保证参考电压值稳定。比较器的状态决定了基本RS触发器的输出，基本RS触发器的输出一路作为整个电路的输出，另一路控制晶体管VT的导通与截止，VT导通时给接在7脚的电容提供放电通路。通过555时基电路可以很方便地构成从微秒到数十分钟的延迟电路。

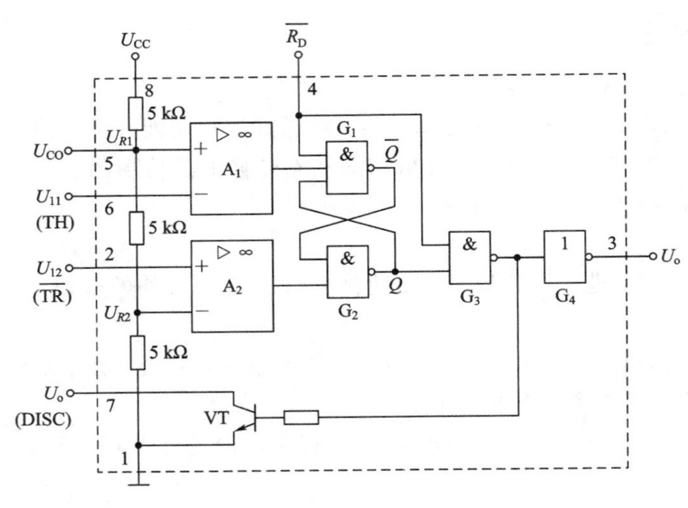

图5.9.1　555时基电路的内部电路框图

1. 单稳态触发器

单稳态触发器在外来脉冲作用下，能够输出一定幅度与宽度的脉冲，输出脉冲的宽度就是暂稳态的持续时间t_W。

图5.9.2为由555定时器和外接定时元件R、C构成的单稳态触发器电路。在输入u_i端未加触发信号时，电路处于初始稳态，单稳态触发器的输出u_o为低电平。当在u_i端加入具有一定幅度的负脉冲时，在$\overline{TR}$端出现一个尖脉冲，使该端电位小于$\frac{1}{3}U_{CC}$，从而使比较器A_2触发翻转，触发器的输出u_o从低电平跳变为高电平，暂稳态开始。电容C开始充电，

u_C 按指数规律增加，当 u_C 上升到 $\frac{2}{3}U_{CC}$ 时，比较器 A_1 翻转，触发器的输出 u_o 从高电平返回低电平，暂稳态终止。同时内部电路使电容 C 放电，u_C 迅速下降到零，电路回到初始稳态，为下一个触发脉冲的到来作好准备。暂稳态的持续时间 t_W 取决于 R、C 的大小，即 $t_W=1.1\,RC$。通过改变 R、C 的大小，可使延迟时间在几个微秒到几十分钟之间变化。当这种单稳态电路作为计时器使用时，可直接驱动小型继电器，并可以使用复位端(4 脚)接地的方法来终止暂态，重新计时。

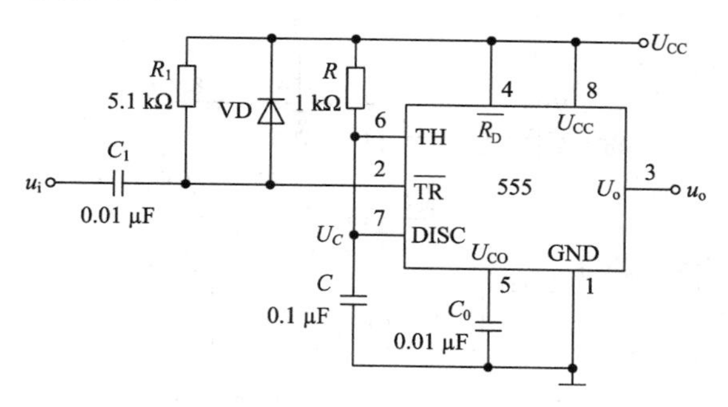

图 5.9.2　单稳态触发器电路

2. 多谐振荡器

和单稳态触发器相比，多谐振荡器没有稳定状态，只存在两个暂稳态，且无需用外来触发信号进行触发。多谐振荡器电路如图 5.9.3 所示，电源通过 R_1、R_2 向 C 充电，C 通过 R_2 向 C_0 放电，使电路能自动交替翻转，电容 C 在 $\frac{1}{3}U_{CC}$ 和 $\frac{2}{3}U_{CC}$ 之间充电和放电，两个暂稳态轮流出现，输出矩形脉冲。

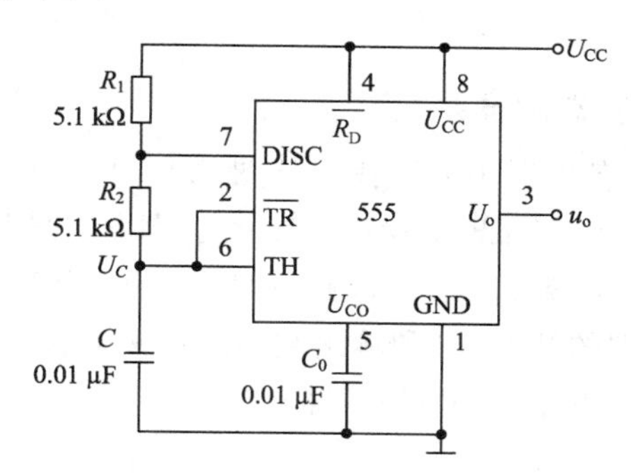

图 5.9.3　多谐振荡器电路

输出信号的充电(输出为高电平)时间为 $t_{W1}=0.7(R_1+R_2)C$ 。

放电(输出为低电平)时间为 $t_{W2}=0.7\,R_2C$。

振荡周期为 $T=t_{W1}+t_{W2}=0.7(R_1+R_2)C+0.7R_2C=0.7(R_1+2R_2)C$。

振荡频率为 $f_0=\frac{1}{T}=\frac{1}{0.7(R_1+2R_2)C}$。

3. 施密特触发器

图 5.9.4 为使用 555 定时器及外接阻容元件构成的施密特触发器电路，若被整形变换

的电压 u_s 为正弦波，其正半周通过二极管 VD 同时加到 555 定时器的 2 脚和 6 脚，得到的 u_i 为半波整流波形。当 u_i 上升到$\frac{2}{3}U_{CC}$ 时，u_o 从高电平变为低电平；当 u_i 下降到$\frac{1}{3}U_{CC}$ 时，u_o 又从低电平翻转为高电平。

施密特触发器电路的回差电压为

$$\Delta U=\frac{2}{3}U_{CC}-\frac{1}{3}U_{CC}=\frac{1}{3}U_{CC}$$

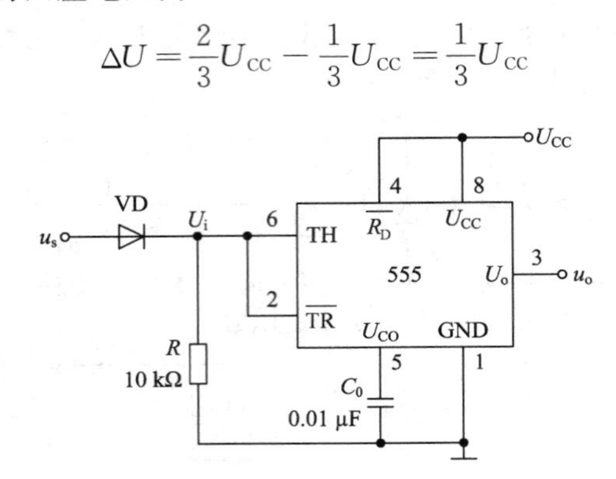

图 5.9.4 施密特触发器电路

三、实验仪器及器件

- DS1052E 型示波器；
- DG1022 型双通道函数/任意波形发生器；
- 数字电路综合实验箱；
- 555 定时器，电阻、电容、二极管若干。

四、实验内容及步骤

1. 555 定时器构成单稳态触发器

选用 555 定时器，并在备件区中分别找出与图 5.9.2 所给电路参数相同的电阻、电容和二极管(即 $R=1\ \text{k}\Omega$，$C=0.01\ \mu\text{F}$)，参照 555 的引脚图，按图 5.9.2 连接电路，检查无误后接通电源进行实验。在电容 C_1 端加入输入信号 u_i，u_i 为 1 kHz 的连续脉冲。用示波器观测输入信号 u_i、电容 C 端的波形 u_C 和输出端的波形 u_o，将所测波形记录于图 5.9.5 中，测量 u_C、u_o 的幅度与暂稳态的持续时间 t_W 并标于图中。

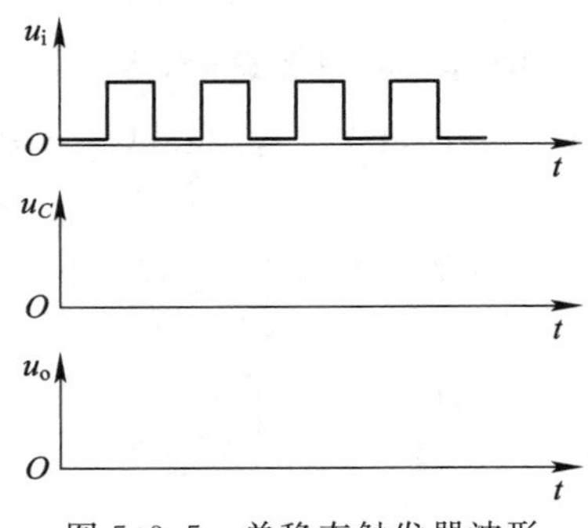

图 5.9.5 单稳态触发器波形

2. 555 定时器构成多谐振荡器

使用 555 定时器按图 5.9.3 连接实验电路，检查无误后接通电源进行实验。

用示波器观察 u_C 和 u_o 的波形，并按时间关系将其绘于图 5.9.6 中。测量并记录 u_C 的上、下限幅值 u_{CH} 和 u_{CL}；输出信号的幅值 u_o 及时间参数，即充电时间 t_{W1}、放电时间 t_{W2}，振荡频率 f_0，并与理论值比较。

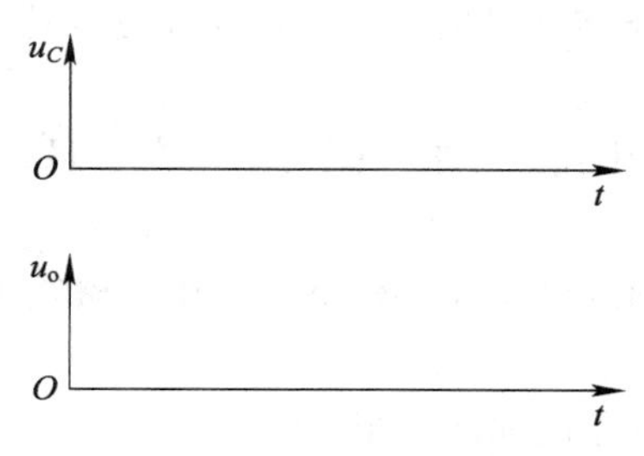

图 5.9.6　多谐振荡器波形

555 电路中要求 R_1 与 R_2 均大于 1 kΩ，但 R_1+R_2 应小于或等于 3.3 MΩ。外部元件的稳定性决定了多谐振荡器的稳定性，555 定时器配以少量的元件即可获得较高精度的振荡频率和较强的功率输出能力。因此这种形式的多谐振荡器应用很广。

3. 555 定时器构成施密特触发器

按图 5.9.4 连接实验电路，检查无误后接通电源进行实验。

(1) 使用函数信号发生器，将 1 kHz 的正弦信号送入电路的 u_s 端，逐渐加大 u_s 的幅度，用示波器观察并描绘 u_s、u_i 及 u_o 的波形，同时测量各波形的幅度、接通电位 V_{T+}、断开电位 V_{T-} 及回差电压 ΔU，并按关系将其绘于图 5.9.7 中。

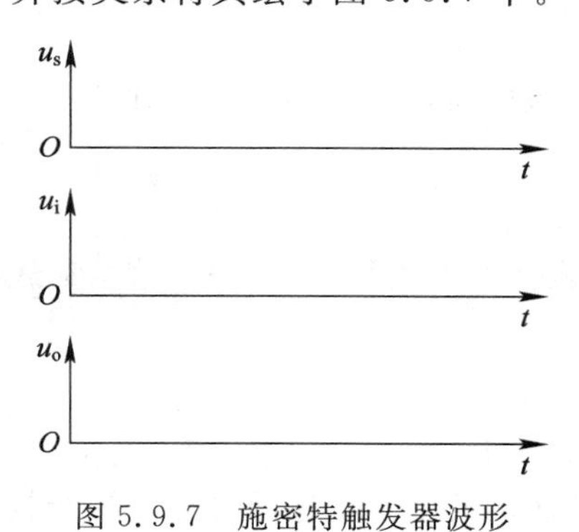

图 5.9.7　施密特触发器波形

(2) 将示波器调整为 $X-Y$ 状态，观察并记录电压传输特性。

4. 555 定时器的应用

(1) 用 555 定时器设计一个楼梯灯的开关控制电路，要求上、下楼梯口均有一个开关，无论上楼或下楼只要按一下开关，灯即可点亮 2 min。

实验内容和要求：

① 设计电路，画出电路图并确定元器件参数，在实验箱上选取元器件，连接电路进行实验。

② 楼梯灯用发光二极管代替，调试电路参数使之达到设计要求。

(2) 设计一个过/欠压(电压)声光报警电路，电路正常工作电压为 5 V，当电压超过 5.5 V(过电压)和低于 4.5 V(欠电压)时电路要发出声光报警信号。

实验内容和要求：

① 设计电路，画出电路图并确定元器件参数，在实验箱上选取元器件，连接电路进行实验。

② 用发光二极管和蜂鸣器实现过电压、欠电压时的声光报警信号，调试电路参数直至达到设计要求。

(3) 设计一个音频信号发生器，要求其振荡频率在 1 Hz～10 kHz 范围内可调。

实验内容和要求：

① 设计电路，画出电路图并确定元器件参数，在实验箱上选取元器件，连接电路进行实验。

② 记录测量数据，画出电路的输出波形图。

五、预习报告要求

(1) 预习有关 555 定时器的工作原理及其典型应用部分的内容。

(2) 熟悉 555 定时器的功能及引脚排列。

(3) 根据图 5.9.2、图 5.9.3、图 5.9.4 所给出的电路参数，计算单稳态触发器、多谐振荡器及施密特触发器输出参数的理论值。

六、思考题

(1) 说明图 5.9.2 中 R_1、C_1 的作用，画出单稳态触发器的实际触发波形(即 555 定时器的第二脚 $\overline{\mathrm{TR}}$ 端的波形)。

(2) 图 5.9.3 所示的多谐振荡器输出波形的占空比为 80%时，各元器件的参数应如何改变？

实验十 D/A、A/D 转换器

一、实验目的

(1) 了解 D/A 和 A/D 转换器的基本工作原理和基本结构。

(2) 掌握大规模集成 A/D 和 D/A 转换器的功能及其典型应用。

二、实验原理

在数字电子技术应用的很多场合往往需要把模拟量转换为数字量，能实现这种转换的器件称为模/数转换器(A/D 转换器，简称 ADC)；或者需要把数字量转换为模拟量，能完成这种转换的器件称为数/模转换器(D/A 转换器，简称 DAC)。能够实现这两种转换的线路有多种，特别是单片大规模集成 A/D、D/A 的问世，为实现上述转换提供了极大的方便。本实验将采用大规模集成电路 DAC0832 实现 D/A 转换，ADC0809 实现 A/D 转换。

1. D/A 转换器 DAC0832

DAC0832 是采用 CMOS 工艺制成的单片电流输出型 8 位数/模转换器。器件的核心部分采用倒 T 形电阻网络的 8 位 D/A 转换器，其电路如图 5.10.1 所示。它是由倒 T 形 $R-2R$ 电阻网络、模拟开关、运算放大器和参考电压 U_{REF} 四部分组成。运算放大器的输出电压为

$$u_o = U_{REF} \times R_f / 2^n \cdot R(D_{n-1} \times 2^{n-1} + D_{n-2} \times 2^{n-2} + \cdots + D_0 \times 2^0)$$

由上式可见，输出电压 u_o 与输入的数字量成正比，这就实现了从数字量到模拟量的转换。

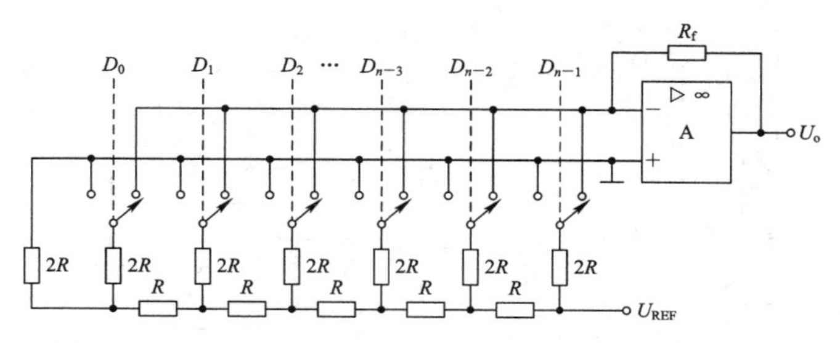

图 5.10.1　采用倒 T 形电阻网络的 8 位 D/A 转换器电路

一个 8 位的 D/A 转换器，有 8 个输入端，每个输入端是 8 位二进制数的一位，有一个模拟输出端，输入可有 $2^8=256$ 个不同的二进制组态，输出为 256 个电压之一，即输出电压不是整个电压范围内的任意值，而只能是 256 个可能值。

图 5.10.2 给出了 DAC0832 的逻辑框图。其中：

$D_0 \sim D_7$：数字信号输入端。

ILE：输入寄存器允许端，高电平有效。

$\overline{CS}$：片选信号，低电平有效。

$\overline{WR_1}$：写信号 1，低电平有效。

$\overline{XFER}$：传送控制信号，低电平有效。

$\overline{WR_2}$：写信号 2，低电平有效。

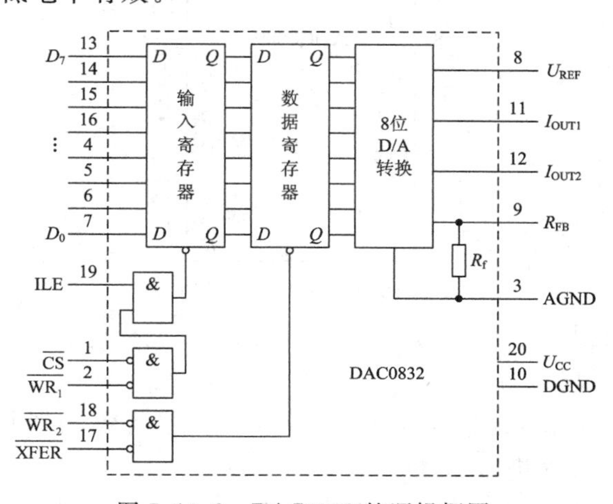

图 5.10.2　DAC0832 的逻辑框图

I_{OUT1}、I_{OUT2}：DAC 电流输出端。

R_{FB}：反馈电阻，是集成在片内的外接运算放大器的反馈电阻。

U_{REF}：基准电压(−10 V～+10 V)。

U_{CC}：电源电压(+5 V～+15 V)。

AGND：模拟地。

DGND：数字地，可和模拟地接在一起使用。

DAC0832 输出的是电流，要转换为电压，还必须经过一个外接的运算放大器，其实验电路如图 5.10.3 所示。

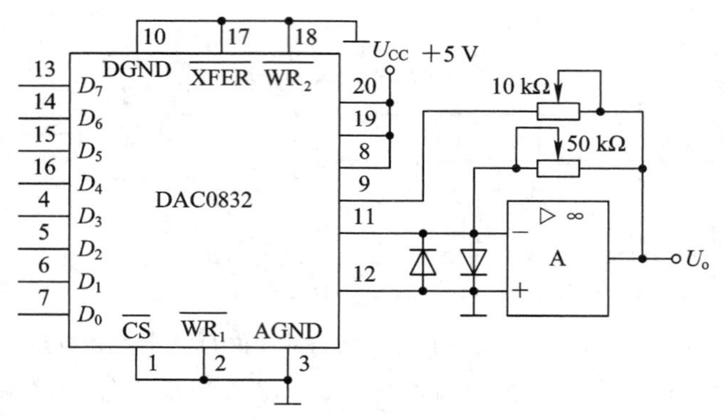

图 5.10.3　DAC0832 将电流转换为电压的实验电路

2. A/D 转换器 ADC0809

ADC0809 是采用 CMOS 工艺制成的单片 8 位 8 通道逐次渐近型模/数转换器，其引脚图如图 5.10.4 所示，各引脚功能如下：

引脚	名称	名称	引脚
1	IN_3	IN_2	28
2	IN_4	IN_1	27
3	IN_5	IN_0	26
4	IN_6	A_0	25
5	IN_7	A_1	24
6	START	A_2	23
7	EOC	ALE	22
8	D_3	D_7	21
9	OE	D_6	20
10	CP	D_5	19
11	U_{CC}	D_4	18
12	$U_{REF(+)}$	D_0	17
13	GND	$U_{REF(-)}$	16
14	D_1	D_2	15

图 5.10.4　ADC0809 引脚图

IN_0～IN_7：8 路模拟信号输入端。

A_2、A_1、A_0：地址输入端。

ALE：地址锁存允许输入信号，加入正脉冲，上升沿有效，此时锁存地址码，从而选通相应的模拟信号通道，以便进行 A/D 转换。

START：启动信号输入端，应在此脚施加正脉冲，当上升沿到达时，内部逐次逼近寄存器复位，待下降沿到达后，开始 A/D 转换过程。

EOC：转换结束输出信号(转换结束标志)，高电平有效。

OE：输入允许信号，高电平有效。

CLOCK(CP)：时钟信号输入端，外接时钟频率一般为 640 kHz。

U_{CC}：+5 V 单电源供电。

$U_{REF}(+)$、$U_{REF}(-)$：基准电压的正极、负极。一般 $U_{REF}(+)$ 接+5 V 电源，$U_{REF}(-)$ 接地。

$D_7 \sim D_0$：数字信号输出端。

8 路模拟开关由 A_2、A_1、A_0 三个地址输入端选通 8 路模拟信号中的任何一路进行 A/D 转换，地址译码与输入通道的选通关系如表 5.10.1 所示。

表 5.10.1　ADC0809 地址译码与输入通道的选通关系

被选模拟通道		IN_0	IN_1	IN_2	IN_3	IN_4	IN_5	IN_6	IN_7
地址	A_2	0	0	0	0	1	1	1	1
	A_1	0	0	1	1	0	0	1	1
	A_0	0	1	0	1	0	1	0	1

三、实验仪器及器件

- 数字电路综合实验箱；
- VC51 型数字万用表；
- DAC0832、ADC0809 和 CC4024 集成电路芯片。

四、实验内容及步骤

(1) 由 CC4024 与 $R-2R$ 倒 T 形网络实现 D/A 变换，线路如图 5.10.5 所示。CP 接单次脉冲源，U_o 接数字万用表的直流电压挡。

接通电源，利用 R_0、C_0 清零功能，使 CC4024 清零。每送一个单次脉冲，测量一次 U_o，并记录之。

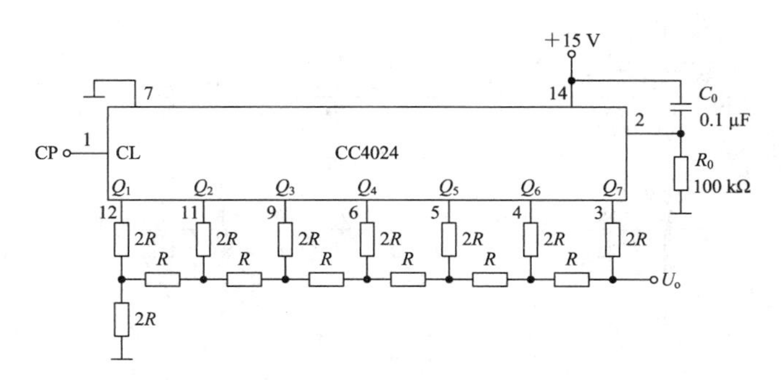

图 5.10.5　CC4024 与 $R-2R$ 倒 T 形网络实现 D/A 变换

(2) 按图 5.10.3 连接电路，将 $D_0 \sim D_7$ 接至逻辑开关的电平输出插口，运算放大器的输出端 U_o 接数字万用表的直流电压挡。

① 将 $D_0 \sim D_7$ 全置零，调节运算放大器的调零电位器 R_W，使运算放大器的输出为零。

② 按表 5.10.2 所列出的输入数字信号的状态，用数字电压表测量运放的输出电压 U_o，并将测量结果记入表中。

表 5.10.2　DAC0832 测量记录

输入数字信号								输出模拟量 U_o/V	
D_7	D_6	D_5	D_4	D_3	D_2	D_1	D_0	$U_{CC}=+5$ V	$U_{CC}=+12$ V
0	0	0	0	0	0	0	0		
0	0	0	0	0	0	0	1		
0	0	0	0	0	0	1	0		
0	0	0	0	0	1	0	0		
0	0	0	0	1	0	0	0		
0	0	0	1	0	0	0	0		
0	0	1	0	0	0	0	0		
0	1	0	0	0	0	0	0		
1	0	0	0	0	0	0	0		
1	1	1	1	1	1	1	1		

(3) 按图 5.10.6 连接电路，变换结果，将 $D_0 \sim D_7$ 接到 LED 发光二极管的输入插口，时钟脉冲 CP 由 $f=1$ kHz 的脉冲信号源提供，地址端 $A_0 \sim A_2$ 需要接“0”电平时可直接接地，需要接“1”电平时可通过 1 kΩ 电阻接 +5 V 电源。按表 5.10.3 的要求，观察并记录 $IN_0 \sim IN_7$ 八路模拟信号的转换结果，同时将结果换算成十进制数所表示的电压值，与数字电压表实测的各路输入电压值进行比较，分析误差原因。

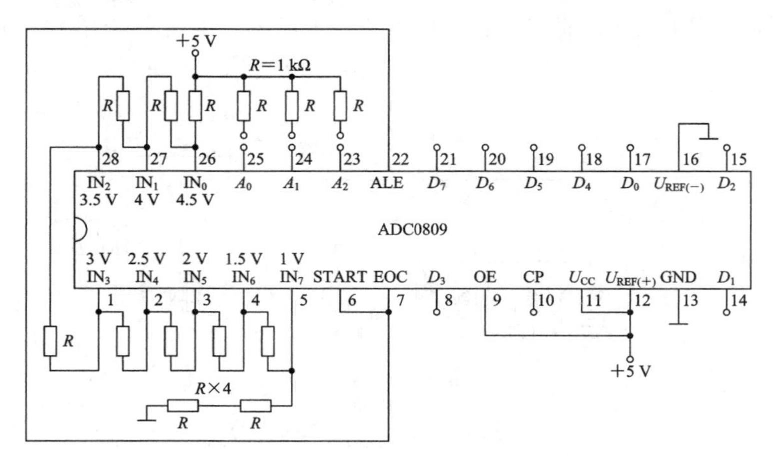

图 5.10.6　ADC0809 模拟信号转换实验电路

表 5.10.3　ADC0809 模拟信号转换测量记录

被选模拟通道	输入模拟量	地址			输出模拟量								
IN	U_i/V	A_2	A_1	A_0	D_7	D_6	D_5	D_4	D_3	D_2	D_1	D_0	十进制
IN_0	4.5	0	0	0									
IN_1	4.0	0	0	1									
IN_2	3.5	0	1	0									
IN_3	3.0	0	1	1									
IN_4	2.5	1	0	0									
IN_5	2.0	1	0	1									
IN_6	1.5	1	1	0									
IN_7	1.0	1	1	1									

五、预习报告要求

(1) 预习 A/D、D/A 转换的工作原理。

(2) 熟悉 ADC0809、DAC0832 各引脚功能及使用方法。

(3) 拟定各实验内容的具体实验方案。

六、思考题

现实中有很多模/数转换的实例，请举出几种说明。

第6章 电子技术综合设计性实验

实验一 占空比可调的矩形波振荡器

一、实验目的

设计一个电路使之能够产生矩形波，并能实现占空比可调。

二、实验原理

由集成运放构成的矩形波发生电路如图6.1.1所示，一般均包括比较器和RC积分器两大部分。图6.1.1所示电路为由迟滞比较器和简单的RC积分电路组成的方波发生器，当运放反相端的电压与运放同相端的电压进行比较时，运放输出端在正负饱和值之间突变。由于电容上的电压不能突变，只能由输出电压u_o通过R_W按指数规律向电容C充放电来建立。运放同相端的电压$u_+=\pm\frac{R_1}{R_1+R_2}U_Z$。输出端的电阻$R_3$和稳压管组成了双向限幅稳压电路，使输出电压被限幅在$\pm U_Z$。此电路的特点是线路简单。该电路的振荡频率为

$$f_0=\frac{1}{(R_W+2R_4)C\ln(1+2R_1/R_2)} \tag{6-1-1}$$

方波的输出幅值为

$$u_{om}=\pm U_Z \tag{6-1-2}$$

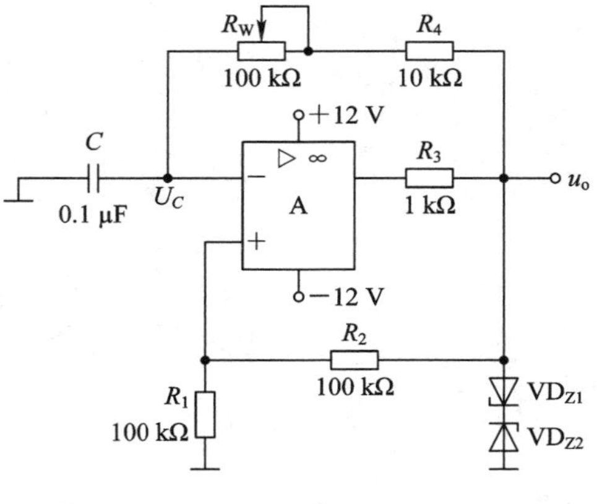

图6.1.1 矩形波发生电路

使用Multisim仿真软件对图6.1.1进行仿真，得到反相输入端与输出端的波形图，如图6.1.2所示，反向输入端为电容充放电曲线，输出端为得到的方波。

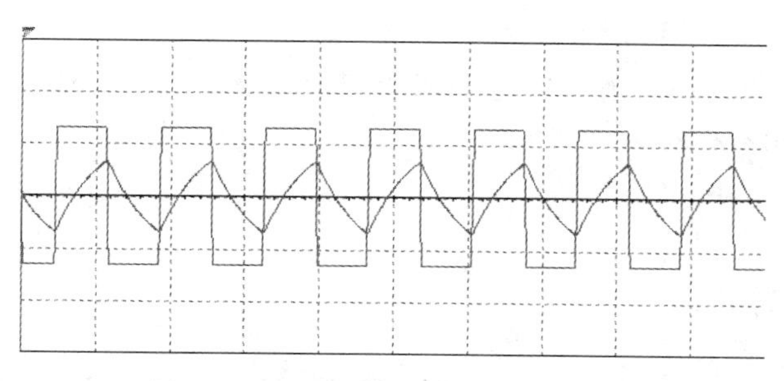

图 6.1.2　矩形波发生电路仿真结果

此电路通过改变 R_W 的值可以调节方波的频率，占空比为 50%，欲改变输出电压的占空比，就必须使电容正向和反向充电的时间常数不同，即两个充电回路的参数不同，同时利用二极管的单向导电性可以引导电流流经不同的通路，占空比可调的矩形波发生电路如图 6.1.3 所示，仿真结果如图 6.1.4 所示。

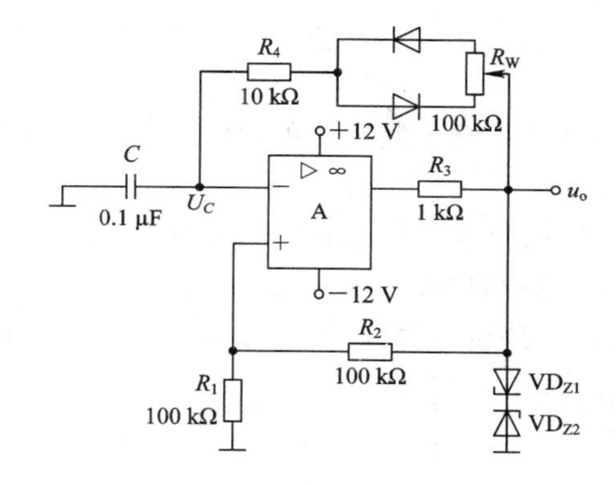

图 6.1.3　占空比可调的矩形波发生电路

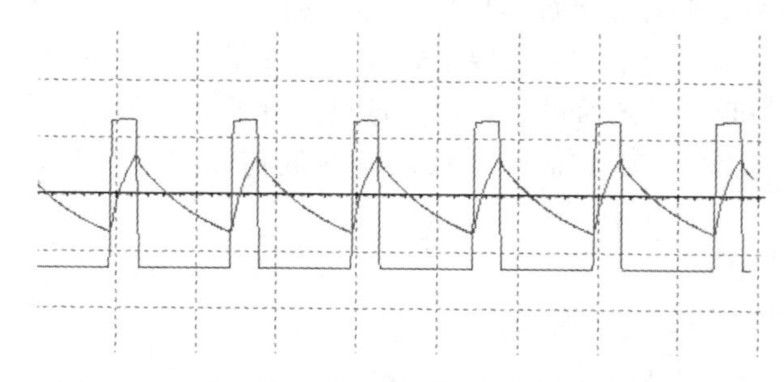

图 6.1.4　占空比可调的矩形波发生电路的仿真结果

三、实验仪器及器件

- DS1052E 型数字示波器；
- VC51 型数字万用表；
- 综合实验箱。

四、实验内容

(1) 按照图 6.1.1 设计一个矩形波发生器，要求其幅度为 7 V，频率为 300 Hz～

3 kHz。

(2) 按照图 6.1.3 设计一个占空比可调的矩形波发生器，要求其幅度为 7 V，频率为 300 Hz，占空比为 20%～80%可调。

五、思考题

说明 VD_Z 的限幅作用。

实验二　模拟飞机夜间飞行闪烁灯控制电路

一、实验目的

进行简易控制系统设计的学习和锻炼，提高应用能力。

二、实验要求

飞机在夜晚飞行时，一般在机身上装有各色指示灯，如红、白、绿等颜色，且这些指示灯会按照一定的规律闪动。

(1) 设有三盏指示灯，颜色分别为红色、黄色和绿色，分别安装在飞机机身不同的位置。三盏灯按照相同的规律点亮和熄灭。

(2) 三盏指示灯点亮和熄灭所占用的时间为 1 s，而在 1 s 时间内指示灯快速闪烁点亮三次占 0.6 s，熄灭时间占 0.4 s。

三、实验原理

根据实验要求分析，飞机指示灯需要按照相同的规律点亮和熄灭，以实现夜间飞行的指示和防撞功能，一般为白色、红色、绿色，555 定时器组成的多谐振荡器不需要输入信号，可自发产生振荡波形，因此通过 555 定时器可实现指示灯的时间控制，由于需要在 1 s 内实现亮灭三次，可将两个 555 定时器组成的多谐振荡器进行串联，参考电路如图 6.2.1 所示。

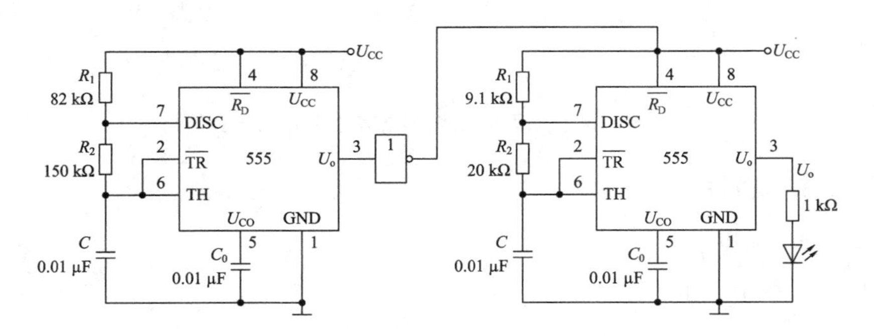

图 6.2.1　指示灯控制参考电路

555 定时器组成的多谐振荡器在两个暂稳态之间转换，形成矩形脉冲，其中高电平时间(充电)为

$$t_{W1}=0.7(R_1+R_2)C \tag{6-2-1}$$

低电平时间(放电)为

$$t_{W2}=0.7R_2C \tag{6-2-2}$$

由于指示灯需要在 1 s 内实现亮灭三次，因此第一级多谐振荡器的低电平时间为 1 s，低电平通过反相器后给第二级复位端，启动第二级多谐振荡器。第一级的 $0.7R_2C=1$ s，可匹配 $R_1=82$ kΩ，$R_2=150$ kΩ，$C_1=10$ μF，因为在 1 s 内指示灯快速闪烁点亮三次占 0.6 s，熄灭时间占 0.4 s，则第二级多谐振荡器低电平时间 $t_{W1}=0.133$ s，高电平时间为 $t_{W2}=0.2$ s，通过公式(6-2-1)及(6-2-2)可匹配相应的电阻、电容值，本参考电路中，$R_1'=9.1$ kΩ，$R_2'=20$ kΩ，$C_1'=10$ μF。

四、实验仪器及器件

- DS1052E 型数字示波器；
- VC51 型数字万用表；
- 综合实验箱。
- 555 定时器、74LS00(TTL 两输入与非门)、74LS04(TTL 反相器)、74LS08(TTL 两输入与门)、74LS10(TTL 三输入与非门)、74LS11(TTL 三输入与门)、74LS20(TTL 四输入与非门)、74LS21(TTL 四输入与门)、74LS27(TTL 三输入或非门)、74LS32(TTL 两输入或门)、74LS74(TTL 逻辑 D 触发器)、74LS175(TTL 四 D 触发器)、74LS192(同步加/减计数器，十进制)、LED 彩灯、电阻、电容、导线等。

五、实验内容

参照图 6.2.1，完成指示灯控制电路的连接，观察 LED 灯的亮灭，并通过示波器观察输出波形情况。

六、思考题

使用 555 定时器构成的多谐振荡器的电阻 R_1 和 R_2 的设定需要注意什么？

实验三　智力竞赛抢答电路

一、实验目的

(1) 学习数字电路中门电路、触发器、中规模集成计数器、多谐振荡器及译码显示等单元电路的综合运用。

(2) 了解简单数字系统的设计、调试及故障排除方法。

二、实验要求

需实现的功能：

(1) 智力竞赛抢答装置可同时供三名选手或三个代表队参赛，他们的编号分别为 1、2、3；每个选手或代表队控制一个抢答按钮，按钮的编号与选手的编号相对应，为 S_1、S_2、S_3。

(2) 节目主持人控制一个按钮，用来控制系统的清零和抢答开始与否，清零按钮的编号为S。

(3) 抢答装置应具有显示和数据锁存功能，每个选手的编号可用一个七段显示器显示，1号选手抢答后相应的显示器显示“1”，2号选手抢答后其显示器显示“2”，3号选手抢答后其显示器显示“3”。

(4) 电路应具有抢答键控制功能，在其中的一个选手抢答有效后，显示器显示相应的选手编号，蜂鸣器发出音响提示；同时电路应不再接收其余两个抢答者的信号，已获得抢答资格选手的编号，一直保持到主持人将系统清零为止。

扩展功能：

(1) 具有定时抢答功能，时间可由主持人设定；当主持人启动“抢答开始”按钮S后，定时器开始加计时，并用显示器显示时间。

(2) 选手在设定的时间内抢答有效，定时器停止工作，显示器显示抢答时刻的时间，并保持到主持人将系统清零。若定时抢答时间到，没有选手抢答，则本次抢答无效，系统报警并不再接收选手的抢答信号(禁止超时抢答)，时间显示器显示00。

三、实验原理

通过对设计要求的分析，设计方案框图如图6.3.1所示，该装置需要在统一的时钟下进行，利用触发器的锁存性能进行抢答功能的实现。

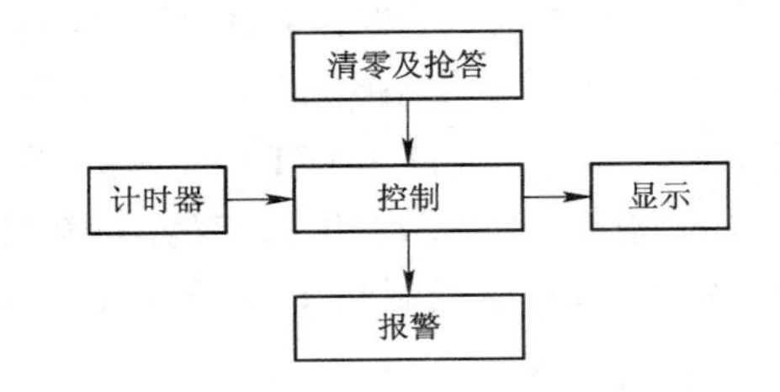

图6.3.1 抢答装置框图

1. 控制原理

D触发器的特性方程为$Q=D$，可以使用D触发器的清零端作为主持人端，控制抢答的开始，使用3个D触发器的D端作为3位选手，如图6.3.2所示，当一位选手选中后锁定D触发器的时钟，这样其他选手都不能再选。当选定一位选手后，驱动数码管显示相应的选手编号，并驱动蜂鸣器进行报警。

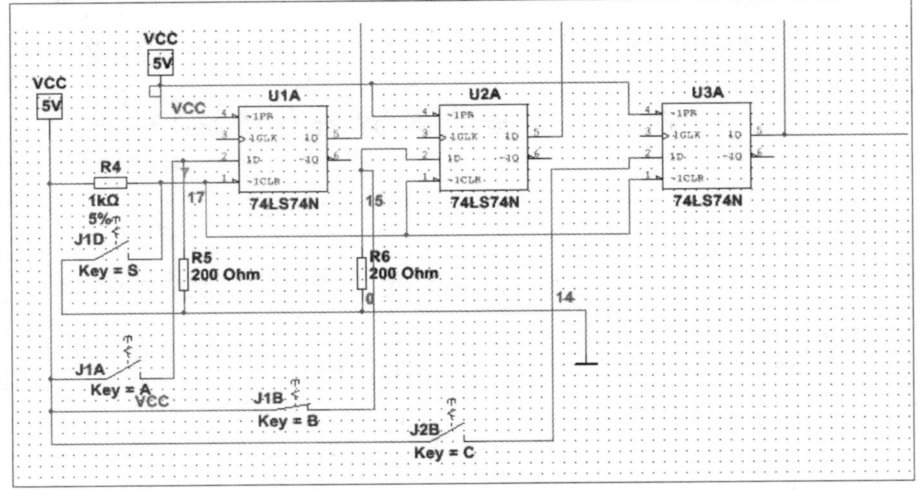

图6.3.2 3位D触发实现抢答电路

2. 计时器

定时器为抢答前的计时，设定 60 s 内抢答有效，超过 60 s 后无法进行抢答，且抢答以后显示相应的时间，利用十进制计数芯片级联两位的加法计数器，当计数达到 60 s 后锁定时钟信号，无法进行抢答，如果计数为 60 s 以内，可以进行抢答，抢答完成后锁定时钟信号，计数器停留在抢答时刻的计数，D 触发器也无法再接受其他的选手信号。

四、实验仪器及器件

· DS1052E 型数字示波器；
· VC51 型数字万用表；
· 综合实验箱；
· 七段显示器(共阴极，已和译码器连接)、74LS00(TTL 两输入与非门)、74LS04(TTL 反相器)、74LS08(TTL 两输入与门)、74LS10(TTL 三输入与非门)、74LS11(TTL 三输入与门)、74LS20(TTL 四输入与非门)、74LS21(TTL 四输入与门)、74LS27(TTL 三输入或非门)、74LS32(TTL 两输入或门)、74LS74(TTL 逻辑 D 触发器)、74LS175(TTL 四 D 触发器)、74LS192(同步加/减计数器，十进制)、电阻、电容、导线等。

五、实验内容

(1) 完成抢答电路的整体设计，实现 2 号选手抢答成功，观察蜂鸣器和数码管显示的情况。

(2) 实现定时器的电路设计，当时间为 30 s 时，3 号选手抢答成功，观察实验情况。

六、思考题

当一位选手选定后，其余选手锁定的其他实现方法及电路有哪些？

实验四　电压超限指示和报警电路

一、实验目的

通过电压超限指示和报警电路的设计与实验，熟悉窗口比较器和 555 电路的应用。

二、实验要求

(1) 电压上限为 $U_H=5.5$ V，下限为 $U_L=4.5$ V，当 4.5 V$<u_I<$5.5 V 时，为正常范围；否则 $u_I>$5.5 V 或 $u_I<$4.5 V 都为不正常，此时发出报警信号。

(2) 电压 u_I 在正常范围内，绿灯亮，不发出报警声响。

(3) 电压 u_I 低于下限时，黄灯亮，同时连续发出报警声响。

(4) 电压 u_I 高于上限时，红灯闪烁，同时发出断续的报警声响。

三、实验原理

根据要求，若需要鉴别一个电压是否属于正常或不正常范围，可以利用窗口比较器。

窗口比较器的传输特性如图 6.4.1 所示。当 $U_H > u_I > U_L$ 时，输出为低电平，而当 $u_I > U_H$ 或 $u_I < U_L$ 时输出为高电平，利用这一特性，就可以鉴别电压是否处于正常范围。如果是其他物理量(如温度)，也可以通过传感器将其转换为电压量来实现报警。

声音报警可利用 555 定时器构成的多谐振荡器来实现，断续声音可以由一个频率较低的振荡器控制一个频率较高的振荡器来实现。图 6.4.2 为这种电路的框图。图 6.4.3 是一个电压超限指示和报警电路的参考电路。

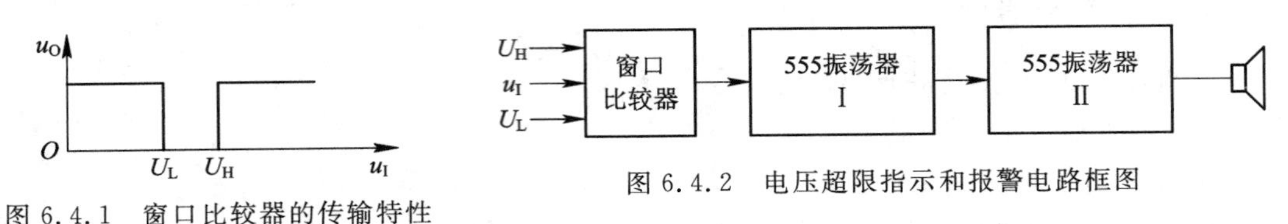

图 6.4.1 窗口比较器的传输特性

图 6.4.2 电压超限指示和报警电路框图

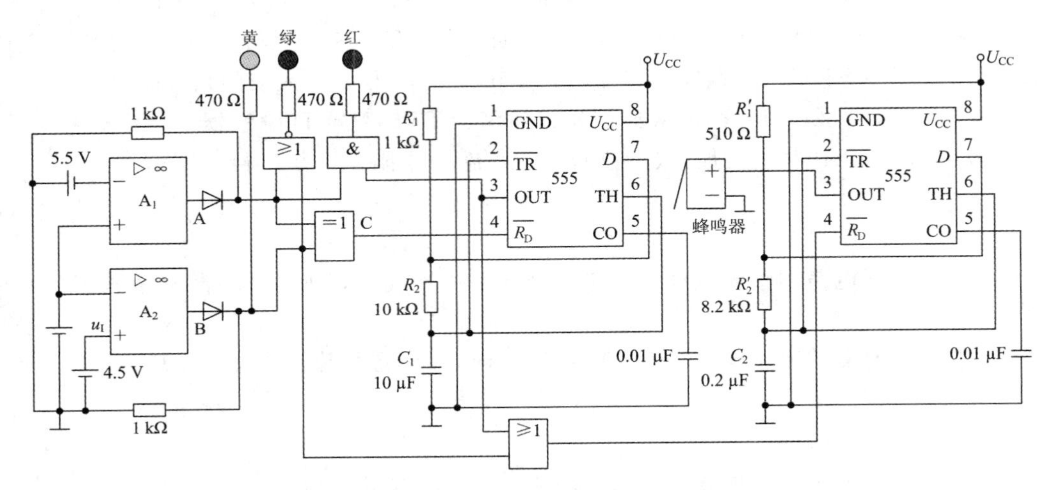

图 6.4.3 电压超限指示及报警参考电路

1. 窗口比较器

在参考电路中，窗口比较器由两个运算放大器、两个二极管和电阻组成，LM324 内包含 4 个运算放大器，使用其中的两个运算放大器组成窗口比较器。

(1) 当 $U_L < u_I < U_H$ 时，处于正常状态，A、B 两点均为低电平，二极管不导通，再经或非门输出，绿色指示灯亮。此时异或门输出端 C 点为低电平，此电压送到第一片 555 定时器的异步置零端$\overline{R_D}$(4 脚)，555 振荡器停振，不发出报警信号。

(2) 当 $u_I > U_H$ 时，图中 A 点为高电平，B 点为低电平，所以或非门输出为低电平，绿灯灭。而异或门的输出端 C 点为高电平，故第一个振荡器产生频率较低的方波信号。此信号送至第二片 555 定时器的$\overline{R_D}$(4 脚)，从而发出断续的报警声响。同时，C 点信号与第一片 555 定时器的输出信号相与，使得红灯闪烁，其闪烁频率与第一片 555 定时器的振荡频率相同，达到了声、光同时报警的目的。

(3) 当 $u_I < U_L$ 时，A 点为低电平，B 点为高电平，黄灯亮。而异或门的输出 C 点为高电平，第一片 555 振荡器起振，其输出与 B 点信号相或，输出始终为高电平，使第二片振荡器发出连续的报警声响。

2. 555 定时器构成的多谐振荡器的设计

在参考电路中，当第一片 555 振荡器的 4 脚为高电平振荡器起振时，其振荡频率为

$$f_1=\frac{1}{0.7(R_1+2R_2)C_1} \tag{6-4-1}$$

若第一片振荡器的振荡频率 $f_1=6$ Hz，取 $C_1=10$ μF，$R_1=1$ kΩ，则由上式计算出 $R_2\approx11.4$ kΩ，取 $R_2=10$ kΩ。

第一片 555 定时器的输出电压 u_{O1} 加到第二片 555 定时器的异步置零端(4 脚)，当该信号为低电平时，第二片 555 振荡器停振；而此信号为高电平时，第二片 555 振荡器起振，输出电压为 u_{O2}，产生断续报警声响，其波形如图 6.4.4 所示。

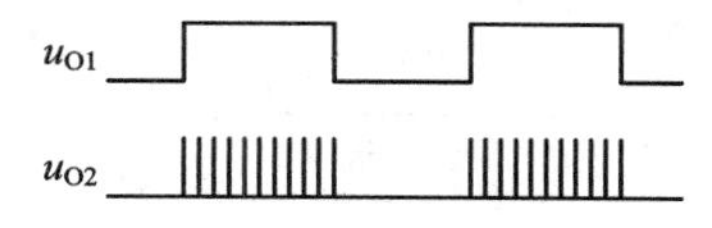

图 6.4.4　断续声响报警波形图

第二片 555 振荡器的 $C_2=0.2$ μF，$R'_1=0.5$ kΩ，$R'_2=8$ kΩ，根据公式(6-4-1)可计算出其振荡频率 $f_2=0.433$ kHz。

四、实验仪器及器件

- DS1052E 型数字示波器；
- VC51 型数字万用表；
- 综合实验箱；
- 运算放大器、555 定时器、74LS00(TTL 两输入与非门)、74LS04(TTL 反相器)、74LS08(TTL 两输入与门)、74LS10(TTL 三输入与非门)、74LS11(TTL 三输入与门)、74LS20(TTL 四输入与非门)、74LS21(TTL 四输入与门)、74LS27(TTL 三输入或非门)、74LS32(TTL 两输入或门)、74LS74(TTL 逻辑 D 触发器)、74LS175(TTL 四 D 触发器)、74LS192(同步加/减计数器，十进制)、电阻、电容、导线等。

五、实验内容

(1) 参照图 6.4.3 完成电压超限及报警电路的连接，当输入 u_I 为 6 V 时，测量 A、B 两处的电压值，观察第一个 555 定时器输出端的波形。

(2) 当输入 u_I 从 6 V 一直衰减到 4 V 时，观察电路指示灯的变化是否符合要求。

六、思考题

蜂鸣器的有哪些分类？驱动方式分别是什么？

实验五　编码电子锁

一、实验目的

通过触摸式编码电子锁的设计与实验，熟悉触发器及门电路的应用。

二、实验要求

编码电子锁不需要钥匙，只要记住一组十进制数字(即所谓的码，一般为 4 位，如 1479)，顺着数字的先后从高位数到低位数，用手指逐个触及相应的触摸按钮，锁便自动打开(发光二极管被点亮)。若操作顺序不对，锁就不能打开。

三、实验原理

通过对设计要求的分析，设计方案框图如图 6.5.1 所示，通过触摸按下正确的键以后，依次把开锁信号送至开锁单元，如果按错将进行报警提示，且按完触摸键后进行清零，以便下次开锁。

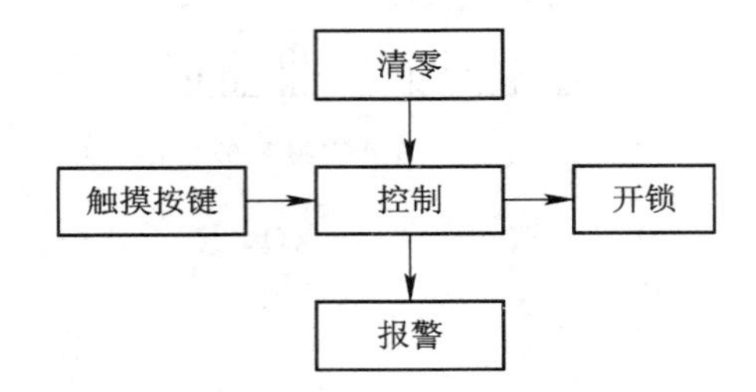

图 6.5.1　编码电子锁方案框图

图 6.5.2 是一个用集成电路组装的触摸式编码电子锁的电路图。图中有 10 个触摸探头，分别为 0、1、2、3、…、9。其中有 4 个 D 触发器，由两片 CMOS 双 D 触发器 CC4013 组成。4 个 D 触发器的复位端全部连接在一起，经电阻 R_0 接地，并通过电容 C_0 接到 U_{DD}。由于电容两端的电压不能突变，因此在接通电源瞬间，R 端为高电平，使 4 个 D 触发器自动清零($Q=0$)。

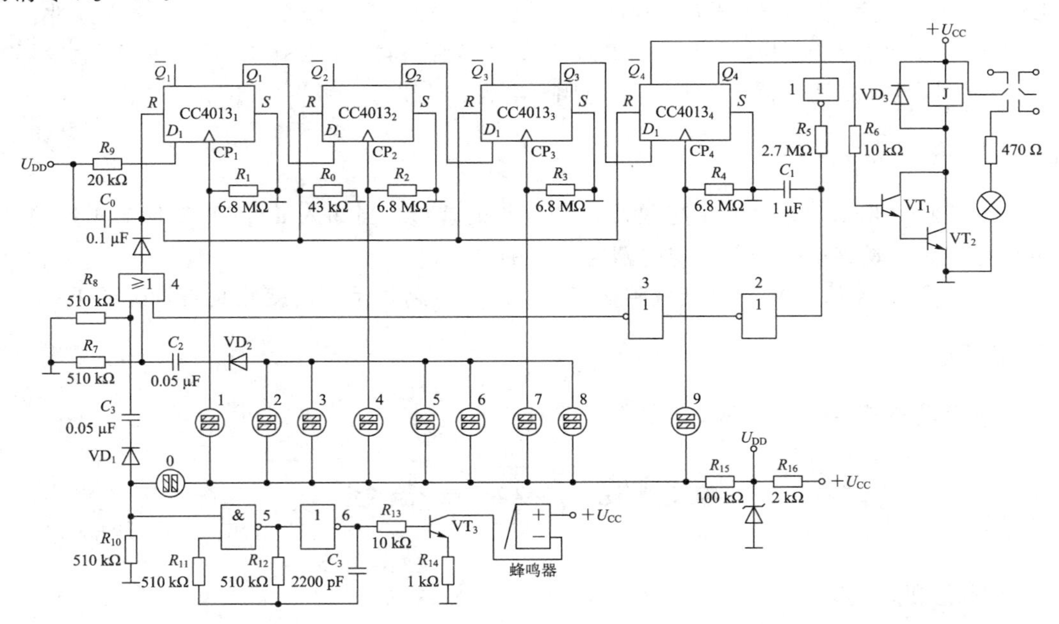

图 6.5.2　编码电子锁参考电路

触发器 1 的 D_1 端通过 R_9 接 U_{DD}，即 D_1 始终为高电平。它的输出端 Q_1 接触发器 2 的 D_2 端，依此类推，即后一个触发器 D 端的状态与前一个触发器输出端 Q 的状态相同，$D_{n+1}=Q_n$。4 个触发器的时钟脉冲输入端 CP_1、CP_2、CP_3、CP_4 分别接 1、4、7、9 号触摸探头，形成了 1479 四位编码。由于 4 个 CP 端各有一个 6.8 MΩ 的电阻接地，因此，在人的手指没有触及 1、4、7、9 号触摸探头时，4 个 CP 端均为低电平。当人的手指触及 1 号触摸探头时，由于手指的导电作用，CP_1 将出现上升沿，使触发器 1 的 Q_1 端变为“1”状态，即 $D_2=Q_1=1$。然后，若人的手指依次触及 4、7、9 号触摸探头，将会使 $D_3=Q_2=1$，$D_4=Q_3=1$ 和 $Q_4=1$，Q_4 作为输出端接到三极管驱动器。当 $Q_4=1$ 时，继电器电磁线圈的电源被接通，吸动门栓，锁被打开(指示灯亮)。当 $Q_4=0$ 时，锁处于“锁住”状态，门不能打开(指示灯不亮)。

图 6.5.2 中或门 4 的输出端通过一个二极管接到 4 个 D 触发器的 R 端。这个或门有 3 个输入端，其作用如下：

(1) 当人的手指触及 0 号触摸探头时，a 点的电位由低变高，此信号经过 VD_1 和 C_3、R_8 组成的微分电路，再经过或门 4，使所有的 D 触发器清零。此外当 a 点为高电平时，以 CMOS 与非门 5 和反相器 6 为主构成的信号发生器产生约 500 Hz 的方波，经过三极管放大后驱动蜂鸣器发出声响。当人的手指离开 0 号触摸探头时，a 点变为低电平，信号发生器停止振荡，声响停止。0 号触摸探头相当于门铃按钮和清零按钮。

(2) 当人的手指按编码顺序依次触及相应的触摸探头，使 Q_4 由低变高后，锁被打开(指示灯亮)。同时，$\overline{Q_4}$ 由高变低的信号经过反相器 1 和电阻 R_5、电容 C_1 构成的延迟电路，再经过反相器 2 和 3 送到或门 4 的输入端。所以，锁被打开后经过一段延迟时间，或门 4 的输出将由低变高，使 4 个 D 触发器全部为 0 状态。

非编码的触摸探头(参考电路中的 2、3、5、6、8 号)相互并联，一端经过电阻 R_{15} 和 R_{16} 接 U_{CC}，另一端(即 b 点)经 VD_2 和 C_2、R_7 构成的微分电路，接到或门 4 的输入端。若有不知道编码的人随意触及触摸探头，只要触及任意一个非编码探头，b 点的电位将由低变高，或门 4 的输出将使 4 个 D 触发器清零，锁不会被打开。

四、实验仪器及器件

· DS1052E 型数字示波器；

· 综合实验箱；

· 74LS00(TTL 两输入与非门)、74LS04(TTL 反相器)、74LS08(TTL 两输入与门)、74LS10(TTL 三输入与非门)、74LS11(TTL 三输入与门)、74LS20(TTL 四输入与非门)、74LS21(TTL 四输入与门)、74LS27(TTL 三输入或非门)、74LS32(TTL 两输入或门)、74LS74(TTL 逻辑 D 触发器)、74LS175(TTL 四 D 触发器)、电阻、电容、继电器、导线等。

五、实验内容

(1) 参照图 6.5.2 完成编码电子锁电路的连接，当依次触摸 1、4、7、9 按键后，观察继电器动作及 LED 工作情况。

(2) 当按错触摸键后，用示波器观察蜂鸣器输入端的信号波形。

六、思考题

在图 6.5.2 中，继电器的工作原理是什么?

实验六 密码报警电子锁

一、实验目的

通过密码报警电子锁的设计与实验，熟悉三极管及门电路的应用。

二、实验要求

密码报警电子锁具有防盗报警能力，如果用手触及触摸探头的顺序与密码不符，锁不能打开，报警器就会发出报警声响。

三、实验原理

图 6.6.1 是一个密码报警电子锁的参考电路，图中电路的编码为 3568。电路中三极管 VT_1、VT_2、VT_3 和 VT_4 是串联在一起的，构成三极管与门。只有当 VT_1、VT_2、VT_3 和 VT_4 同时导通时，三极管 VT_5 才会导通。要想使这 4 个三极管同时导通，应首先用手触及 3 号触

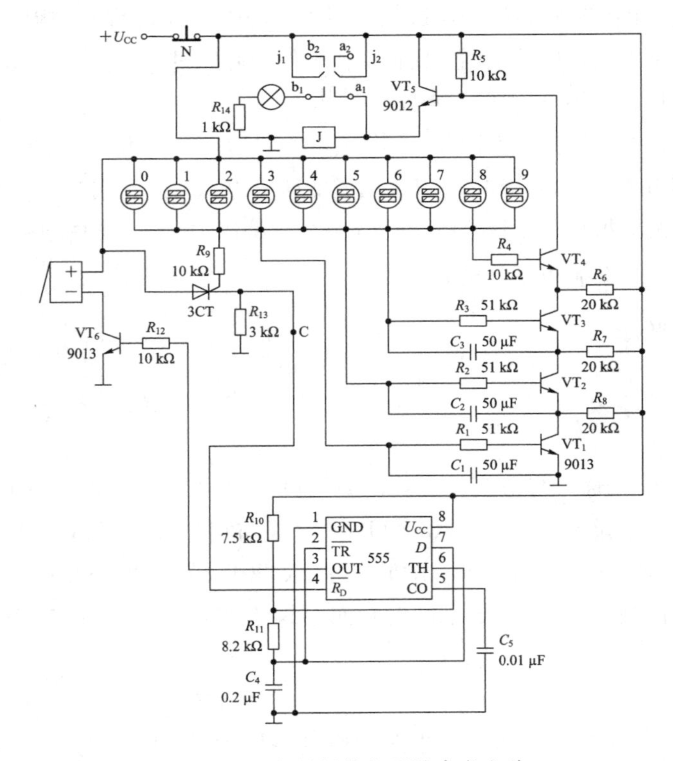

图 6.6.1 密码报警电子锁参考电路

摸探头，使 VT_1 导通，同时电容 C_1 充电。当手离开 3 号探头后，C_1 开始放电，在一定时间内 VT_1 仍然导通。在此时间内用手触摸 5 号探头，VT_2 导通，同时 C_2 开始充电。而后再用手触摸 6 号和 8 号探头，VT_3 和 VT_4 依次导通。由此可见，开锁的人应该在规定的时间内按顺序完成密码操作，VT_1、VT_2、VT_3 和 VT_4 才能同时导通。如果超过规定的时间，电容放电达到一定的程度，三极管就会截止，而 4 个三极管不能同时导通。这样可防止不知编码的人，使用逐一尝试的方法将锁打开。

当三极管 VT_5 饱和导通时，继电器 J 动作，它的接点 j_2 与 a_1 接通，使继电器自锁。同时接点 j_1 与 b_1 接通，使门锁的电磁线圈 L 通电，磁力吸动锁栓，密码锁被打开(实验电路中使用一个发光二极管及一个限流电阻来代替门锁的电磁线圈 L，发光二极管被点亮时，表明密码锁被打开)。

如果没有按照规定的编码进行操作，那么当人的手指触及任何一个非编码探头(即电路图中的 0、1、2、4、7 和 9 号探头)时，电源 U_{CC} 就会通过 R_9 使晶闸管 3CT 导通。当晶闸管导通时，图中 C 点为高电位，由集成电路 555 及电阻 R_{10}、R_{11}、电容 C_4、C_5 构成的信号发生器产生振荡，它输出的方波经三极管 VT_6 放大后启动喇叭，发出声响。锁被打开后，只要按一下复位按钮 N，电路就会恢复到初始状态。

在参考电路中，因分立元件较多，因此，对三极管 VT_1、VT_2、VT_3、VT_4 的 β 值和晶闸管的触发灵敏度要求较高。否则，当人的手指较干燥时，手触及触摸探头可能不起作用，可以使用 CMOS 集成电路代替这些分立元件。

四、实验仪器及器件

• DS1052E 型数字示波器；

• VC51 型数字万用表；

• 综合实验箱；

• 74LS00(TTL 两输入与非门)、74LS04(TTL 反相器)、74LS08(TTL 两输入与门)、74LS10(TTL 三输入与非门)、74LS11(TTL 三输入与门)、74LS20(TTL 四输入与非门)、74LS21(TTL 四输入与门)、74LS27(TTL 三输入或非门)、74LS32(TTL 两输入或门)、74LS74(TTL 逻辑 D 触发器)、74LS175(TTL 四 D 触发器)、电阻、电容、继电器、导线等。

五、实验内容

(1) 参照图 6.6.1 完成密码电子锁电路的连接，当依次触摸 3、5、6、8 按键后，观察继电器动作及 LED 工作情况，记录两个按键之间的最长延迟时间。

(2) 当按错触摸键后，用示波器观察蜂鸣器输入端的信号波形。

六、思考题

在图 6.6.1 中，晶闸管的工作原理是什么？可以用什么器件替代？

实验七　声音超声传输电路的设计

一、实验目的

通过声音超声传输电路的设计与实验，熟悉声音的传输原理、信号的调制与解调、功率放大器电路的调试应用。

二、实验要求

设计一个超声传输电路，实现声音的传输与放大。

三、实验原理

完成一个完整的幅度调制与超声传输系统，系统包括麦克风电路、信号调制电路、前置放大与信号解调电路及功放输出4个部分。整个系统的框图如图6.7.1所示。

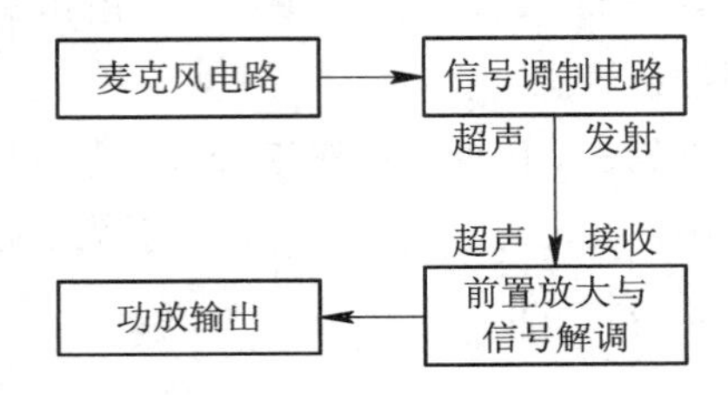

图6.7.1　声音超声传输系统框图

(1) 麦克风电路。采用驻极体电容式麦克风进行声音的转化，将驻极体作为介质放在电容中，由于电荷的存在，电容的两端会有电压，电压的大小与电容的容量及驻极体的电荷有关，当电容的极板受到机械振动发生移位时，其容量发生变化，从而使电容的电压发生相应的变化，这样就把振动转换成为电压输出，但是，驻极体电容作为信号源时其输出电阻太高，需要进行阻抗变换。因此驻极体话筒中都集成了JFET场效应管。使用时必须外加电源与上拉电阻，驻极体麦克风电路如图6.7.2所示。

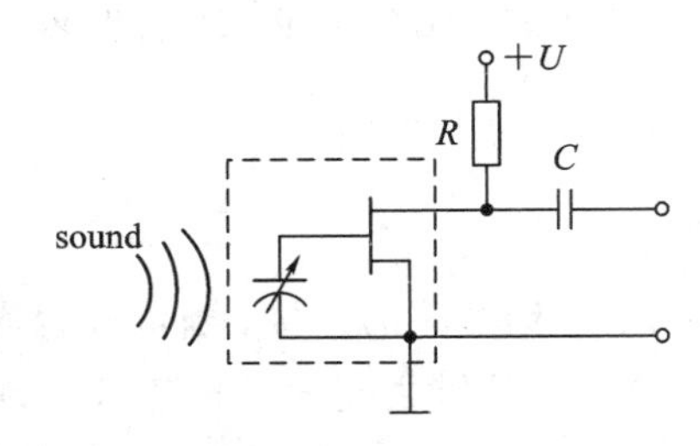

图6.7.2　驻极体麦克风电路

(2) 信号调制电路。信号的幅度调制过程是将频率比较低的调制信号附加到频率较高的载波信号上，调幅信号幅度的包络线就是“信号”。调制以后可以将声音信号通过高频的超声信号或电磁波信号传播出去，而且更适合于远距离传播。

AD633 是一种性能高、稳定性好的模拟乘法器，它的引脚图如图 6.7.3 所示。

AD633 实现的功能为

$$W=\frac{(X_1-X_2)(Y_1-Y_2)}{10}+Z \tag{6-7-1}$$

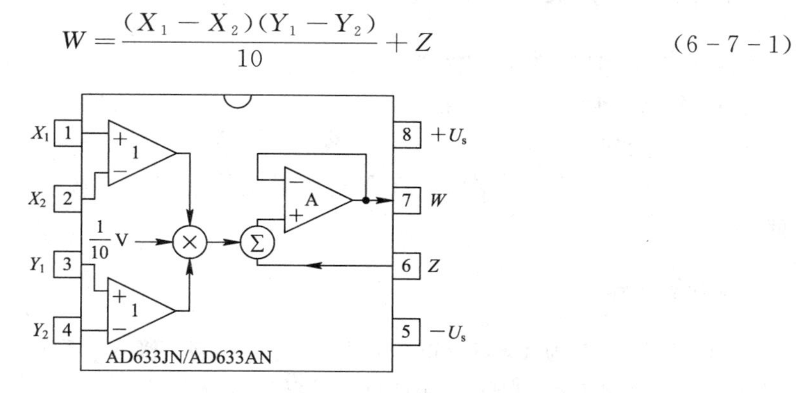

图 6.7.3　AD633 模拟乘法器引脚图

将 X_2 和 Y_2 接地，并使 $Z=Y_1$，可得

$$W=Y_1\left(1+\frac{X_1}{10}\right) \tag{6-7-2}$$

由此，只要将调幅信号设为 X_1、载波信号设为 Y_1，便可以实现要求的调幅功能。

载波信号可通过方波发生器经积分电路转换为三角波信号后产生。

(3) 超声发射与接收器。超声波换能器是一种能把高频电能转换为机械能(超声发射)、将高频机械振动转换成高频电能(超声接收)的装置。根据所使用材料及原理的不同，超声波换能器分为压电式换能器、磁致伸缩式换能器、电动式换能器、电磁式换能器和电磁一声换能器等多种。压电式换能器利用某些材料的压电效应将机械能转换成电能。本实验使用频率为 40 kHz 的压电式超声波换能器作为超声发射和接收传感器，其结构如图 6.7.4 所示。

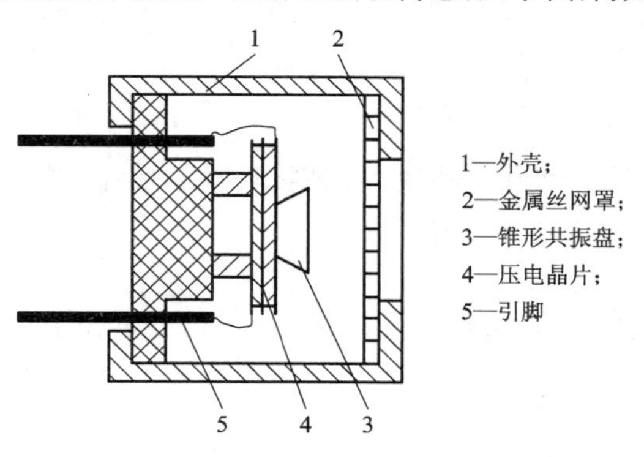

图 6.7.4　超声波换能器结构

(4) 前置放大与信号解调电路。当幅度调制信号传输到目的地并被传感器接收后，为了得到原信号，就必须进行“幅度解调”(AM Demodulation)，将信号恢复出来。解调的过程为全波整流、低通滤波、隔直流，如图 6.7.5 所示。

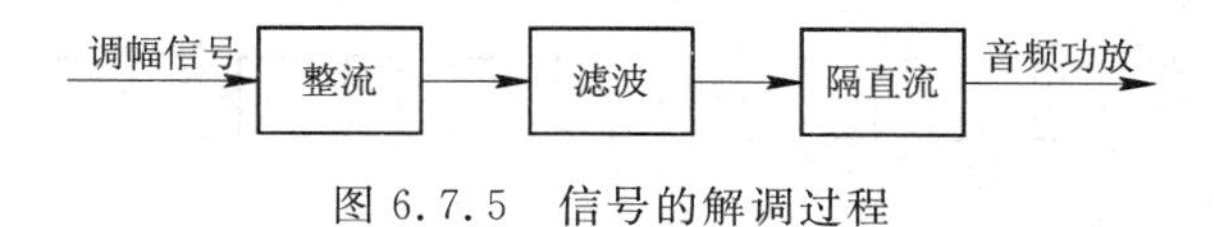

图 6.7.5　信号的解调过程

（5）功放电路。音频信号通过集成功率放大器进行输出。

四、实验仪器及器件

- DS1052E 型数字示波器；
- VC51 型数字万用表；
- 综合实验箱；
- 运算放大器、麦克风、超声波发射头、超声波接收头、扬声器、电阻、电容、导线等。

五、实验内容

（1）设计频率为 40 kHz 的载波信号发生电路，接入 AD633 模拟乘法器，实现信号的调制，用示波器观察调制信号的波形，并记录下来。

（2）设计前置放大与整流电路，接入超声接收信号，观察整流波形情况，并记录下来。

（3）设计一个滤波电路，为了还原音频信号，实现将 40 kHz 的信号滤除，将整流信号接入滤波电路，观察滤波波形情况，并记录下来。

（4）将滤波信号接入功率放大器，观察声音输出是否正常。

六、思考题

声音信号的频率范围是多少？除了超声传输外，还有哪些方法可实现声音的无限传输？

实验八　基于 FPGA 的数字频率计

一、实验目的

借助 PFGA 设计的软件和硬件平台，完成频率计的设计与验证。

二、实验要求

设计一个数字频率计，频率范围为 50 Hz～50 kHz，并用七段数码管显示频率值。

三、实验原理

信号的频率测量方法一般有两种：直接测量法和周期测量法。直接测量法是在时间 t 内对被测信号的脉冲数 N 进行计数，如图 6.8.1 所示，然后求出单位时间内的脉冲数，即被测信号的频率。

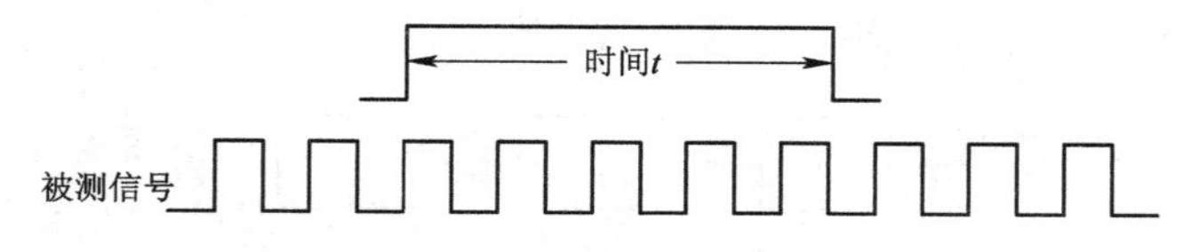

图 6.8.1　直接测量法

周期测量法是先测量出被测信号的周期 T，然后求出被测信号的频率，可通过测量信号两个上升沿或下降沿之间的时间间隔作为信号的一个周期，在 FPGA 内部，可通过测量被测信号一个周期内的时钟数 n，得到被测信号 $T=nt$，测量过程如图 6.8.2 所示。

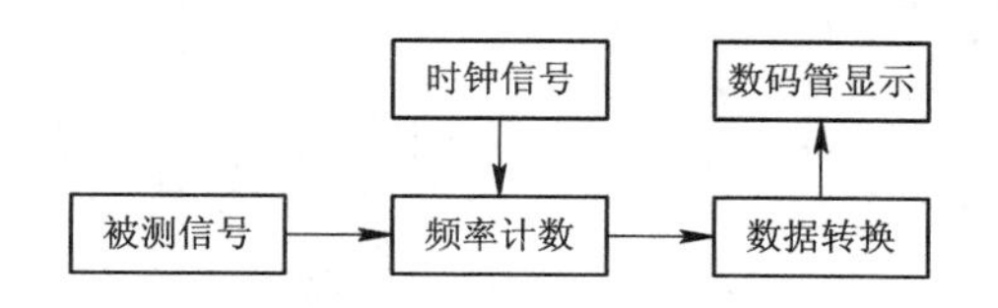

图 6.8.2 周期测量法

使用依元素科技公司基于 Xilinx Artix－7 FPGA 系列便携式基础硬件平台进行设计，此平台搭载一个 100 MHz 时钟芯片，且配置通用的 I/O 接口外设，包括按键、开关电路、LED 灯电路及七段数码管电路。

四、实验仪器及器件

- DS1052E 型数字示波器；
- VC51 型数字万用表；
- FPGA 实验板卡。

五、实验内容

（1）设计分频器模块，将 100 MHz 时钟分为 100 kHz 和 1 Hz。

（2）设计频率计数模块，显示测量频率值。

六、思考题

如何使测量信号的频率值更准确？

实验九 基于 FPGA 的数字钟

一、实验目的

借助 PFGA 设计的软件和硬件平台，完成数字钟的设计与验证。

二、实验要求

设计一个数字钟，要求本设计中以 24 小时为一个周期，能显示时、分、秒，有校时功能，可以分别对时、分、秒单独进行校时，并且在校时的时候，相应的七段数码管闪烁。

三、实验原理

数字钟的实现原理图如图 6.9.1 所示，时间控制模块可实现时、分、秒时间的产生，也可通过校正信号对时间进行校正，按键模块为输入校正信号，通过消抖模块消除按键误差，译码和显示电路将实现时间的正确显示。

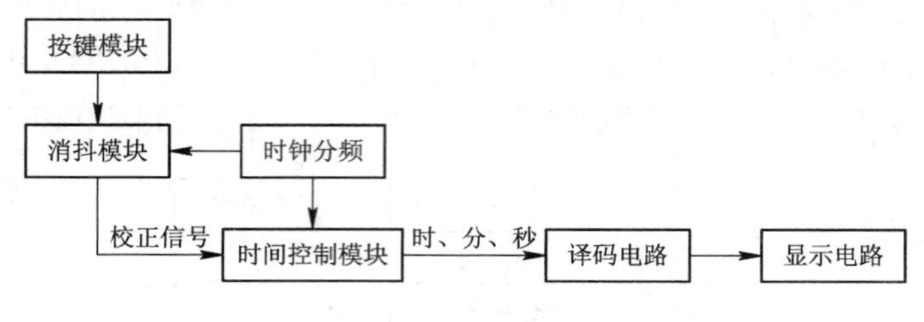

图 6.9.1　数字钟实现原理图

四、实验仪器及器件

- DS1052E 型数字示波器；
- VC51 型数字万用表；
- FPGA 实验板卡。

五、实验内容

实现数字钟时分秒的显示，并可通过按键进行时间校正。

六、思考题

简单描述时、分、秒的具体实现过程。

附录 1　常用集成电路芯片引脚排列图

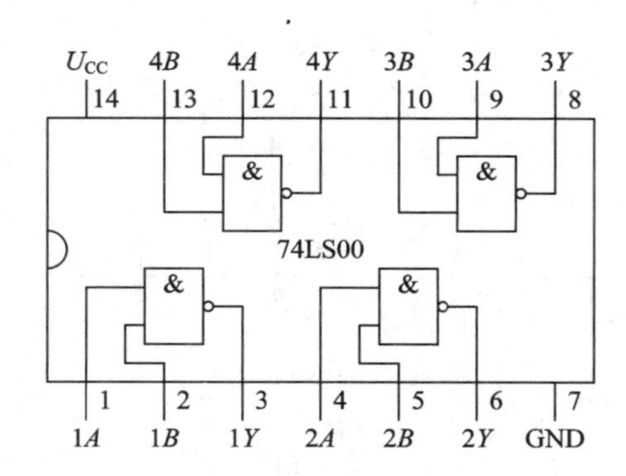

$Y=\overline{AB}$　四二输入正与非门

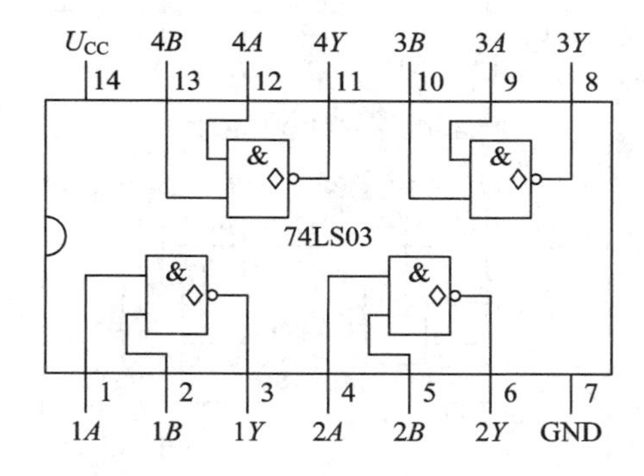

$Y=\overline{AB}$　集电极开路输出的四二输入正与非门

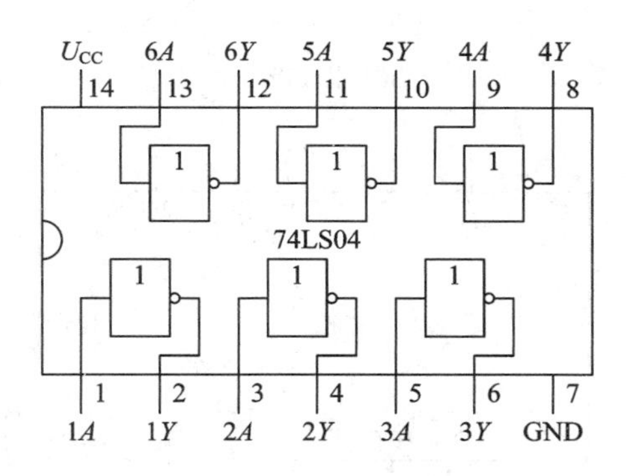

$Y=\overline{A}$　六反相器

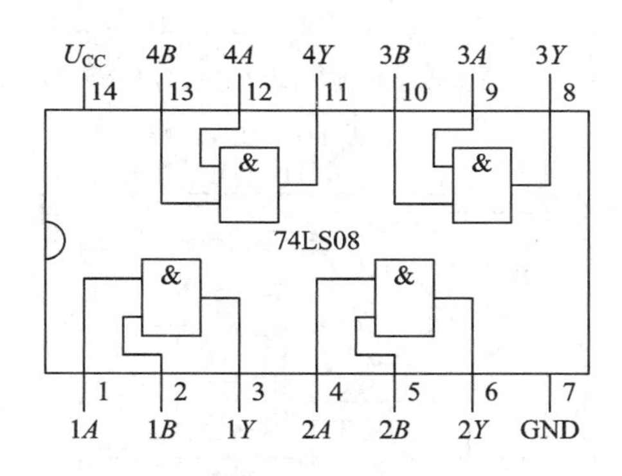

$Y=AB$　四二输入正与门

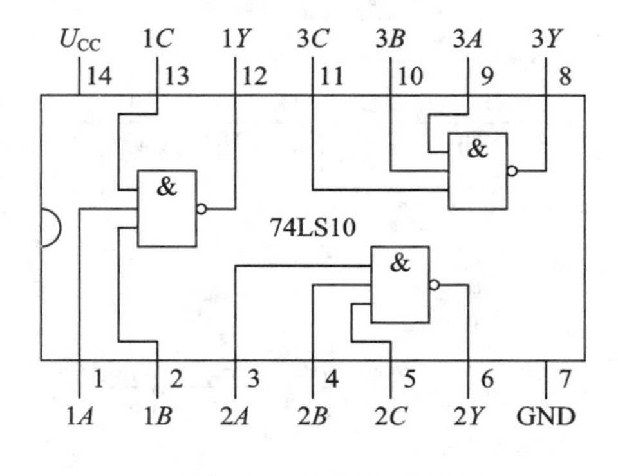

$Y=\overline{ABC}$　三三输入正与非门

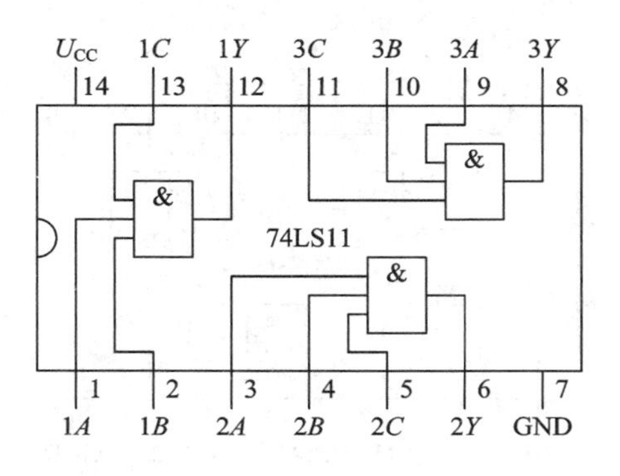

$Y=ABC$　三三输入正与门

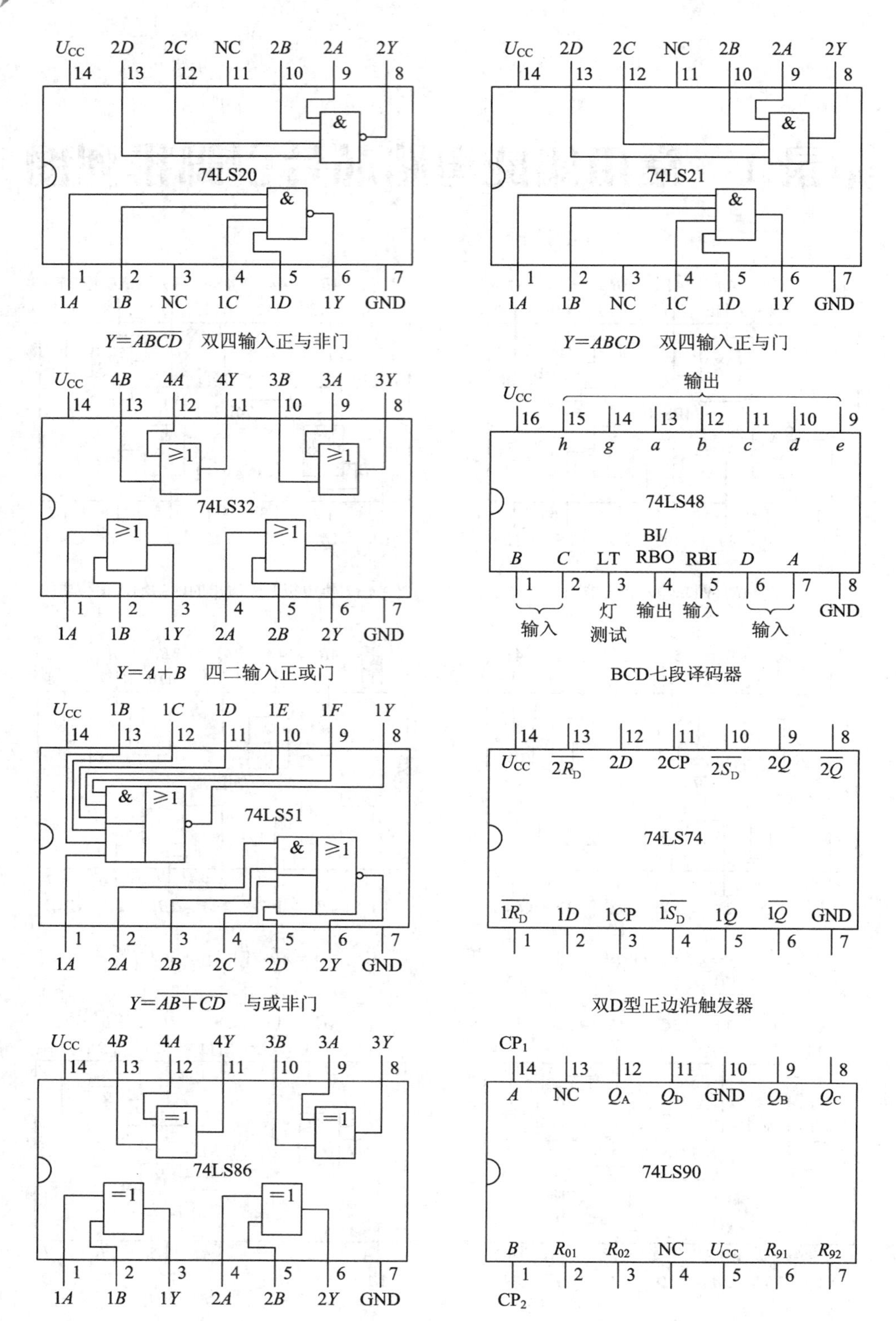

74LS20
Y=ABCD 双四输入正与非门
74LS21
Y=ABCD 双四输入正与门
74LS32
Y=A+B 四二输入正或门
74LS48
BCD七段译码器
74LS51
Y=AB+CD 与或非门
74LS74
双D型正边沿触发器
74LS86
Y=A⊕B 四二输入异或门
74LS90
十进制计数器(2、5分频)

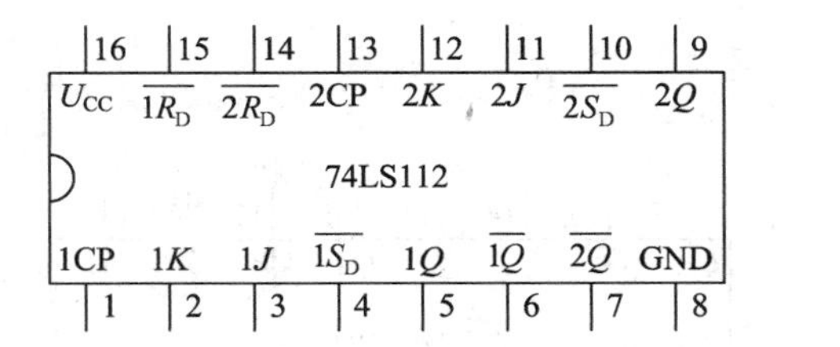

双JK负边沿触发器(带预置和清除端)

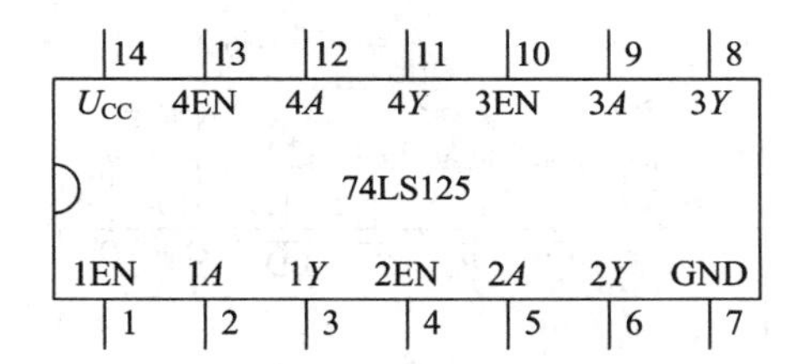

$Y=A$　三态输出的四总线缓冲门(EN为高时禁止)

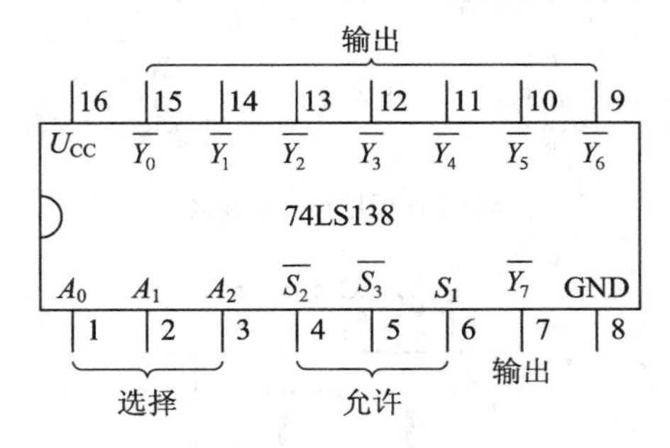

3—8线译码器/分配器

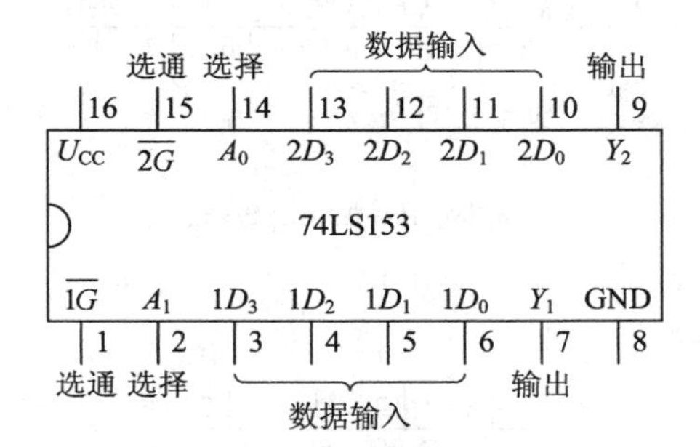

双4—1线数据选择器/多路开关

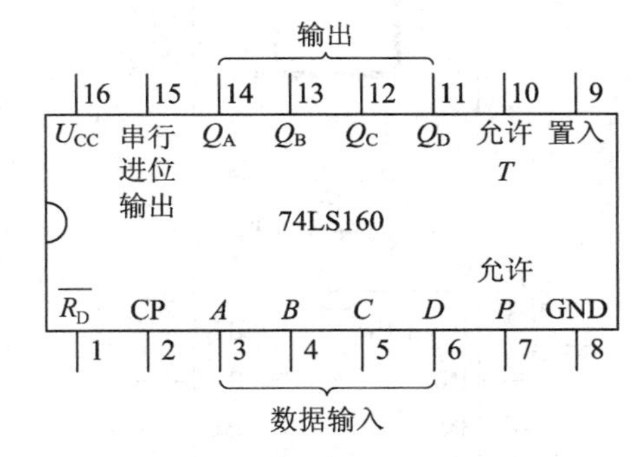

4位同步计数器(十进制，直接清除)

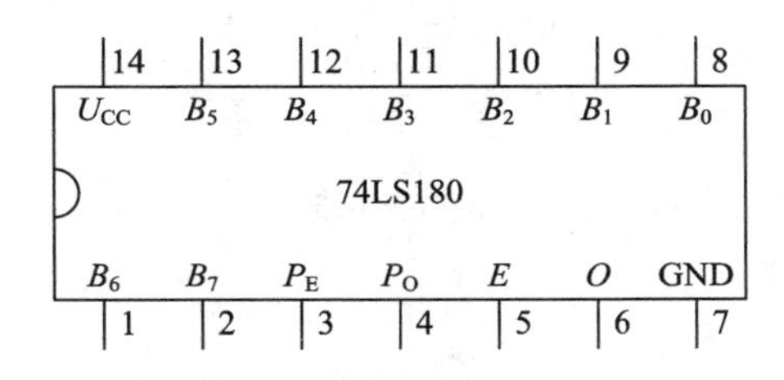

9位奇/偶校验器/发生器

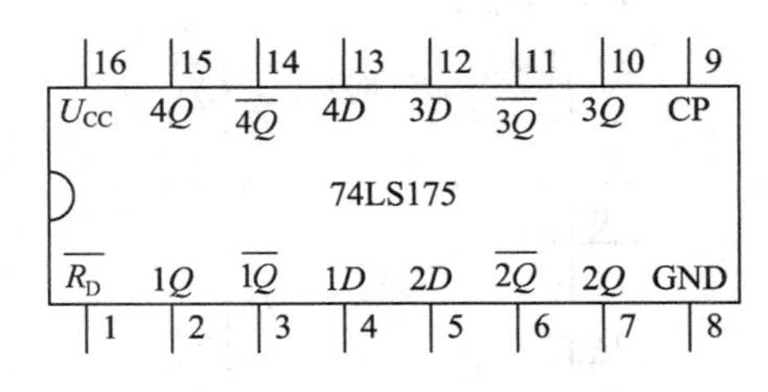

四D型触发器(互补输出，直接清除)

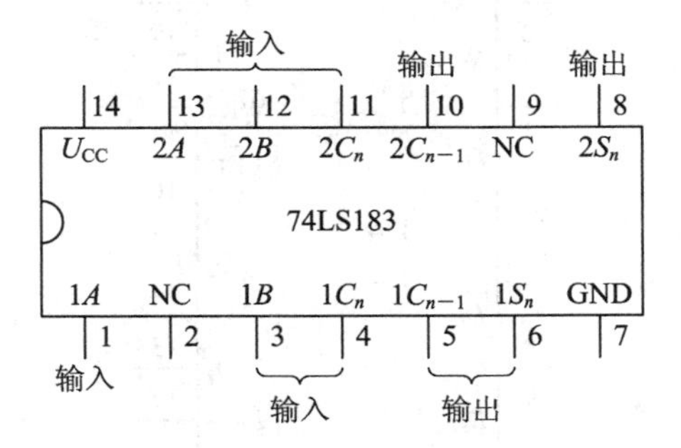

双保留进位全加器

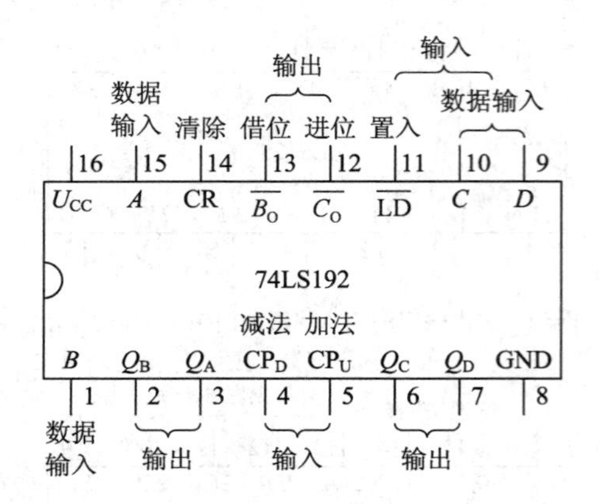

同步双时钟加/减计数器

时钟
16 15 14 13 12 11 10 9
UCC QA QB QC QD CP S1 S0
74LS194
RD R A B C D L GND
1 2 3 4 5 6 7 8
清除 右移串行输入 并行输入 左移串行输入

4位双向通用移位寄存器

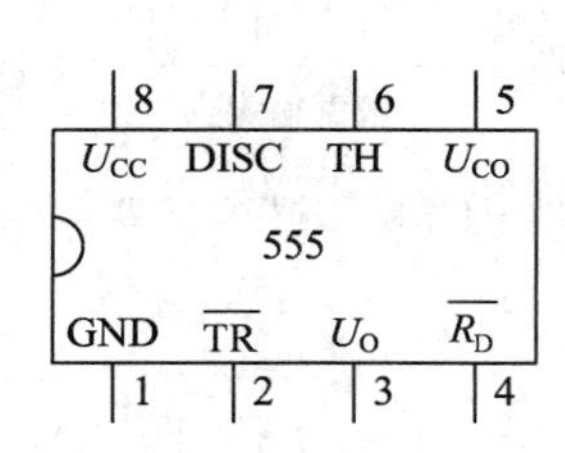

555时基电路

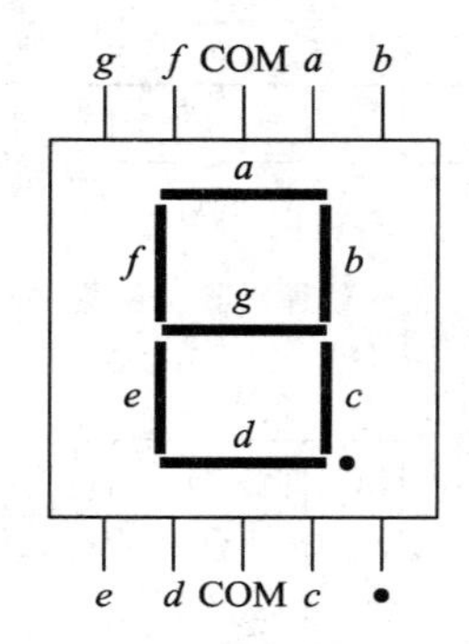

七段数码显示器

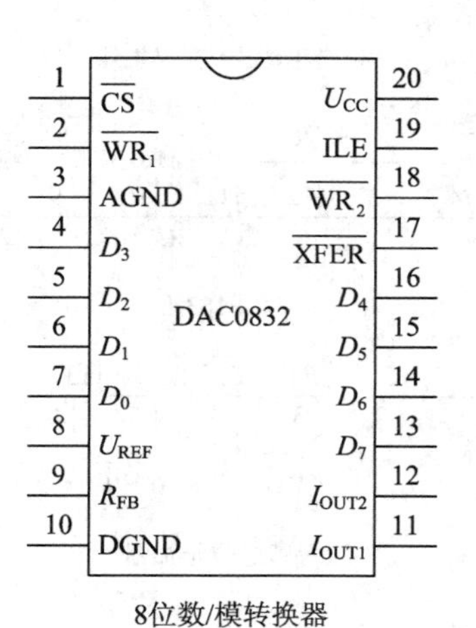

8位数/模转换器

ADC0809
1 IN3 — 28 IN2
2 IN4 — 27 IN1
3 IN5 — 26 IN0
4 IN6 — 25 A0
5 IN7 — 24 A1
6 START — 23 A2
7 EOC — 22 ALE
8 D3 — 21 D7
9 OUIEN — 20 D6
10 CP — 19 D5
11 UCC — 18 D4
12 UREF(+) — 17 D0
13 GND — 16 UREF(−)
14 D1 — 15 D2

8位8通道逐次逼近型模/数转换器

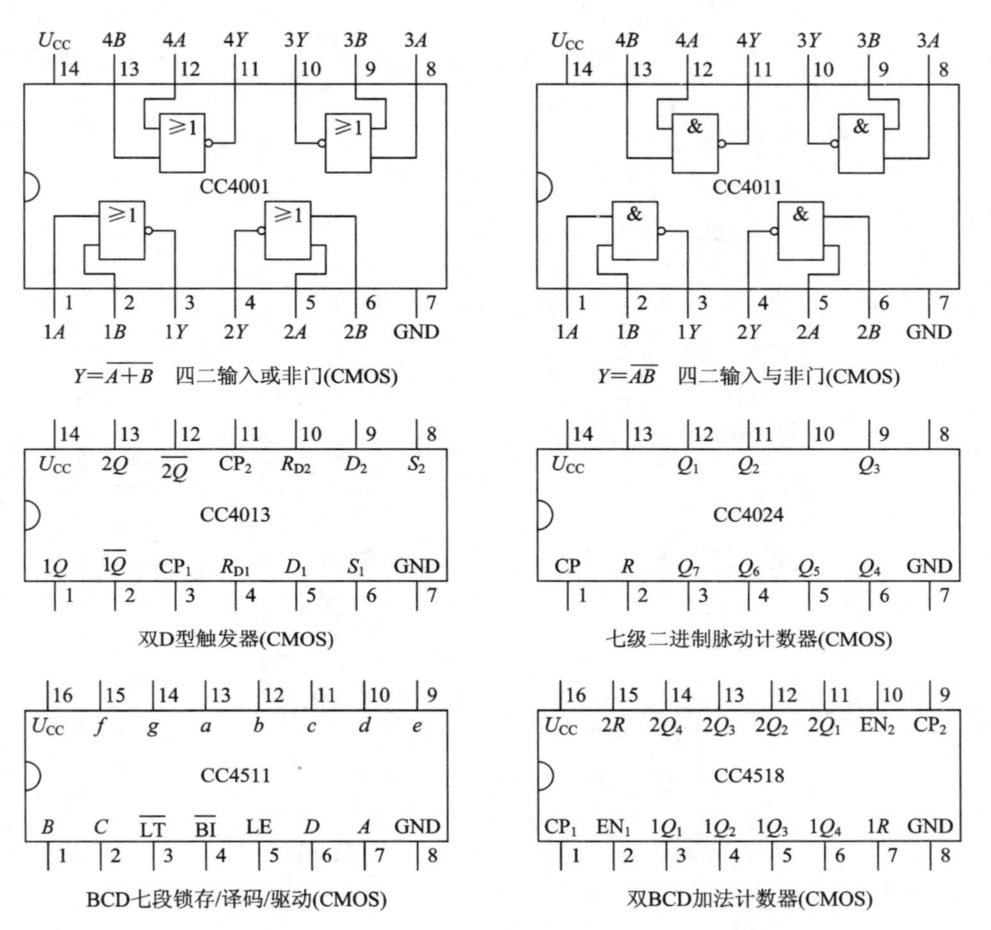

$Y=\overline{A+B}$　四二输入或非门(CMOS)

$Y=\overline{AB}$　四二输入与非门(CMOS)

双D型触发器(CMOS)

七级二进制脉动计数器(CMOS)

BCD七段锁存/译码/驱动(CMOS)

双BCD加法计数器(CMOS)

附录 2　实验测量数据记录表

一、常用电子仪器实验结果记录

表 4.1.1　正弦波交流电压的频率、周期和有效值测量记录

正弦信号电压频率	示波器测量值				交流毫伏表测量值/V
	周期/ms	频率/Hz	峰峰值/V	有效值/V	
100 Hz					
1 kHz					
10 kHz					
100 kHz					

表 4.1.2　直流电压及相位差测量记录

直流电压 U(标准值 U=12 V)		相位差 φ	
Y		X	
V/Div		X_T	
U		φ	

二、晶体管共射极单管放大器实验结果记录

表 4.2.1　静态工作点测量记录

测量值			计算值	
U_B/V	U_E/V	U_C/V	U_{BE}/V	U_{CE}/V

表 4.2.2　电压放大倍数测量记录

R_C/kΩ	R_L/kΩ	U_i/mV	U_o/V	A_u	记录波形
2.4	∞				u_i O t
2.4//2.4	∞				u_o
2.4	2.4				O t

表 4.2.3　输入电阻 R_i 和输出电阻 R_o 测量记录

U_s/mV	U_i/mV	R_i/kΩ		U_L/V	U_o/V	R_o/kΩ	
		测量值	理论值			测量值	理论值

表 4.2.4　最大不失真输出电压测量记录

I_C/mA	U_{im}/mV	U_{omax}/V	U_{opp}/V

表 4.2.5　静态工作点对输出波形失真的影响测量记录

R_W	I_C/mA	U_{CE}/V	输出波形 u_o	三极管工作状态
R_W 增大			u_o O t	
R_W 减小			u_o O t	

表 4.2.6　幅频特性曲线测量记录

f	f_L/kHz	f_1/kHz	f_2/kHz	f_3/kHz	f_4/kHz	f_H/kHz
u_o/V						

三、负反馈放大器实验结果记录

表 4.3.1　静态工作点测量记录

测量值				计算值		
静态值	U_B/V	U_E/V	U_C/V	U_{BE}/V	U_{CE}/V	I_C/mA
第一级						2
第二级						2

表 4.3.2　基本放大电路与反馈放大电路动态测量记录

测量及计算值			基本放大电路	反馈放大电路
测量值	电压	U_s/mV		
		U_i/mV		
		U_L/V		
		U_o/V		
	频率	f_{Hf}/kHz		
		f_{Lf}/Hz		
		Δf/kHz		
计算值	放大倍数	$A_u(A_{uf})$		
	输入电阻	$R_f(R_{if})$/kΩ		
	输出电阻	$R_o(R_{of})$/kΩ		

四、差分放大电路实验结果记录

表 4.4.1　差分放大电路静态工作点测量记录

测量项目			S 接 R_E	S 接 VT_3
测量值	VT_1	U_{C1}/V		
		U_{B1}/V		
		U_{E1}/V		
	VT_2	U_{C2}/V		
		U_{B2}/V		
		U_{E2}/V		
	VT_3 或 R_E	U_{E3}/V		
		U_{RE}/V		
计算值		I_E 或 I_{E3}/mA		
		I_{C1} 或 I_{C2}/mA		
		U_{BE1}/V		
		U_{BE2}/V		
		U_{CE1}/V		
		U_{CE2}/V		

表 4.4.2　差分放大电路动态测量记录

测量项目			交流输入		直流输入	
			S 接 R_E	S 接 VT_3	S 接 R_E	S 接 VT_3
差模输入	测量值	U_i/mV				
		U_{C1}/V				
		U_{C2}/V				
		U_{od}/V				
	计算值	A_{d1}				
		A_{d2}				
		A_d				
共模输入	测量值	U_i/mV				
		U_{C1}/V				
		U_{C2}/V				
		U_{oc}/V				
	计算值	A_{c1}				
		A_{c2}				
		A_c				
		K_{CMR}				

五、信号运算电路实验结果记录

表 4.5.1 反相比例运算电路测量记录

输入	u_i/V	u_o/V	u_i、u_o 波形	放大倍数 A_u	
				实测值	理论值
交流输入	0.5		u_i O t u_o O t		
直流输入	0.5				

表 4.5.2 同相比例运算电路测量记录

输入	u_i/V	u_o/V	u_i、u_o 波形	放大倍数 A_u	
				实测值	理论值
交流输入	0.5		u_i O t u_o O t		
直流输入	0.5				

表 4.5.3 反相加法、减法运算电路测量记录

电路形式	输　　入		输　　出
	u_{i1}/V	u_{i2}/V	u_o/V
反相加法运算电路	+0.5	−0.2	
减法运算电路	+0.2	+0.5	

表 4.5.4　电压跟随器测量记录

输入	u_i/V	u_o/V	u_i、u_o 波形
交流输入	0.5		
直流输入	0.5		

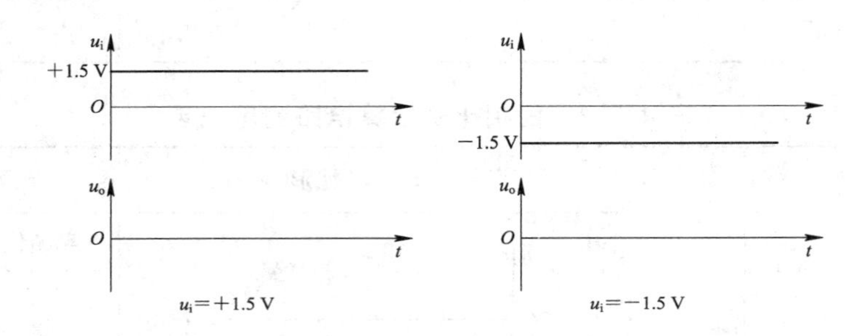

图 4.5.8　积分电路输入、输出信号波形

六、有源滤波电路实验结果记录

表 4.6.1　二阶有源低通滤波器测量记录

f/Hz								
u_o/V								

表 4.6.2　二阶有源高通滤波器测量记录

f/Hz								
u_o/V								

表 4.6.3　二阶有源带通滤波器测量记录

f/Hz								
u_o/V								

七、RC 桥式正弦波振荡器实验结果记录

表 4.7.1　RC 正弦波振荡器测量记录

u_o 波形	u_o 幅值/V	f_o/Hz		f_o'/Hz		断开 VD_1、VD_2 后 u_o 波形
	实测值	理论值	实测值	理论值	实测值	

八、电压比较器实验结果记录

表 4.8.1　单限比较器测量记录

单限比较器		单限反相输入过零比较器
u_i	u_o/V	
$u_i>U_{REF}$		
$u_i<U_{REF}$		

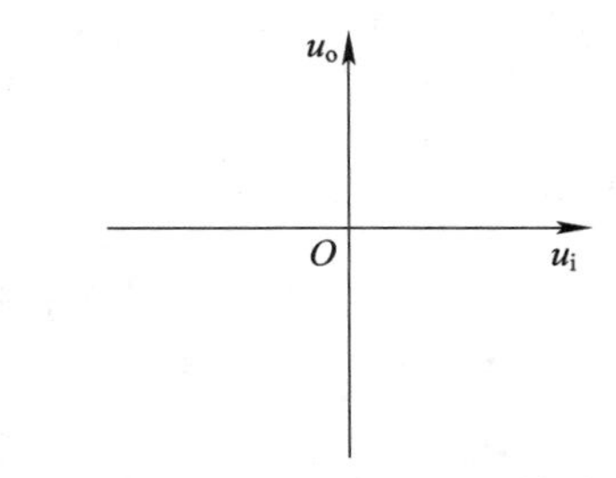

图 4.8.4　滞回比较器电压传输特性

九、集成功率放大器实验结果记录

表 4.9.2　LM386 功率放大器各引脚电压测量记录

测　量　值							
U_1/V		U_3/V		U_5/V		U_7/V	
U_2/V		U_4/V		U_6/V		U_8/V	
总电流 I_{DC}/mA							

十、直流稳压电源实验结果记录

表 4.10.1　串联型稳压电路输出电压可调范围测量记录

R_W 位置	U_{DI}/V	U_{DO}/V	U_{CE1}/V
R_W 左旋到底			
R_W 右旋到底			
U_{DOmin}/V			
U_{DOmax}/V			

表 4.10.2　不同滤波电容时的输出波形及纹波电压测量记录

<table>
<tr><td rowspan="2">测量值</td><td colspan="2">接入滤波电容 C_1</td><td colspan="2">不接入滤波电容 C_1</td></tr>
<tr><td>波形</td><td>纹波电压</td><td>波形</td><td>纹波电压</td></tr>
<tr><td>u_2/V</td><td>u_2 O t</td><td></td><td>u_2 O t</td><td></td></tr>
<tr><td>U_{DI}/V</td><td>U_{DI} O t</td><td></td><td>U_{DI} O t</td><td></td></tr>
<tr><td>U_{DO}/V</td><td>U_{DO} O t</td><td></td><td>U_{DO} O t</td><td></td></tr>
</table>

表 4.10.3　稳压电源的外特性及输出电阻 R_O 测量记录

I_L/mA	0	30	60	90	120	150
U_{DI}/V						
U_{DO}/V						
R_O						

表 4.10.4　稳压系数 S 和电流调整率、纹波电压测量记录

<table>
<tr><td>u_2/V</td><td>10</td><td>14</td><td>17</td><td colspan="2">条　件</td><td>U_{DO}/V</td></tr>
<tr><td>U_{DI}/V</td><td></td><td></td><td></td><td rowspan="3">$u_2=14$ V</td><td>$I_L=0$ mA</td><td></td></tr>
<tr><td>U_{DO}/V</td><td></td><td></td><td></td><td>$I_L=100$ mA</td><td></td></tr>
<tr><td>S(电压调整率)</td><td colspan="2">$S_{12}=$</td><td>$S_{23}=$</td><td>电流调整率</td><td></td></tr>
<tr><td>测量纹波电压</td><td colspan="3">$u_2=14$ V, $U_{DO}=9$ V, $I_L=100$ mA</td><td colspan="3">纹波电压 $U_{DO}=$</td></tr>
</table>

十一、基本逻辑门逻辑功能测试及应用实验结果记录

表 5.1.1 与非门逻辑功能测试记录

输 入 端			输 出 端	
A	B	C	电压/V	逻辑状态
0	0	0		
1	0	0		
1	1	0		
1	1	1		

表 5.1.2 组合逻辑电路功能测试记录

输 入		输 出	
A	B	Z_1	Z_2
0	0		
0	1		
1	0		
1	1		

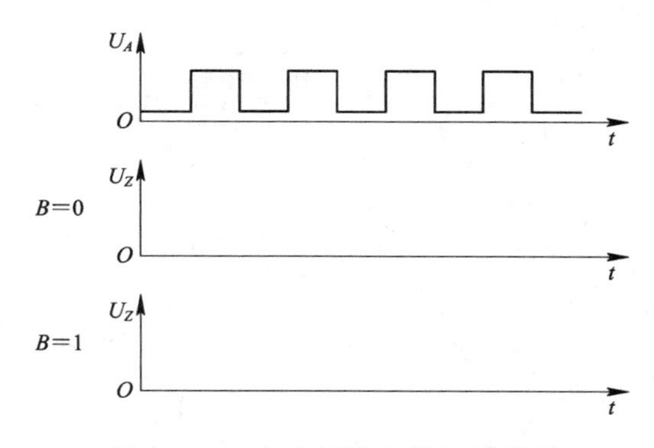

图 5.1.10 与非门输入/输出波形图

十二、OC门及三态门电路逻辑功能测试及应用实验结果记录

表 5.2.1　三态门逻辑功能测试记录

输　入		输　出
EN	A	Y
0 0	0 1	
1 1	0 1	

表 5.2.2　三态门构成总线测试记录

4 个三态门控制端				输出总线 Y
EN1	EN2	EN3	EN4	
1	1	1	1	
0	1	1	1	
1	0	1	1	
1	1	0	1	
1	1	1	0	

十三、组合逻辑电路实验结果记录

表 5.3.1　半加器的逻辑功能测试记录

输入端	A	0	0	1	1
	B	0	1	0	1
输出端	S				
	CO				

表 5.3.2　三位加法器电路测试记录

加　数			被　加　数			结　果			
A_2	A_1	A_0	B_2	B_1	B_0	S_2	S_1	S_0	CO
0	1	1	0	1	0				
0	1	1	1	0	0				
1	0	1	1	1	0				
1	1	1	1	1	1				

十四、触发器实验结果记录

表 5.6.1　基本 RS 触发器逻辑功能测试记录

$\overline{R_D}$	$\overline{S_D}$	Q^{n+1}	$\overline{Q^{n+1}}$	触发器状态
0	1			
1	0			
1	1			
0	0			

表 5.6.2　JK 触发器逻辑功能测试记录

输　入					输　出	
$\overline{R_D}$	$\overline{S_D}$	CP	J	K	Q^{n+1}	$\overline{Q^{n+1}}$
0	1	×	×	×		
1	0	×	×	×		
1	1	↑	0	0		
1	1	↓	0	0		
1	1	↑	0	1		
1	1	↓	0	1		
1	1	↑	1	0		
1	1	↓	1	0		
1	1	↑	1	1		
1	1	↓	1	1		

表 5.6.3　D 触发器逻辑功能测试记录

$\overline{R_D}$	$\overline{S_D}$	CP	D	Q^{n+1}	$\overline{Q^{n+1}}$
0	1	×	×		
1	0	×	×		
1	1	↑	0		
1	1	↓	0		
1	1	↑	1		
1	1	↓	1		

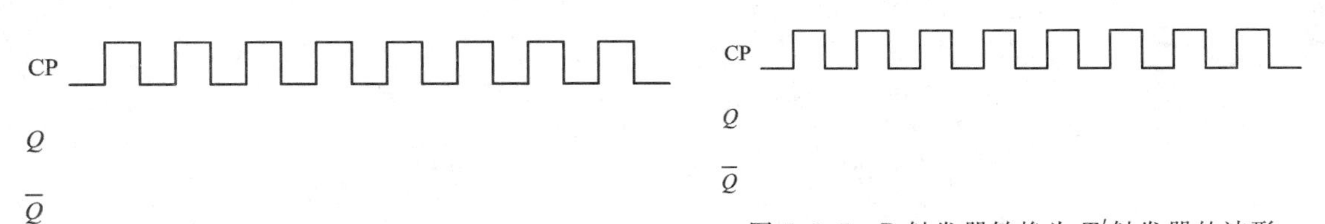

图 5.6.4　JK 触发器计数状态的波形

图 5.6.5　D 触发器转换为 T′触发器的波形

十五、555 时基电路及其应用实验结果记录

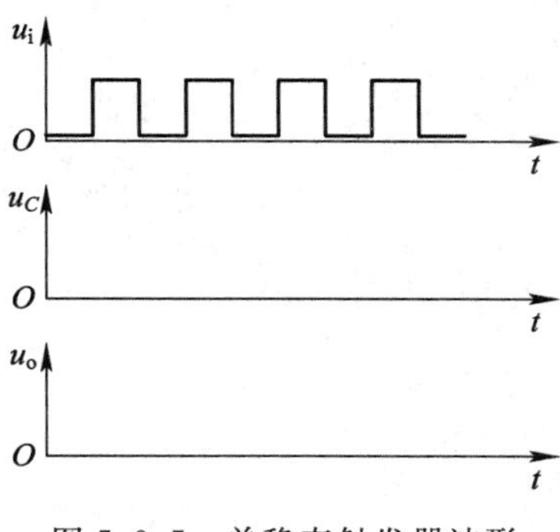

图 5.9.5　单稳态触发器波形

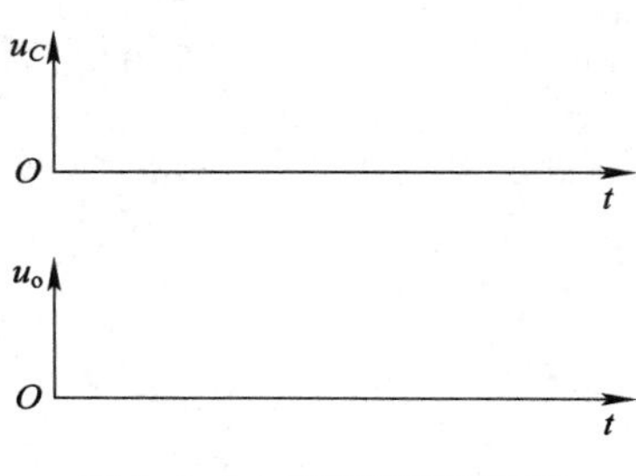

图 5.9.6　多谐振荡器波形

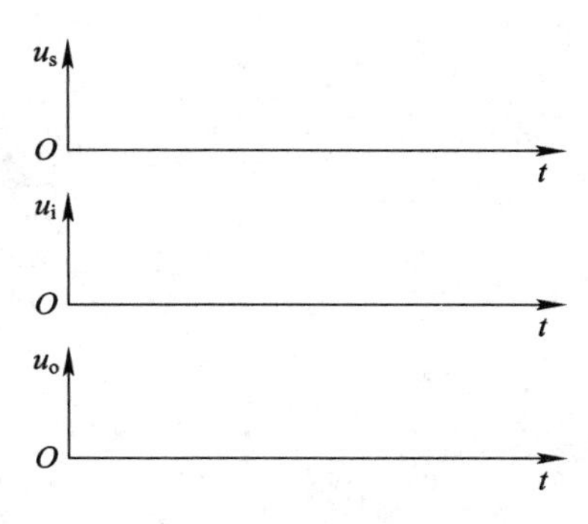

图 5.9.7　施密特触发器波形

十六、D/A、A/D转换器实验结果记录

表5.10.2 DAC0832测量记录

输入数字信号								输出模拟量 U_o/V	
D_7	D_6	D_5	D_4	D_3	D_2	D_1	D_0	$U_{CC}=+5$ V	$U_{CC}=+12$ V
0	0	0	0	0	0	0	0		
0	0	0	0	0	0	0	1		
0	0	0	0	0	0	1	0		
0	0	0	0	0	1	0	0		
0	0	0	0	1	0	0	0		
0	0	0	1	0	0	0	0		
0	0	1	0	0	0	0	0		
0	1	0	0	0	0	0	0		
1	0	0	0	0	0	0	0		
1	1	1	1	1	1	1	1		

表5.10.3 ADC0809模拟信号转换测量记录

被选模拟通道	输入模拟量	地址	输出模拟量								
IN	U_i/V	A_2 A_1 A_0	D_7	D_6	D_5	D_4	D_3	D_2	D_1	D_0	十进制
IN_0	4.5	0 0 0									
IN_1	4.0	0 0 1									
IN_2	3.5	0 1 0									
IN_3	3.0	0 1 1									
IN_4	2.5	1 0 0									
IN_5	2.0	1 0 1									
IN_6	1.5	1 1 0									
IN_7	1.0	1 1 1									

参考文献

[1] 童诗白，华成英. 模拟电子技术基础. 3 版. 北京：高等教育出版社，2005.

[2] 康华光，陈大钦，张林. 电子技术基础(模拟部分). 5 版. 北京：高等教育出版社，2005.

[3] 康华光，陈大钦，张林. 电子技术基础(数字部分). 5 版. 北京：高等教育出版社，2005.

[4] 阎石. 数字电子技术基础. 5 版. 北京：高等教育出版社，2005.

[5] 童诗白，华成英. 模拟电子技术基础. 4 版. 北京：高等教育出版社，2006.

[6] 徐国华，模拟及数字电子技术实验教程. 北京：北京航空航天大学出版社，2004.

[7] 廉玉欣，侯博雅，Vivado 入门与 PFGA 设计实例. 北京：电子工业出版社，2018.

[8] 郭永贞. 模拟电子技术实验与课程指导. 南京：东南大学出版社，2007.

[9] 聂典，丁伟. Multisim 10 计算机仿真在电子电路中的设计和应用. 北京：电子工业出版社，2009.

[10] 张新喜. Multisim 10 电路仿真及应用. 北京：机械工业出版社，2010.

[11] 袁宏. 电子设计与仿真技术. 北京：机械工业出版社，2010.

[12] 杨永. 模拟电子技术设计、仿真与制作. 北京：电子工业出版社，2012.

[13] 张维，赵二刚，李国峰. 模拟电子技术实验. 北京：机械工业出版社，2015.

[14] 赵淑范，王宪伟. 电子技术实验与课程设计. 北京：清华大学出版社，2006.

[15] 王贺珍，吴蓬勃. 数字电子技术实验指导与仿真. 北京：北京邮电大学出版社，2012.